Adaptation et innovation

Expériences acadiennes contemporaines

P.I.E.-Peter Lang

Bruxelles · Bern · Berlin · Frankfurt am Main · New York · Oxford · Wien

Études canadiennes

La collection Études canadiennes analyse les multiples facettes de la réalité canadienne dans une perspective pluridisciplinaire. Elle accueille des travaux sur tous les thèmes de recherche en sciences humaines et sociales qui ont pour objet principal le Canada dans son acception la plus large – études littéraires, historiques, sociologiques, politiques, économiques, géographiques, juridiques, médiatiques, muséologiques, etc. – mais elle met également l'accent sur les travaux comparatistes incluant le Canada.

L'une des principales originalités de la collection est d'accueillir le fruit des recherches les plus récentes menées à l'extérieur du Canada. Elle jette ainsi un éclairage significatif et inédit sur les différentes composantes de ce pays, privilégiant le développement d'un dialogue constant et original entre les scientifiques canadiens et la communauté internationale des canadianistes répartis à travers le monde.

Directeur de collection : Serge Jaumain
Centre d'études canadiennes
Université Libre de Bruxelles (Belgique)

André MAGORD (dir.)

Adaptation et innovation

Expériences acadiennes contemporaines

Études canadiennes
n° 3

Colloque annuel de l'Association française d'études canadiennes, « Adaptation et innovation : expériences acadiennes » ; organisé en juin 2004 par l'Institut d'études acadiennes et québécoises, Université de Poitiers.

Presses Interuniversitaires Européennes
Bruxelles, 2006
1 avenue Maurice, B-1050 Bruxelles, Belgique
www.peterlang.com ; info@peterlang.com

Imprimé en Allemagne

ISSN 1781-3867
ISBN 10 : 90-5201-072-2
ISBN 13 : 978-90-5201-072-4
D/2006/5678/25

Information bibliographique publiée par « Die Deutsche Bibliothek »

« Die Deutsche Bibliothek » répertorie cette publication dans la « Deutsche Nationalbibliografie » ; les données bibliographiques détaillées sont disponibles sur le site http://dnb.ddb.de.

À la mémoire de Dominique Guillemet,
notre ami et collègue, codirecteur
de l'Institut d'études acadiennes et québécoises,
décédé le 7 mars 2005.

Remerciements

Les articles contenus dans cet ouvrage ont été proposés initialement lors du 32e colloque international annuel de l'Association française d'études canadiennes (AFEC) : « Innovation et adaptation : expériences acadiennes ». Le nombre important des partenaires financiers liés à ce projet souligne la synergie qui entoure les études acadiennes à l'université de Poitiers. Que soient donc remerciés :

– nos partenaires universitaires : au sein de l'Université de Poitiers, les laboratoires Gerhico, Icotem et Mimmoc ; la Maison des sciences de l'Homme et de la société. Au Canada : l'Université de Moncton et l'Institut canadien de recherche sur les minorités linguistiques, l'Université d'Ottawa (Centre interdisciplinaire de recherche sur la citoyenneté et les études minoritaires).

– nos autres partenaires : l'ambassade du Canada, le programme Canada-France 2004, la région Poitou-Charentes (programme Com' Sciences), le conseil général de la Vienne, la ville de Poitiers, le Comité des amitiés acadiennes.

– que soient également remerciés tous les collaborateurs qui ont participé au travail d'évaluation et de relecture des articles ainsi que tous ceux qui ont rendu cette action possible par leur contribution.

André Magord

Directeur de l'Institut d'études acadiennes et québécoises
Université de Poitiers

Table des matières

RECHERCHE APPLIQUÉE ET ADAPTATION
FACE AU DÉFI DES MUTATIONS STRUCTURELLES
EN MILIEU MINORITAIRE

Préface

L'Acadie des discours

Herménégilde Chiasson

Écrivain, Lieutenant-Gouverneur
du Nouveau-Brunswick, Canada

Il y a trente ans, un sociologue du nom de Jean-Paul Hautecœur, Breton d'origine et Acadien d'adoption, écrivait l'un des ouvrages les plus pertinents sur l'Acadie en prenant une approche structuraliste pour analyser un discours qui n'en était alors qu'aux fondements de sa conscience et de son inventaire. Cette publication, résultat d'une recherche dirigée par Fernand Dumont – que l'on considère comme l'un des plus importants penseurs et écrivains québécois de la deuxième moitié du XXe siècle –, sera publiée au Québec par les Presses de l'Université Laval et rejoindra alors le rayon des ouvrages trop dérangeants pour leur donner plein droit de cité en Acadie. Sur la même étagère sont rangés des ouvrages tels que la thèse d'Alain Even sur le développement économique dans la péninsule acadienne. Je dis cela sans amertume, même si je sais que les idées ont toujours eu la vie dure en Acadie et que le doute, cartésien ou pas, a toujours eu la part du diable car, au-dessus de tout, il fallait alors croire jusqu'à la bêtise en notre martyre et en notre mission.

Ce que je trouve intéressant et ironique, c'est que ces ouvrages écrits par des Français de France – comme on les appelle ici avec affection – ont servis à forger une nouvelle conscience de l'Acadie moderne et contemporaine. Hautecœur et Even ont été, par ces ouvrages et leur enseignement, une source d'inspiration pour les jeunes intellectuels acadiens qui, dans les années 1960, ont compris qu'il était temps pour l'Acadie de faire le pas, on devrait plutôt dire le saut, dans la modernité. L'Acadie était alors une très vieille dame qui parlait très peu et très bas, sauf pour faire état de doléances et de remontrances qui s'étouffaient toujours dans un renoncement séculaire et une sorte de grandeur zen. On élevait alors la voix beaucoup plus pour faire taire que pour énoncer et proclamer.

Les jeunes artistes et intellectuels, dont je faisais partie, avaient conscience que le discours, pour être conséquent, se doit de passer par l'épreuve de la place publique, mais cette publication aura mis du temps à se mettre en place. Elle aura surtout mis du temps à voyager, à s'affirmer, à se mesurer et à établir des liens et des rapports d'amitié dans une confiance mutuelle qui consiste à faire de l'Acadie un objet d'études sans pour autant lui enlever son fondement comme sujet d'affection et d'admiration. C'est pourquoi un ouvrage comme celui-ci, faisant suite à cette année charnière du 400e anniversaire de la fondation de l'Acadie, est tout à fait indiqué pour faire état de la diversité et de l'importance de deux dimensions majeures de l'Acadie contemporaine : la transmission de l'identité et de la culture par le biais de l'éducation et celui de l'aménagement et de la gestion des lieux tels que perçus entre autres par les géographes.

Je considère également comme pertinent et réconfortant de voir que le présent ouvrage sera publié en Europe à la suite d'un colloque tenu en France et où se sont rassemblés un certain nombre de chercheurs préoccupés par l'Acadie contemporaine. Il faut reconnaître, sans entrer dans la vague triomphaliste d'un certain nationalisme, que la présence de l'Acadie tient du miracle. C'est pourquoi les chiffres nous ont toujours fait l'effet d'un argument démagogique de poids lorsque vient le temps de faire nos comptes. Les chiffres sont là pour le prouver et il ne viendrait l'idée à personne de vouloir s'opposer à leur évidence.

Oui, nous avons duré, et cette endurance nous porte à des célébrations où le courage, la détermination, la foi et la générosité sont mis en avant dans un credo où le doute n'est pas toujours bienvenu. Le discours dans ce débordement d'enthousiasme fait souvent effet d'empêcheur de tourner en rond. Pourtant, il est de plus en plus essentiel d'être au courant, à l'aube de ce cinquième siècle de notre existence, une époque qui sera cruciale non seulement pour la survie mais surtout pour la redéfinition d'une Acadie qui, pour consciente qu'elle soit de ses limites, se doit de demeurer vigilante et lucide face à des choix qui s'annoncent comme de moins en moins évidents. Noyés dans la masse d'une culture de plus en plus mondiale, il faut déjà prendre en considération que nous devrons choisir, négocier et faire des alliances. Il nous faudra faire front commun à une plus grande échelle pour conserver certains aspects essentiels de notre culture. Le fait de tenir un colloque comme celui-ci en France fait partie de ces stratégies, surtout en ce qui a trait à l'usage et au partage de la langue.

Le français détient une place privilégiée et une dimension cruciale dans la définition de l'identité acadienne. Il faut voir cependant que le territoire de l'Acadie se retrouve dans une situation qui en fait un lieu souvent menacé et soumis aux aléas de la statistique, qui fait souvent figure de « chronique d'une mort annoncée ». Dans cette optique, la démagogie des chiffres n'a jamais été aussi inquiétante. L'assimilation, cette bête rampante qui refait surface avec tous les rapports de Statistique-Canada, devient ici la menace à circonscrire et à enrayer à tout prix. Il est bien évident, malgré les thèses d'une diaspora de plus en plus entreprenante, que l'Acadie, à travers son histoire comme face à son devenir, reste profondément liée au territoire et à la langue. Ces deux pôles de notre identité font ici l'objet d'une réflexion des plus intéressantes complétée par quelques expériences similaires ou parallèles dans d'autres communautés, notamment au Québec et en France.

Cette identité territoriale – souvent contestée en l'absence de frontières fermes, j'allais dire fermées – et linguistique, compromise par la détérioration du code, constitue, malgré les arguments des législateurs et des puristes, le fondement de notre double identité américaine et francophone. L'Amérique, dans sa version états-unienne, est un rouleau compresseur qui nivelle présentement la culture planétaire, et nous sommes bien conscients d'être au front d'une bataille où nous attendons constamment des renforts. C'est une situation qui ressemble fort à la colonie dont nous sommes issus et dont l'imaginaire ne nous a jamais quittés. Il m'a toujours semblé, du moins lors de mon apprentissage scolaire, que tout au cours de notre histoire nous avons toujours attendu des secours de la mère patrie. De nos jours, cette notion de renfort s'est élargie à la francophonie. Il nous faudrait des échanges culturels bilatéraux plus forts et conséquents, des aménagements très coûteux pour rendre bilingues les services publics, des émigrants en provenance de pays francophones pour parer à notre démographie défaillante ou des idées nouvelles qui trouveraient leur origine et leur application dans des secteurs apparentés à notre situation et à notre combat. Dans tous ces domaines, c'est en mettant nos connaissances en commun que nous arriverons à ajuster notre tir, car nos munitions sont faibles et nous nous débattons toujours contre une mentalité d'assiégés qui souvent nous angoisse et nous décourage.

Dans cette approche, il faut être conscient que l'Acadie se voit aux prises avec le plus important mouvement de population depuis la déportation massive de 1755, une entreprise destinée à la faire passer de la ruralité à l'urbanité. On en retrouve les indices dans les productions culturelles récentes mais aussi dans une transformation de la langue qui se retrouve en état de mutation vers un avenir qui en inquiète beaucoup.

Il en résulte aussi et surtout un grand nombre de situations sociales provenant de malaises, de tensions et d'antagonismes entre les campagnes et les villes, non seulement par la méfiance centre/périphérie qu'elle installe, mais aussi dans ce passage du connu à l'inconnu qui s'effectue en grande partie par l'entremise du savoir.

Il faut également prévoir ou constater la naissance d'un territoire encore plus morcelé et divisé qui risque de transformer l'Acadie traditionnelle pour la dissoudre dans un univers où elle sera plus difficile à repérer, à regrouper et surtout à mobiliser. C'est d'ailleurs à ce niveau que se situe le dilemme de l'Acadie contemporaine, prise entre une identité confirmée dans le folklore et la tradition et une modernité où elle se verrait fragilisée dans un anonymat qui l'absorberait au nom d'une culture universelle et par conséquent accessible au plus grand nombre. Ces deux éléments constituent selon moi le dilemme infranchissable entre la mythologie et le discours. Il s'agit là d'une contradiction qui donnera sûrement lieu à des œuvres d'art et à des débats idéologiques intéressants et importants. Si autrefois les rassemblements ont surtout été d'ordre religieux et politique, il est à prévoir que les prochains seront davantage d'ordres culturel et intellectuel, deux dimensions dans lesquelles l'Acadie de l'an 2000 se voit désormais pleinement engagée. Le présent colloque et l'ouvrage auquel il a donné naissance s'inscrivent de plain-pied dans cette démarche. Les sociétés, comme les individus, vivent de rêves et d'idées ; d'où l'importance pour l'avenir de produire du discours, de donner voix et forme à nos préoccupations et à nos craintes tout comme à nos utopies et à notre imaginaire.

Cette mutation de l'Acadie rurale entraîne d'importants changements sociaux et économiques qui produisent déjà un impact sur les communautés qui autrefois se retrouvaient autour du clocher paroissial. Ceci a également un impact sur les sources de revenus traditionnelles qui font face à des défis importants. La pêche, par exemple, n'est assurément plus cette activité pittoresque et artisanale qu'elle a été. Aujourd'hui, la science s'est emparée d'un savoir qui autrefois se transmettait de père en fils pour en produire une version qui, de l'économie de marché aux experts en marketing, aux quotas des gouvernements ou aux nouvelles technologies de repérage et de gestion des stocks, a fait de cette activité une industrie qui a du mal à retrouver son abondance mythique d'autrefois.

Attirés par une volonté de réussir comme jamais auparavant, les jeunes entrepreneurs acadien(ne)s ont investi l'espace urbain pour le transformer et faire de municipalités telles que Dieppe et Moncton des centres d'échanges économiques et culturels importants. Ce mouvement, pour louable qu'il soit, semble n'avoir eu, jusqu'à maintenant du moins, que peu de résonance en ce qui a trait à la culture, qui risque de se retrouver grande perdante de ce nouvel élan. L'argent n'a pas de langue et, de nos jours, encore moins de territoire si ce n'est virtuel. Il s'ensuit que l'affichage, la langue et la présence francophones font toujours problème. Il est aussi intéressant de constater que cette hésitation se produit au moment où l'élément anglophone voit d'un très bon œil la contribution de l'acadianité d'abord à son économie, mais aussi à une qualité de vie dont une municipalité comme Moncton a largement bénéficié. Cette ville, où se retrouve une grande partie de l'infrastructure acadienne, fait l'effet, avec Dieppe sa sœur siamoise, de véritable pôle d'attraction mais également de centre nerveux et définiteur de cette nouvelle Acadie.

Un nombre croissant de manifestations culturelles, politiques et intellectuelles ont largement contribué à donner à Moncton un visage francophone qui en fait la capitale de cette nouvelle Acadie. Le Congrès mondial acadien, le Sommet de la francophonie, la présence de l'Université de Moncton et la concentration d'organismes culturels de toutes sortes contribuent à ce phénomène tout en popularisant le fait français et l'image d'une Acadie urbaine. Une telle effervescence contribue aussi à faire reculer le climat antifrancophone qui y régnait il y a à peine une trentaine d'années lorsque le maire Jones pouvait afficher ouvertement son mépris des premières revendications et manifestations d'étudiants venus lui demander l'établissement de services en français à l'hôtel de ville. Cette même ville votait en 2002 un arrêté en conseil qui en faisait la seule ville officiellement bilingue du Canada. Toutefois, malgré la transplantation urbaine de cette Acadie rurale, il faut voir que l'imaginaire qui y est associé demeure profondément ancré dans l'arrière-pays, d'où cette méfiance et ce retrait à s'imposer sur les questions de culture et de représentation. Une autre raison pour confirmer l'importance des discours comme élément générateur d'une nouvelle identité qui reste largement à étudier, à définir et surtout à promouvoir.

Pour qu'un tel mouvement puisse s'enclencher, il devient important de mettre en circulation de nouvelles idées et de nouvelles stratégies. Tout problème, toute question, contient déjà sa réponse. C'est du moins ce qu'affirme une certaine sagesse orientale. La recherche académique et le discours intellectuel se doivent de s'intégrer à ce questionnement d'une Acadie qui se retrouve présentement à une importante croisée de chemins. Heureusement que les temps ont changé depuis l'époque où des penseurs aussi importants que Hautecœur et Even voyaient leurs ouvrages pratiquement mis à l'index par un groupe d'irréductibles, qui y voyaient une manifestation du démon de la connaissance, du moins si l'on en croit le récit du paradis terrestre où il est dit que la connaissance de la science du bien et du mal entraîna la chute de l'humanité.

La fin du XXe siècle et le début du XXIe ont donné lieu à la présence de nouvelles dimensions qui ont vu le savoir devenir pluridisciplinaire et recueillir de nouvelles voix qui, du fond de leur minorité, ont parcouru une route souvent tortueuse et accidentée qui les a conduites au centre même des espaces de prise de parole. C'est ce qui se produit pour les Acadiens, et je ressens toujours une certaine émotion lorsque j'entends un chercheur acadien ou une intellectuelle acadienne prendre la parole dans un colloque, car je sais que cette parole vient d'un désir de donner au monde une couleur, un accent et une dimension qui nous ressemblent et nous confortent dans notre vision et dans notre compréhension de celui-ci. Il aura fallu longtemps pour en arriver là.

Walter Benjamin a écrit quelque part : « C'est par ceux qui sont sans espoir que l'espoir peut nous être rendu ». J'ai toujours entendu cette phrase par rapport à l'Acadie. Bien sûr, notre situation n'est quand même pas aussi dramatique que celle de certaines collectivités des pays en voie de développement, mais il faut avoir vécu le passage de ces années où des routes poussiéreuses sillonnaient le territoire acadien, il faut avoir fréquenté les petites écoles chétives où s'entassaient cinq classes autour d'un seul enseignant pour comprendre la rapidité avec laquelle nous avons évolué et pour voir l'aménagement survenu sur le territoire et en matière d'éducation. Dans une perspective soudaine, le monde semble stable, figé, engoncé dans sa léthargie, mais avec le temps on mesure soudain l'ampleur des rêves de gens dont les idées lointaines et floues se sont transformées pour se concrétiser dans le discours d'une Acadie en constante évolution.

Au cours des ans, cette évolution s'est transformée pour se concrétiser en un savant bricolage. Peut-il en être autrement lorsqu'on reconnaît que l'entreprise fait appel à la collectivité dans le sens le plus élargi qui soit. Il y a présentement un mouvement de génération qui ne pense pas la culture non plus que le territoire, bref l'identité, de la même manière, et c'est heureux. Pour la génération qui nous a précédés, il y eut, c'est certain, une fixation sur l'adjectif. L'acadianisme devait se substituer au nom, lui être accolé, s'y fusionner et même s'y réduire. Pour ma génération, le nom devint important et l'adjectif, pour important qu'il fût dans notre identité, devait figurer en second. Quant à la génération qui nous suit, ceux qui ont aujourd'hui entre 20 et 30 ans, l'adverbe a remplacé les deux autres fonctions. Leur identité s'étant affermie, il devient normal de faire les choses acadiennement puisqu'ils savent qu'ils seront toujours, et même malgré eux, des Acadiens.

Pour reprendre un adage connu, « du choc des idées jaillit la lumière », car c'est le statisme et l'engourdissement qui nous ont entraînés dans l'unisson et nous ont longtemps privés d'un dynamisme essentiel dont le savoir est toujours un élément incontournable. Il faut remarquer dans le présent ouvrage la grande diversité de points de vue, de provenances et de manières de passer un message qui, tout en étant complémentaires et solidaires de l'ensemble, n'en demeurent pas moins chacun particulier. Dans ces discours, celui des femmes s'est distingué par la récupération d'une histoire obscure – quasi occulte – et négligée, au même titre que la préoccupation de contribuer à cette aventure dont elles ont toujours fait partie sous le couvert de l'anonymat ou de la dépossession.

Il y a longtemps, à cette époque lointaine où je fréquentais Jean-Paul Hautecœur, je le voyais gravir la colline menant à la bibliothèque Champlain de l'Université de Moncton, où on le tolérait car on savait qu'il n'allait pas faire le livre hommage qui confirmerait la mythologie martyre/résistance qui nous a si souvent tenu lieu d'identité. Le livre est sorti au moment où Hautecœur était déjà parti, comme Even et comme tant d'autres intellectuels acadiens qu'on percevait comme des fauteurs de troubles et des empêcheurs de tourner en rond. Je reconnais que Hautecœur a eu sur ma pensée une influence qui dépasse largement ces soirées où nous mangions des crêpes bretonnes à la vodka, ce qui était alors pour moi le comble de l'exotisme et de la sophistication à la française. Il y avait entre nous cette curiosité que je retrouvais dans ces cahiers de l'Herne qu'il me prêtait et où je pouvais lire en traduction les textes d'écrivains tels que Ginsberg, Kerouac, Ferlinghetti mais aussi Michaux et Char. Je me souviens de la vitesse avec laquelle il traversait Scoudouc et des fleurs qu'il volait dans les parcs pour sa blonde Acadienne ; de sa fascination pour l'Orient ; du fait qu'il trouvait exotique l'idée d'être en Amérique. Un étrange croisement et un curieux échange d'idées. Je suppose que l'Acadie fait cet effet-là quand on est français et que la France fait cet effet-là quand on est acadien. C'est un peu cet effet que j'ai retrouvé lors de mes études en France dans les années 1970 et que je retrouve ici dans ce colloque qui s'est tenu à Poitiers, dans ces textes diversifiés et engagés autour d'un objet d'étude, l'Acadie, et dans ces impressions de dépaysement qui nous deviennent, des deux côtés de cet océan qui nous relie, de plus en plus familières.

INTRODUCTION GÉNÉRALE

L'Acadie par l'autre bout de la lorgnette

Orientation existentielle groupale et recherche appliquée

André MAGORD

Université de Poitiers, France

La publication de ce livre s'inscrit dans la continuité d'une action de coopération scientifique pluridisciplinaire entre les universités de Poitiers, de Moncton et d'Ottawa sur les questions d'existence en milieu minoritaire. Au fil des dernières années, nos réflexions croisées ont mené à des recherches sur des problématiques communes, tout particulièrement sur les questions des mutations structurelles et identitaires dans un contexte de mondialisation. Après une étude consacrée à la pluralité des dynamiques identitaires au sein des différentes sphères acadiennes[1], ce nouveau livre recentre les perspectives sur l'Acadie du cœur, celle du Nouveau-Brunswick. Les articles présentés visent des domaines actuels ou potentiels d'application. Ils illustrent la possibilité d'innovation et de renouvellement face au défi d'assurer un devenir à l'identité acadienne.

Les Acadiens forment un peuple minoritaire dont la spécificité a été jusqu'à aujourd'hui le maintien d'une vitalité culturelle et linguistique suffisante pour assurer la relève des générations. Ce fait est particulièrement notable au sein d'une Amérique du Nord où nombre de groupes aussi restreints et qui ont subi une discrimination aussi forte n'ont pas pu résister à l'assimilation. Ce peuple, sans territoire administratif et dont la population reste dispersée, y compris au Nouveau-Brunswick, continue de s'affirmer par la force des dynamiques humaines qu'il

---

[1] Magord, A. (dir.), *L'Acadie plurielle. Dynamiques identitaires collectives et développement au sein des réalités acadiennes*, Institut d'études acadiennes et québécoises, Université de Poitiers et Centre d'études acadiennes, Université de Moncton, 2003.

engendre sur les plans social, culturel et juridico-politique. Toutefois, si cette vitalité indispensable au maintien d'une identité propre a permis un processus d'adaptation face à chaque grand changement structurel émanant de la société canadienne, les derniers recensements laissent apparaître une tendance à l'érosion de la vitalité démolinguistique des francophones au Nouveau-Brunswick[2]. Face à ce constat et, de plus, dans un contexte de mondialisation qui bouleverse toutes les données identitaires, l'Acadie se doit une nouvelle fois de trouver les moyens de s'adapter aux changements qui se profilent.

En pointant avec acuité les investissements nécessaires pour relever le défi de l'adaptation aux mutations, les articles de ce volume mettent à jour le besoin criant d'une plus grande prise en charge des facteurs du déterminisme social et culturel. Nous gageons que le lecteur sera sans doute surpris d'observer les convergences de perspectives issues de domaines de recherche habituellement séparés. Ce livre souligne en ce sens le potentiel de l'interdisciplinarité axée sur un objet commun d'étude. Les travaux approfondis consacrés à des microsituations montrent aussi la possibilité de mise en synergie d'expertises scientifiques. Ces convergences ne mènent toutefois pas à l'élaboration d'un projet de société dans son ensemble. C'est le paradoxe de l'Acadie, minorité historique au Canada et donc bénéficiant de droits spécifiques, mais qui ne s'est pas encore dotée d'une autonomie socio-institutionnelle lui permettant de garantir la maîtrise de son destin. Cette conscience de la nécessité de mieux maîtriser son destin a entraîné la tenue de la Convention 2004 de l'Acadie, vingt-cinq années après la précédente. Parallèlement à cet élan et à cette démarche collective en Acadie, cet ouvrage propose un ensemble d'articles scientifiques qui sont autant de réponses ou de pierres apportées à l'édifice d'une société acadienne qui tente de renouveler ses dynamiques propres dans une phase d'incertitude identitaire. Les études présentées sont en lien étroit avec la réalité actuelle du terrain en Acadie. Elles visent ou correspondent à des champs d'application et révèlent un fort potentiel d'innovation face à des problèmes cruciaux en Acadie. En contexte minoritaire, ces recherches ont un impact particulièrement fort et direct sur l'organisation de la vie de la communauté concernée. La portée de tels travaux dans une perspective éthique met en lumière le décalage entre les principes universels du vivre-ensemble et les politiques et dynamiques actuelles qui orientent l'organisation sociétale. Il convient dans un premier temps de situer la

---

[2] Martel, A., *Droits, écoles et communautés en milieu minoritaire : 1986-2002. Analyse pour un aménagement du français par l'éducation*, Ottawa, Commissariat aux langues officielles, 2001 ; Landry, R. et Rousselle, S., *Éducation et droits collectifs. Au-delà de l'article 23 de la charte*, Moncton, Les Éditions de la Francophonie, 2003.

place et l'importance de ces recherches dans le contexte de l'évolution sociopolitique en Acadie du Nouveau-Brunswick[3].

Jusqu'aux bouleversements socioculturels et politiques des années 1960, l'histoire de l'adaptation des Acadiens aux mutations est essentiellement celle d'une minorité qui tente de s'organiser pour résister aux actions discriminatoires imposées par un groupe dominant. La détermination des Acadiens à ne pas céder est emblématique de la force du plus petit qui ne peut compter que sur ses ressources internes pour perpétuer son existence dans un rapport de force défavorable. Cette détermination fascine car elle est la condition d'une existence libre. Elle poussera les Acadiens à ne pas fuir, lorsque la France abandonne l'Acadie, tout en affirmant leurs caractéristiques identitaires. Ils acceptent d'affronter l'incertain et se montrent novateurs en proposant le principe de neutralité[4]. Cette aspiration à rester maître de son orientation existentielle ne pouvait être entérinée par les pouvoirs absolutistes de l'époque. La suite est bien connue, l'éradication, la tentative d'élimination physique d'un groupe qui incarne une volonté d'autodétermination. Cette volonté de garder la maîtrise de son orientation identitaire est un positionnement existentiel fort, anachronique dans le contexte politique d'alors, et qui nécessite des processus de dépassement et de transcendance des obstacles à l'affirmation de soi. Ainsi les Acadiens devront assumer la dépossession matérielle, la perte de toute reconnaissance, la discrimination et la violence. Ils traverseront ces épreuves plutôt que de céder, ou d'abandonner leur objectif d'existence propre et de maîtrise de leur destin.

L'avènement du nationalisme acadien au cours du XIXe siècle viendra canaliser cette dynamique et, pour une part, la détourner. Certes, ce mouvement fut indispensable pour redonner aux Acadiens une voix sur la scène politique et une place sur la scène publique après un siècle de silence ; mais il a également accaparé cette dynamique en transférant la légitimité qu'elle avait gagné à un patriotisme dont les piliers fondateurs se limitaient à une foi inébranlable en la religion catholique et à un attachement profond à la langue française et à l'héritage culturel. Or si la foi religieuse et la langue française sont indissociables de la détermination acadienne, elles ne sont pas nécessairement source première de

---

3 Comme indiqué précédemment, la réflexion menée est centrée sur l'Acadie du Nouveau-Brunswick. Il est clair cependant que, moyennant un travail de contextualisation et de problématisation spécifique, les autres sphères acadiennes représentent aussi des champs d'application pour les études présentées.

4 Suite au traité d'Utrecht en 1713, l'Acadie passe aux mains de la Grande-Bretagne. Les Acadiens défendent toutefois obstinément la possibilité de garder leurs terres, leur langue et leur religion ainsi que de rester neutres en cas de conflit entre la France et l'Angleterre.

cette détermination. Ainsi les 1 170 déportés acadiens qui arrivent dans le Poitou après plusieurs années d'emprisonnement en Angleterre et d'attente dans des ports français repartiront pour la plupart (80 % des familles) vers la Louisiane[5]. Ces Acadiens avaient pourtant le libre exercice de leur langue et de leur foi ainsi que des fermes mises à leur disposition[6]. Ils préfèrent néanmoins à nouveau l'aventure de l'inconnu à une situation où ils ne peuvent pas être acteurs de leur devenir.

En Acadie, dans la seconde moitié du XIXe siècle, les élites, qui associent patriotisme à obéissance stricte aux directives[7], s'approprient symboliquement mais aussi concrètement la dynamique de cette volonté et la transforment en source de pouvoir au service d'une hiérarchie qui ne trouve pas de formalisation démocratique. Le processus de délégation de pouvoir par élection de représentants n'a en effet pas lieu puisque, si quelques Acadiens sont élus au parlement, ce n'est pas au nom du peuple acadien mais à titre de membres d'un parti majoritairement anglophone. L'élite acadienne qui se constitue dans ces conditions saura négocier avec le pouvoir dominant la mise en place d'institutions structurelles nécessaires au projet de maintien de la langue et de la religion acadiennes. L'orientation identitaire collective proposée sera celle du projet patriotique de Canada français, ramené à la dimension acadienne. Dans ce cadre, la visée référentielle de l'orientation identitaire demeurera : servir sa foi, parler sa langue, garder son héritage, soit une vision conservatrice parfois teintée de nostalgie d'une France prérévolutionnaire. Enfin, le peuple acadien bénéficie certes de structures protectrices et unificatrices[8], mais il perd ce rapport direct avec la possibilité de décider, d'entreprendre et d'innover ; il n'a pas non plus la possibilité de régulation par les urnes. L'idéal patriotique aura un impact certain sur la population dans son ensemble mais demeurera pour une part essentielle sur un plan symbolique. Les journaux, tout comme les essais patriotiques souvent larmoyants, soulignent combien cet idéal nationaliste servit plus les intérêts d'une élite autoproclamée qu'un projet de société

---

5 Martin, E., *Les exilés acadiens en France au XVIIIe siècle et leur établissement en Poitou*, Brissaud, Poitiers, 1936 ; Magord, A., « Identités acadiennes en Poitou et à Belle-Île », *Revue des sciences de l'éducation*, vol. XXIII, n° 3, p. 683-698.

6 Ces Acadiens s'impatientaient, il est vrai, de ne pas recevoir leurs droits de propriété aussi rapidement que voulu, mais leur motivation au départ était avant tout celle de la quête d'un mode d'existence propre.

7 Tremblay, M.-A., « Les sentiments acadiens », in Tremblay, M.-A. et Gold, D.-L., *Communautés et culture. Éléments pour une ethnologie du Canada français*, Montréal, Éditions HRW, 1973, p. 294-318.

8 Essentiellement les réseaux du clergé, un système d'éducation, notamment post-secondaire, et le développement de la presse, acquise à l'idéal nationaliste.

auquel toute la population aurait pu adhérer avec les ressources qu'elle avait cultivées lorsqu'elle n'avait qu'elle-même sur qui compter.

Dans ce contexte, le rapport de pouvoir entre élites anglophones et francophones sera fait de concessions acceptées par le groupe dominant tant qu'un *statu quo* est maintenu : celui d'un État où l'Acadie reste dans un statut de minoritaire, non menaçant structurellement pour le groupe dominant. Limiter le projet d'existence acadienne à la religion et à la langue correspondit à un compromis qui permettait le maintien des communautés mais qui excluait le projet de faire société complètement, c'est-à-dire selon les aspirations émanant librement de l'ensemble de la population. Ce phénomène de neutralisation d'une partie de la dynamique potentielle de ce peuple sera toutefois peu mis en avant pour plusieurs raisons. La première demeure la pression discriminatoire forte qui continue d'être exercée par le groupe anglophone et qui est subie en premier lieu par le peuple acadien. Ces derniers ne peuvent que s'en remettre à leurs élites, dont le pouvoir est ainsi régulièrement réaffirmé. De plus, l'élite acadienne religieuse et institutionnelle, qui évitera dans l'ensemble la confrontation ouverte avec l'élite anglophone, produira par ailleurs un discours fort de stigmatisation à l'encontre du groupe dominant ; tactique politique bien connue pour unifier le peuple dans la peur et faire oublier les manquements du pouvoir en place. Le peuple est alors coupé de toute possibilité de subversion, voire de contestation. La presse et la parole sont aux mains des élites, du clergé en particulier, et l'absence de volonté ou peut-être de possibilité d'un projet politique pour la population acadienne a entre autres pour résultat la mise sous l'éteignoir d'une partie de la dynamique inhérente à l'expérience acadienne. Le clergé, catholique, insiste également beaucoup sur la notion de peuple martyr et donc, en filigrane, soumis à son destin et ne pouvant se libérer que par la foi. Les prêtres militent pour leur paroisse mais ils se font aussi les champions d'un *statu quo* politique qui leur laisse la responsabilité de la vie morale, de l'éducation et de la santé.

En résumé, il ne s'agit pas ici de chercher à dénoncer systématiquement le projet nationaliste d'alors ; d'ailleurs sans ce positionnement de l'élite acadienne les communautés auraient peut-être disparu. La démarche suivie est guidée par l'analyse des dynamiques qui orientent l'existence groupale. Cet aspect complexe du développement de l'Acadie au Canada semble très important également pour les conséquences qu'il va continuer de générer.

Les années 1960 seront en Acadie, comme dans tout l'Occident, un moment de grand bouleversement. Tout d'abord, le peuple acadien va se réapproprier sa parole. Les réformes du gouvernement Robichaud vont délester le clergé d'une grande partie de son pouvoir au profit d'institutions gouvernementales et séculaires. Les Acadiens dans leur ensemble participent maintenant au débat sur leur avenir dans un contexte général de revendications émancipatrices en Occident.

L'élan artistique et culturel va souligner la capacité de cette société à être créative et capable de se renouveler. L'articulation de cette dynamique avec une prise en charge politique nouvelle ne se fera pas toutefois selon la ligne d'une autonomie consensuelle revendiquée et gagnée. L'échec cuisant du Parti acadien souligne l'impossibilité de cette démarche. Les raisons restent, pour une part, non encore expliquées. L'éparpillement géographique a souvent été avancé. Mais comment expliquer alors l'échec de l'indépendantisme québécois ? Ne doit-on pas voir dans ce parallèle les séquelles du nationalisme conservateur qui proposait le postulat existentiel si bien décrit par Maria Chapdelaine : « Au Québec, rien ne doit changer, rien ne doit mourir[9] ». Dans ce contexte, la population n'est plus en phase avec le monde autour d'elle. Elle peut entendre ce qui l'oppose ou l'intègre face au groupe dominant mais elle n'est plus en lien avec la dynamique intrinsèque de la prise en charge de soi. Les nombreuses initiatives régionales de développement ne suffisent pas à redonner la confiance et la vision nécessaires à l'affirmation d'un projet autonome. Cet empêchement à pouvoir engendrer un engagement individuel et collectif suffisant pour parvenir à une autonomie de fonctionnement va de plus constituer une porte ouverte à toutes les influences de la société de consommation.

Dans les années 1970 puis 1980, les Acadiens vont porter leur revendication dans le cadre de la politique officielle de bilinguisme et de biculturalisme. Ils remportent différentes batailles, gagnent de nouveaux droits, mais ces derniers portent surtout sur la défense de la langue et ils n'impliquent pas l'ensemble des dynamiques d'un projet de société à part entière[10]. Ce pan non revendiqué d'organisation politique et donc de reconnaissance de soi apporte nécessairement une confusion, une fragilité dans le processus identitaire individuel et collectif d'une communauté déjà mise en insécurité par son statut de minoritaire et une part notable de son histoire[11]. Il semble qu'à ce stade, malgré les succès juridiques et le travail des organisations militantes, les Acadiens sont peu à peu gagnés par un autre type de mode d'être, celui de la société dite de consommation. Il va de soi qu'ils ne font ainsi que suivre la marche de tous les autres Occidentaux, la différence demeurant qu'en tant que

---

9 Hémon, L., *Maria Chapdelaine*, Montréal, Bibliothèque québécoise, 1990, p. 193.

10 Ce phénomène est qualifié de judiciarisation de l'identité.

11 Voir le récent film de la réalisatrice acadienne Renée Blanchar sur les suites de la déportation aujourd'hui : *Le souvenir nécessaire*, ONF.

minorité, les séquelles sont plus profondes et plus rapides. Sans reprendre ici une analyse multidimensionnelle du phénomène de conquête de l'idéologie et des pratiques de l'ultra-néolibéralisme transnational, rappelons quelques-uns de ces processus psycho-sociologiques qui sont très significatifs pour la situation étudiée. Ce modèle s'impose à la population dans son ensemble via les *mass media* et le matraquage publicitaire. Son objectif est de pouvoir non seulement influencer mais induire, provoquer les achats et donc les comportements des consommateurs. Ce système a atteint un tel niveau de perfection qu'il vise directement notre état d'être en général et non plus seulement une de nos sensibilités. L'objectif final étant de faire se confondre autant que possible vivre et consommer. Consommer demeurant un geste simple, non exigeant, facilement gratifiant, l'engrenage est vite enclenché avec toutes les dérives issues d'un processus dont la visée, n'étant pas émancipatrice, ne peut être que régressive. J'insiste sur ce phénomène car non seulement il vient se greffer sur la situation préalable de dépossession d'une façon d'être autonome pour les Acadiens, mais il devient maintenant une menace profonde par sa trop grande prédominance. Qui peut contredire aujourd'hui les constats de bon sens suivants : en Amérique du Nord, les jeunes passent en moyenne plus de cinq heures par jour devant la télévision et les jeux vidéos. La grande majorité des programmes sont simplistes, contraires à une ouverture sur le monde et à l'approfondissement de la pensée. Ils déresponsabilisent ceux qui y consacrent leur temps libre au quotidien. Ils sont souvent violents ou vulgaires et donc, à de telles doses, régressifs. Durant ces cinq heures, la personne est en situation physique de passivité. Elle cultive cet état, ce qui rend difficile l'activité nécessaire à tout investissement. Sur le plan psychique, la personne est isolée, elle ressent nombre de pulsions, d'émotions qui ne vont pas être reliées directement à un vécu et dont la cohérence ne va pas être évaluée dans une rencontre interactive réelle. Cet ancrage dans le virtuel, dont les objets multimédias sont le moyen et la raison, consacre la rupture avec la possibilité d'être à l'origine de ses comportements. Enfin, de façon très simple, lorsque dans une journée cinq heures ont été passées à une activité individuelle et narcissique, il ne nous est plus possible de nous rendre pleinement disponibles pour un engagement sur le plan humain ou intellectuel. Au-delà du matraquage de référents identitaires matérialistes, c'est donc la dynamique existentielle même qui est profondément aliénée. Les tenants de la société libérale, dite moderne, ont alors beau jeu de déclarer la fin de l'histoire. En fait d'avoir atteint un modèle organisationnel idéal, ce système coupe l'humain de cette notion et l'inscrit dans une représentation et un fonctionnement virtuels, contraires à l'autodétermination et propices à l'autodestruction.

Comprendre la cohérence de son cheminement implique de pouvoir faire sens avec son histoire et d'opérer des choix conscients. Pour cette raison, tout projet émancipateur nécessite un travail de conscientisation afin de dénoncer les excès du système consumériste dans son ensemble et de sensibiliser la population aux valeurs éthiques sur lesquelles un modèle alternatif peut reposer. Ceci d'autant plus que l'on remarquera l'indulgence voire la complicité du politique et des médias vis-à-vis du système ultralibéral et consumériste, qui pourtant limite considérablement la mission civique de ces sphères de pouvoir. De plus, les détracteurs de ce modèle se trouvant souvent eux-mêmes pris au piège de l'attachement au matérialisme, il devient très difficile de proposer une pensée contestataire. La boucle est alors bouclée ! Les différents domaines de pouvoir officiels aux plans national et provincial se trouvent court-circuités par des influences supra-étatiques ; et au plan sociétal, les situations de vécu spontané où se révèle le sentiment de l'appartenance collective se raréfient face à l'emprise croissante des rapports individualistes et virtuels au monde, qui fonctionnent symétriquement avec un attachement compensatoire au matérialisme. Il n'y a plus guère qu'au plan local que l'expérience d'une démarche authentique reste possible. C'est à partir de ce rapport de proximité qu'une autre dynamique peut se relancer, en évitant bien entendu les pièges du repli sur soi et de l'immobilisme. C'est en ce sens que la recherche appliquée en milieu minoritaire prend une importance nouvelle. Face à la complexification des dynamiques identitaires, face à la confusion de la parole politique soumise aux pouvoirs supra-étatiques, face à la raréfaction de la pensée philosophique et artistique dans un monde où l'espace de parole médiatique est essentiellement simpliste, le travail scientifique reste l'une des rares démarches possibles pour chercher à construire un lien entre la réalité sociale et la nécessité organisationnelle.

Les articles proposés dans ce livre émanent de cette problématique contextuelle générale. Après une première partie qui analyse les liens de continuité entre le passé et le temps présent, les recherches portant sur l'éducation renouent avec la grande tradition émancipatrice des années 1960. Leur approche est toutefois distincte et novatrice puisqu'elle parvient à relier de façon systémique les variables psycho-sociologiques qui sous-tendent les principes philosophiques avancés. Ce travail d'équipe, qui allie une volonté qualitative et des démarches quantitatives sophistiquées, précise de façon également novatrice le potentiel encore souvent confus de l'interdisciplinarité. Étonnamment, pour un Européen, la proposition de ce modèle alternatif sur le plan de l'éducation mais aussi de la philosophie et de l'éthique s'inscrit dans le strict cadre de rapports institutionnels et juridiques. On peut certainement voir là la spécificité de la démocratie canadienne et sa propension à prendre en compte les revendications de ses groupes minoritaires historiques. Cependant, l'absence d'un positionnement politique par rapport à un projet aussi fortement idéologique n'est-elle pas contradictoire, à long terme, avec la conscientisation prônée au sein de ces articles ? Cette dynamique alternative peut-elle se jouer dans le seul rapport entre l'individu, la communauté et l'État ? Le principe d'autodétermination au cœur de ce projet est-il possible sans un principe équivalent au plan de l'Acadie dans son ensemble ? La force du projet de la pédagogie actualisante étant l'idée de garantir la possibilité de choix identitaires libres et responsables, ce projet n'est-il pas nécessairement lié à un développement conséquent de la culture acadienne et donc à une revendication claire sur ce point ? Peut-être touchons-nous là les limites de ce nouveau rôle potentiel de la science ? Peut-être s'agit-il au contraire d'une première étape qui induira, dans une logique propre à l'Acadie, toutes les autres, nécessaires aux mutations et aux adaptations voulues.

La seconde partie de cet ouvrage aborde avec une acuité propre aux études de proximité la problématique de l'adaptation en milieu minoritaire. Les études très précises portant sur la recherche de mise en synergie entre les écosystèmes, les modes de gestion et la dynamique humaine montrent combien le souci de la recherche appliquée en milieu minoritaire permet de renouer avec des questionnements fondamentaux ailleurs trop souvent oubliés. Ces analyses des réalités premières de la gouvernance locale mettent en lumière les capacités de la démarche scientifique à dégager les enjeux démocratiques et identitaires de la gestion territoriale.

Les travaux qui portent sur les migrations et le phénomène d'urbanisation, sur la place spécifique des femmes dans des actions de développement économique et social, et enfin sur l'emploi des langues sur le lieu de travail, soulignent la capacité des scientifiques à montrer de façon fine l'impact sensible des mutations structurelles sur des modes de vie en contexte minoritaire. Plusieurs de ces travaux, dans le premier chapitre comme dans le second, démontrent la nécessité d'articuler les recherches sur l'impact des mutations structurelles avec celles portant sur la compréhension et la maîtrise des facteurs de déterminisme identitaire. Il semble clair que l'expertise scientifique est à la hauteur de ce défi. Il reste toutefois à rassembler ces savoirs selon un objectif commun de vivre ensemble. Cette orientation collective nécessitera, tant chez les scientifiques qu'au sein de la population dans son ensemble, l'acceptation d'une rupture, de dépassements, de nouveaux investissements, notamment au niveau d'une plus grande prise en charge du contexte politique et institutionnel qui permet de garantir un libre choix de ses comportements psycho-langagiers et socioculturels. Cette prise en charge pourrait se traduire par un ensemble de partenariats qui relierait les problématiques locales, nationales et internationales dans le cadre d'une affirmation politique strictement éthique, c'est-à-dire œuvrant consciemment pour le mieux-être des humains. On retrouve alors précisément l'esprit qui préside à cet ouvrage et qui est souligné de façon emblématique dans la proposition de la pédagogie actualisante : favoriser le développement du plein potentiel humain, en veillant à l'existence d'un vécu socialisant, autonomisant et conscientisant.

TRANSITIONS

Introduction

Les moments de transitions sont cruciaux pour comprendre les causes et les mécanismes des changements. En milieu minoritaire où les relations de causalité s'appliquent plus directement et plus rapidement, les synthèses diachroniques qui croisent des approches chronologiques et horizontales sont indispensables pour comprendre le présent et préparer l'avenir.

À la suite des thématiques développées dans la préface et l'introduction générale, les deux articles de ce premier chapitre analysent de façon approfondie les liens de continuité entre le passé et le temps présent, celui de toutes les autres recherches dans ce volume. Joseph-Yvon Thériault présente une typologie du rapport entre l'identité collective acadienne et le territoire. Le cheminement historique de ce rapport est présenté en trois temps intitulés : le territoire imaginé, le territoire aménagé et le territoire « glocalisé ». L'auteur s'interroge plus particulièrement sur la capacité du territoire « glocalisé » à assurer la pérennité d'un sujet politique acadien. Le phénomène de « glocalisation », de globalisation au plan local, tendrait à renforcer la projection de « l'Acadie dans un imaginaire purement identitaire ». L'auteur, quant à lui, cherche à penser un territoire où le sujet pourrait devenir politique. Il appelle de ses vœux « une Acadie suffisamment dense où son institutionnalisation est possible ».

Joël Belliveau revisite l'origine des discours contestataires en Acadie au début des années 1960, phénomène particulièrement intéressant dans le contexte d'une époque actuelle où les paroles discordantes semblent difficilement pouvoir émerger d'un milieu sociopolitique désincarné. Il décrit pour cela la naissance du mouvement étudiant à l'université de Moncton « tout en replaçant celle-ci dans le contexte de l'histoire des idées politiques en Acadie ». Au-delà d'un intérêt historique, l'étude apporte un éclairage novateur sur la problématique de la rupture avec l'idéologie nationaliste traditionnelle ainsi que sur celle de sa continuité ; problématique qui, entre autres, permet de mieux appréhender l'échec encore peu compris du mouvement néo-nationaliste.

Identité, territoire et politique en Acadie

Joseph-Yvon Thériault

Université d'Ottawa, Canada

Il n'est pas inutile de rappeler comme point de départ les considérations qui ont présidé à la rédaction de ce texte. André Magord, directeur de l'Institut d'études acadiennes et québécoises (IEAQ) et principal organisateur du colloque « Innovation et adaptation en Acadie », me faisait part récemment du fait qu'il aimerait que je traite, dans la séance de clôture, du rôle joué par le territoire dans l'adaptation et l'innovation au sein de la société acadienne. Je ne suis pas sans soupçonner André Magord de quelques arrière-pensées en m'invitant à débattre d'un tel sujet. La question du territoire et de l'Acadie est en effet l'objet, entre lui et moi, d'une longue discussion, pour ne pas dire d'un long désaccord. Je rappelle brièvement quelques moments de cette discussion pour mieux situer à quelles interpellations ce texte veut répondre.

Ma première rencontre avec André Magord eut lieu lors du Congrès mondial acadien de 1994, tenu à Moncton. J'y avais prononcé une conférence intitulée « Vérités mythiques et vérités sociologiques sur l'Acadie[1] ». J'insistais alors pour rappeler que l'Acadie sociologique, celle qui avait été capable de concrétiser dans des institutions sociales le mythe acadien – de faire société, autrement dit –, était une réalité propre à l'Acadie des Maritimes et tout particulièrement à l'Acadie du Nouveau-Brunswick[2]. Lors du débat qui s'ensuivit sur le thème « Où se situe l'Acadie ? » et où la réponse semblait se diriger vers : « l'Acadie est où il existe des Acadiens », j'avais rappelé « j'habite la région d'Ottawa depuis plus de vingt ans, j'y rencontre nombre d'Acadiens d'origine, mais assurément l'Acadie n'est pas là ». C'est suite à ces propos qu'un

---

[1] Thériault, J.-Y., « Vérités mythiques et vérités sociologiques sur l'Acadie », Le Congrès mondial acadien, l'Acadie en 2004. *Actes des conférences et des tables rondes*, Moncton, Éditions d'Acadie, 1996, p. 263-279.

[2] Je nuancerai ce propos d'ailleurs pour la Louisiane où, là aussi, de manière très différente, s'est structurée une Acadie sociologique.

jeune intellectuel français est venu m'interpeller pour me rappeler que j'avais une vision « restrictive », « close », de l'Acadie. Ce que je racontais était « isolationniste », « je me fermais à la riche diversité de la diaspora acadienne ».

Ce jeune intellectuel c'était André Magord, qui ne me tint pas rigueur d'ailleurs pour ce désaccord. Au contraire, il m'invita même, en 1999-2000, à séjourner une année à l'Institut d'études acadiennes et québécoises (IEAQ), institut qu'il dirige à Poitiers, de manière à poursuivre ce dialogue. À la fin de ce séjour, il me demanda de participer, comme aujourd'hui, à la séance de clôture du colloque « L'Acadie plurielle » (2002) qu'il organisait. Ce colloque, comme son titre l'indique, devait rendre compte de la pluralité des Acadies, celles des Maritimes comme celles de la diaspora. J'intitulai alors mon intervention : « Est-ce progressiste aujourd'hui d'être traditionaliste ?[3] ». Je défendais alors l'idée que les minorités nationales, les petites sociétés, notamment l'Acadie, ont été happées par les sirènes de la modernité, de l'innovation, du pluralisme et du cosmopolitisme, jusqu'à avoir honte de dire au nom de quoi elles se battent, jusqu'à refuser de s'inscrire dans une véritable tradition politique. C'était un véritable pied de nez au titre du colloque – l'Acadie plurielle –, à force d'insister sur la pluralité de l'Acadie n'arrivait-on pas à dévaloriser sa singularité, à refuser de penser son unicité ?

Je n'eus pas à ce moment à m'expliquer plus longuement. Mon intervention étant la dernière du colloque, la réaction viendrait plus tard. C'est pourquoi je ne fus pas réellement surpris lorsqu'André Magord me demanda si je n'interviendrais pas, à son prochain colloque, précisément sur la question du territoire. « Explique-nous en quoi le territoire est un élément d'innovation et d'adaptation en Acadie ». Je compris alors que je devais me mettre à l'ouvrage car, dans ce débat qui met en opposition une Acadie diasporique et une Acadie sociétale, le territoire est central. C'est donc en voulant poursuivre ce dialogue que j'interviens aujourd'hui sur la mouvance du rapport entre l'identité et le territoire en Acadie du Nouveau-Brunswick.

Une autre remarque s'impose avant de commencer à tracer le portrait du territoire et de l'identité en Acadie. Elle est d'ordre plus théorique. Je m'intéresse ici à l'identité collective, celle que Fernand Dumont associe à la culture seconde ou encore au regroupement par « référence », c'est-à-dire cette forme de représentation qui a un visage public, qui est

---

[3] Thériault, J.-Y., « Est-ce progressiste aujourd'hui d'être traditionaliste », in Magord, A. (dir.), *L'Acadie plurielle*, Centre d'études acadiennes, Moncton, 2003, p. 679-692.

médiatisée par la presse, élaborée dans les manuels d'histoire, racontée en littérature, retransmise dans le discours des élites[4]. Il ne s'agit donc pas ici de la culture des individus, c'est-à-dire de l'identité personnelle des penseurs d'origine acadienne, ni encore de l'identité collective comme agrégat des identités personnelles. Culture seconde, culture savante, culture des élites, dira-t-on. Pas tout à fait, car la culture seconde a une efficacité sociale, elle est un « fait collectif » qui, bien que surplombant les individus, autonome en rapport à la conscience individuelle, pénètre nécessairement en eux. C'est pourquoi d'ailleurs l'existence d'une identité collective (ou son inexistence) n'est pas démontrée par le fait qu'on puisse trouver, de manière explicite, sa présence ou son absence dans la tête des individus, mais bien par l'existence de certaines pratiques induites par cette identité (parfois même à l'insu de l'individu).

Cette remarque me paraît essentielle face à l'individualisation croissante des études sur l'identité. Tout est, de plus en plus, comme si l'identité se réduisait à la représentation individuelle de celle-ci, comme s'il n'existait dans nos sociétés que des cultures premières. Cette distinction d'ailleurs, comme on le verra, nous ramène directement à l'enjeu identitaire entourant la question de l'Acadie de la diaspora et de l'Acadie du territoire. Dans l'enjeu du territoire, c'est bien de la permanence d'une identité collective dont il est question.

Je reviens donc à l'identité et au territoire en Acadie – particulièrement en Acadie du Nouveau-Brunswick. Je présenterai le cheminement historique de ce rapport en trois temps que j'ai intitulés : 1) *Le territoire imaginé* (l'Acadie d'avant les années 1960) ; 2) *Le territoire aménagé* (l'Acadie des années 1960 à 1980) ; 3) *Le territoire glocalisé* (après 1980).

I. Le territoire imaginé

Commençons par le commencement, la genèse : le poème *Évangéline*, du poète américain Henry Longfellow, écrit en 1847. Je dis bien le commencement car là réside effectivement le lieu fondateur par excellence de l'Acadie. C'est autour de ce poème que s'est d'abord construit l'imaginaire acadien. C'est à partir de ce texte fondateur qu'un premier rapport identitaire au territoire s'est défini.

En fait, le récit fondateur de l'Acadie fait moins référence au territoire qu'à sa perte. Le poème *Évangéline* est le récit d'une déportation,

[4] Voir Dumont, F., *Le lieu de l'homme. La culture comme distance et mémoire*, Québec, Bibliothèque québécoise, HMH, 1994.

un hymne à l'errance, d'où la facilité avec laquelle les premiers concepteurs de la référence acadienne feront de l'Acadie un pays imaginé, l'envers du pays réel que fut l'Acadie française. L'Acadie ainsi imaginée n'a pas de frontières, pas de territoires, elle est l'espace imaginaire, la mémoire, qui réunit les fils et les filles du drame de 1755.

Cette Acadie aterritoriale, pays imaginé sans véritable projet de s'incruster dans le réel – du moins selon ses détracteurs modernisants des années 1960 –, a été largement commentée et critiquée, notamment dans deux ouvrages majeurs, écrits à la fin des années 1970 et qui résument bien le jugement porté sur cette période par les intellectuels acadiens des années 1960-1970. Il s'agit de *L'Acadie du discours* de Jean-Paul Hautecœur[5] et de *L'Acadie perdue* de Michel Roy[6].

Pour Hautecœur, cette Acadie mythique « n'est pas une société, elle n'a point de densité matérielle », sa caractéristique propre est de n'être « pas incarnée dans l'espace ». Vivre dans le « mythe », dans le pays imaginé des ancêtres est le prix qu'il fallut payer pour la survivance. Prix coûteux car cette référence mythique empêchera une véritable action sur le réel. C'est d'ailleurs cette impossibilité de rompre définitivement avec le mythe aterritorial qui signera, pense Hautecœur, l'échec du renouveau nationalisme de la fin des années 1960.

Dans *L'Acadie perdue*, Michel Roy reprend le même thème. Le territoire imaginaire des Acadiens, celui que l'élite clérico-professionnel a chanté pendant près d'un siècle, c'est le territoire de l'Acadie française d'avant la déportation. Dans le pays réel des Acadiens, où ils habitent effectivement depuis 1755, ils seraient en errance. Ce déni du territoire réel est un pur fantasme qui a conduit à des décisions historiques catastrophiques, pense-t-il. Ainsi en est-il du projet de colonisation qui n'est rien d'autre que le refus d'assumer que la déportation avait fait des Acadiens un peuple de pêcheurs, non d'agriculteurs. Plus récemment encore, vouloir imposer Moncton comme capitale de l'Acadie relève du même fantasme, c'est faire comme si la déportation n'avait pas eu lieu, comme si la baie française était encore le centre géographique de l'Acadie, c'est faire comme si n'avait pas eu lieu ce fait majeur causé par la déportation : le déplacement du centre géographique de l'Acadie vers le nord, de la baie française à la baie des Chaleurs. Cette non-reconnaissance du déplacement nordique du centre géographique de l'Acadie post-1755 eut une conséquence encore plus significative, celle

---

[5] Hautecœur, J.-P., *L'Acadie du discours. Pour une sociologie de la culture acadienne*, Québec, Les Presses de l'Université Laval, 1975.

[6] Roy, M., *L'Acadie perdue*, Montréal, Québec Amérique, 1978.

d'exagérer la singularité acadienne et de ne pas reconnaître l'affinité profonde entre le Québec et l'Acadie.

Les thèses de Hautecœur et de Roy m'apparaissent insatisfaisantes pour comprendre le rapport historique de l'Acadie « traditionnelle » au territoire. S'il est juste de voir dans la figure d'Évangéline ce qui a nourri la construction du mythe fondateur de l'Acadie, il faut bien voir qu'il ne s'agit pas pour autant de la prime version du poème. Le poème de Longfellow est effectivement un hymne à l'errance qui confirme l'hypothèse d'un mythe fondateur aterritorial. Essentiellement, il s'agit de la traversée de l'Amérique d'une femme mue par une fidélité à un amour de jeunesse. Paradoxalement, s'il y a une référence à une patrie et à un territoire chez Longfellow, c'est avant tout à l'Amérique états-unienne. Ce poème s'inscrit dans le *nation building* américain. Ni Évangéline ni Gabriel ne retournent dans le pays des ancêtres, ils n'ont d'ailleurs pas de désir réel d'y retourner. Les qualités du pays perdu, ils les retrouvent dans leur nouveau pays – les États-Unis –, terre d'asile de tous les exploités du monde. Symboliquement, Gabriel meurt à Philadelphie, à l'ombre du clocher qui rappelle que c'est là que les pèlerins du *Mayflower*, chassés du Vieux Monde, sont venus fonder un pays neuf[7].

L'imaginaire acadien s'est plutôt construit à travers la traduction « canadienne-française » du poème, traduction réalisée par Pamphile Lemay en 1865. Dans cette dernière version, la fidélité entre les deux amants s'est largement métamorphosée en volonté de retour au pays, en projet de retrouver la terre des ancêtres. L'*Évangéline*, lue par Pamphile Lemay, c'est la préfiguration de Pélagie la Charrette, le personnage central du roman d'Antonine Maillet, dont la motivation est essentiellement centrée autour du retour au pays, du retour à la terre promise. L'Acadie n'est pas ici uniquement un doux souvenir permettant de confirmer la nation nouvelle – le nationalisme américain de Longfellow –, elle est une matrice référentielle encore vivante qui commande le retour – la nation acadienne. Le mythe « américain » d'Évangéline fait de l'Acadie une référence romantique, le mythe « canadien-français » l'inscrit dans un pays, un territoire, à (re)construire.

Le territoire ne fut donc jamais un territoire purement imaginé, il fut l'objet d'un projet, exprimé notamment, de manière explicite, en 1877, par un Français de passage, Rameau de Saint-Père, dans son ouvrage,

[7] Sur l'interprétation d'*Évangéline*, voir notamment, Viau, R., *Les visages d'Évangéline, du poème au mythe*, Québec, MNH, 1998.

Une colonie féodale en Amérique : l'Acadie[8]. Ce projet c'était celui d'occuper un territoire, en colonisant la partie nord-est de l'Amérique. Ce projet fut celui de l'ensemble du Canada français et malgré ses vicissitudes il est faux, même pour l'Acadie, comme le suggèrent Hautecœur et Roy, de conclure qu'il ne fut que discours. Il eut une réalité concrète dans l'expérience de la colonisation par exemple qui, sans donner à l'Acadie un territoire homogène, l'inscrivit dans un territoire à travers un chapelet de petits villages. Il eut une concrétisation quasi politique à travers une institution qui lui donna sens et qui lui donna forme : l'Église.

L'Acadie imaginée rêva de faire société ; elle y réussit partiellement. Au Nouveau-Brunswick particulièrement, où les Acadiens qui n'étaient que 16 % en 1867 représentaient plus de 38 % de la population totale en 1960, occupant largement les territoires nord et est de la province où s'étaient organisés des paroisses, des diocèses, des couvents, des écoles, des hôpitaux, des coopératives, des associations, etc. Bref, une petite société acadienne.

II. Le territoire aménagé

C'est ce territoire réel qui fera l'objet du néonationalisme acadien des années 1960 et 1970, c'est ce territoire que les jeunes nationalistes de l'époque rêveront d'aménager. Ils poursuivront d'une certaine manière le « vieux » projet national mais, cette fois, en explicitant sa dimension territoriale, d'où le besoin, parfois avec virulence d'ailleurs, d'affirmer une distance en regard de l'imaginaire traditionnel et sa référence au territoire perdu, à l'Acadie diasporique.

« On est (re)venus c'est pour rester », rappelait un slogan acadien des années 1970. Autrement dit, nous ne sommes plus un peuple de l'errance, nous occupons un (notre) territoire. Ce projet est particulièrement visible dans les mouvements de développement régional des années 1960, d'où il tire en grande partie son dynamisme d'ailleurs : le CRAN (Conseil régional d'aménagement du Nord, le CRASE (Conseil régional d'aménagement du Sud-Est), le CRANO (Conseil régional d'aménagement du Nord-Ouest). Alain Even, qui fera une analyse pionnière de ces expériences en insistant sur les blocages socioculturels au développement, assimile largement l'Acadie d'alors à cet effort

---

8 Rameau de Saint-Père, E., *Une colonie féodale en Amérique, (L'Acadie, 1604-1710)*, Paris, Librairie académique Didier et Cie, Libraires-éditeurs, 1877.

d'aménagement du territoire acadien[9]. J'inscrirai mes propres travaux, notamment sur le développement régional et coopératif, dans la même foulée, un effort d'inscrire l'Acadie dans une expérience située de développement[10].

On peut voir confirmée cette reconfiguration, territorialisation, de l'Acadie dans le petit livre programmatique du Parti acadien (*Le Parti acadien*, 1972). L'Acadie (réelle) est non seulement ramenée à l'Acadie du Nouveau-Brunswick mais plus particulièrement aux espaces nord et est du Nouveau-Brunswick : une diagonale partant de Grand-Sault dans le Nord-Ouest du Nouveau-Brunswick pour rejoindre la périphérie de Moncton dans le Sud-Est. Cette image est celle qui s'affirmera tout au long des années 1970, on rêvera même d'en faire un territoire politique (ce qui n'était pas encore le cas dans le manifeste de 1972). Cette Acadie territorialisée, que l'on rêve d'aménager, n'est pas l'unique apanage des milieux politiques radicaux issus du néonationalisme. Dans des documents politiques plus officiels, le Rapport Poirier-Bastarche (1982) sur les langues officielles par exemple, on propose un aménagement linguistique provincial plus respectueux des identités territoriales des langues.

Cette territorialisation ou régionalisation de l'Acadie a correspondu plus globalement à la provincialisation des identités au sein de la francophonie canadienne. Au tournant des années 1960, tant le vieil appareil institutionnel religieux, qui assurait la mise en forme de la communauté, que l'imaginaire largement a-étatique qui l'accompagnait s'effondreront. Alors que la communauté avait jusqu'alors, du moins au niveau de sa représentation, fait l'économie de l'État, elle devenait contrainte de nouer explicitement des liens avec les gouvernements provinciaux. Car c'est de là – des gouvernements provinciaux – que seront gérés, après les années 1960, les organismes chargés du lien social, auparavant dans les mains du clergé – écoles couvents, collèges, hôpitaux, affaires sociales. D'où une territorialisation, provincialisation des identités. Ce phénomène est propre à l'ensemble du Canada français et a conduit au Québec au mouvement indépendantiste qui est aussi un mouvement de territorialisation de l'ancienne question nationale. Ailleurs, il a conduit à une identification des francophones minoritaires à leur province. En Acadie du Nouveau-Brunswick, cette politisation et cette territorialisa-

[9] Even, A., « Le territoire pilote du Nouveau-Brunswick ou les blocages culturels au développement économique : contribution à une analyse socio-économique du développement », thèse de doctorat, Université de Rennes, 1976.

[10] Thériault, J.-Y., « Acadie coopérative et développement acadien : contribution à une sociologie d'un développement périphérique et à ses formes de résistances », thèse de doctorat, Paris, EHESS, 1981.

tion se sont vécues sous la forme de la dualisation du territoire provincial : l'Acadie est un territoire habité qu'il est possible d'aménager, d'institutionnaliser, bref l'Acadie est une minisociété politique capable de « faire société ».

Quoique construit sur l'idée d'une Acadie réelle opposée à une Acadie mythique, le territoire aménagé restera partiellement un territoire imaginé. D'un point de vue démographique premièrement, l'Acadie territoriale n'étant pas complètement acadienne. Les Acadiens y sont majoritaires mais la population de langue anglaise y forme une forte minorité, oscillant autour de 40 %. Les Acadiens occupent cette région côtière suivant un long chapelet de petites communautés rurales entrecoupées de petites villes anglaises. C'est dire qu'ils n'ont jamais exercé le contrôle effectif sur le territoire et particulièrement sur les procès de modernisation qui se trouvent particulièrement en « ville », où le leadership anglophone est prédominant. Cela est vrai aussi pour Moncton, malgré la visibilité accrue de la présence acadienne, Moncton, pôle urbain par excellence de l'Acadie, n'est pas devenu une ville francophone et ne le deviendra jamais.

D'un point vue économique aussi, le sous-développement des régions acadiennes, comme une lame de fond, viendra continuellement briser le dynamisme de la société acadienne largement alimenté par la force même de l'identité. Politiquement enfin, car sociologiquement imbriqués à l'espace néobrunswickois, les nationalistes acadiens ne réussiront pas à réellement régionaliser l'imaginaire politique des individus acadiens. Faute d'une forme politique qui lui sera propre, le mouvement d'institutionnalisation régionale de l'Acadie s'érodera lentement autour des années 1980.

Certes, le moment ne fut pas qu'un échec. Des gains politiques significatifs ont été acquis, notamment le bilinguisme officiel, la dualité linguistique et des institutions qui s'y rattachent : un système scolaire francophone homogène fut mis sur pied, une université fut créée, un réseau de soins de santé a émergé. Il reste néanmoins que le territoire aménagé ne réussit jamais à s'institutionnaliser politiquement, comme en rêvaient les jeunes nationalistes des années 1970.

III. Le territoire glocalisé

À partir des années 1980, un nouveau redéploiement de l'identité acadienne et du territoire se fait jour. J'appelle ici ce nouveau rapport au territoire le territoire glocalisé[11]. J'emprunte ce terme aux penseurs

---

[11] On impute au sociologue de la mondialisation Roland Robertson la popularisation du terme glocalisation, voir Robertson, R., « Glocalization : time-space and homogenei-

écologistes de la mondialisation qui affirment qu'il faut penser globalement et agir localement. Mais d'une façon plus générale, la glocalisation s'appliquerait aussi à l'identité fragmentée de la modernité avancée – la post-modernité pour certains – où l'identité serait dorénavant stratifiée tel un millefeuille : du local au global et *vice versa*. La glocalisation est un barbarisme et renvoie effectivement à quelque chose de nébuleux.

S'il y a des constats sur l'identité fragmentée de l'Acadie contemporaine[12], il n'y a pas, à ma connaissance, d'études spécifiques qui prennent comme hypothèse l'idée de l'Acadie glocalisée. Je procéderai donc en donnant quelques exemples contemporains qui pointent vers cette direction.

Je commencerai par l'étonnant succès du Congrès mondial acadien. Je dis étonnant parce que tout indiquait, au cours de la période précédente, l'inéluctable déclin d'une référence à l'Acadie aterritoriale et à ses mythes fondateurs : la déportation, l'errance, le déracinement. Pourtant, on a noté, au cœur même de l'Acadie territorialisée, dans le Sud-Est du Nouveau-Brunswick notamment, comment le Congrès mondial a été un élément déclencheur d'une nouvelle fierté identitaire. Ce n'est pas à l'Acadie territorialisée que cette identité fait référence, ni à l'Acadie imaginée, largement construite comme on l'a vu sur la nostalgie de l'Acadie historique, mais à une nébuleuse mondiale bien vivante – l'Acadie de la diaspora – qui donnerait ainsi aux Acadiens localisés un accès au monde. Rien n'exprime mieux le procès de glocalisation présent dans les activités du Congrès mondial que les « retrouvailles », ces réunions de familles des dispersés : par la famille diasporique le local et le mondial se confondent.

La pratique artistique aussi démontre des signes de glocalisation. Je pense particulièrement à ces artistes qui disent avoir choisi de produire en Acadie, particulièrement critiques d'ailleurs envers ceux et celles qui ont choisi de travailler dans le grand monde de la métropole, notamment Montréal, mais qui en même temps insistent fortement pour rappeler qu'ils ne créent pas un produit identitaire, que leur production s'adresse

---

ty-heterogeneity », in Featherstone, M. (dir.), *Global Modernisation*, London, Sage, 1995, p. 25-44.

[12] C'est le constat qui se dégageait de l'analyse synthèse que nous avions menée au début des années 1990, voir Allain, G., Mckee-Allain, I. et Thériault, J.-Y., « La société acadienne : lectures et conjonctures », in Daigle, J. (dir.), *L'Acadie des Maritimes*, Moncton, Chaire d'études acadiennes, 1993, p. 341-385. Cette hypothèse a été largement approfondie dans les travaux de Greg Allain. On trouvera une synthèse de cette démarche dans Allain, G. et McKee-Allain, I., « La société acadienne en l'an 2000 : identité, pluralité et réseaux », in Magord, A. (dir.), *L'Acadie plurielle*, Institut d'études acadiennes et québécoises, Centre d'études acadiennes, Université de Moncton, 2003, p. 534-565.

au monde même si elle est produite localement[13]. Je ne dis pas que cela est vrai, qu'effectivement les artistes acadiens réussissent à se glocaliser, mais bien que cette prétention est fortement répandue dans les milieux des arts et de la culture.

Il va de soi que ces signes de glocalisation ont des effets directs sur le territoire, de plus en plus perçu lui aussi comme glocalisé. Récemment, la Société nationale des Acadiens (SNA) a voulu, dans le cadre du 400e anniversaire de la présence française en Amérique – 1604-2004 –, présenter une carte des principaux lieux de l'Acadie, pour informer le tourisme mondialisé qui viendrait voir l'Acadie en cette année de commémoration. Réactions immédiates des Acadiens des zones urbaines de St-John (Nouveau-Brunswick) et d'Halifax (Nouvelle-Écosse) : l'Acadie ne saurait se réduire à ses zones d'implantation historique, elle est là où se trouvent des Acadiens, donc partout et nulle part ; elle est un ensemble de points sur la carte des Maritimes, voire du monde ! Car il faut inscrire cette référence géographique dans une discussion plus large, qui se fait jour notamment dans les discussions entourant le Congrès mondial acadien et l'exigence des excuses de la couronne britannique pour les torts causés aux Acadiens lors de la déportation de 1775. « Qui est acadien ? Où est l'Acadie ? » Au moment de la reconnaissance des torts par le gouvernement canadien, les journaux ont fait abondamment référence à un million d'Acadiens vivant au Canada, c'est à eux que cette reconnaissance s'adressait. Le Congrès mondial acadien se réfère continuellement à trois millions d'Acadiens. Lors des cérémonies du 400e anniversaire, à l'été 2004, Radio-Canada faisait état de six millions d'Acadiens. Il y a 250 000 Acadiens francophones dans les provinces maritimes.

Dans de telles représentations de l'Acadie, la territorialité devient floue, le territoire acadien s'évanouit, pour parfois complètement disparaître, l'Acadien redevient un être de l'errance. Avec le territoire disparaît aussi la possibilité de politiser l'Acadie ainsi que le rêvaient les jeunes nationalistes de la période précédente. C'est ainsi d'ailleurs que, dans un texte récent, Paul Boudreau et Irene Gammel définissaient l'identité acadienne comme une identité de frontières, toujours à l'interstice de quelque chose refusant résolument l'unicité d'une référence historique ou nationale – dont la schizophrénie linguistique par le chiac est l'heureux prototype[14]. Ici s'inscrit d'ailleurs la distinction entre

---

[13] Ce débat est ancien, j'ai déjà discuté de ces enjeux dans les conclusions de *L'identité à l'épreuve de la modernité*, Moncton, Éditions d'Acadie, 1995.

[14] Boudreau, P.J. et Gammel, I., « Linguistic Schizophrenia : The Poetics of Acadian Identity Construction », *Journal of Canadian Studies/Revue d'études canadiennes*, vol. 32, n° 4, p. 52-68.

l'aterritorialité du territoire imaginé et la nouvelle aterritorialité de l'Acadie glocalisée. Dans l'Acadie imaginée, il y a un pays perdu qui, du moins au nord, dans l'ère canadienne-française, est objet possible de reconquête. Dans l'Acadie glocalisée existent une myriade d'Acadies aux contours flous, parfois même sans territoire, incapables de se solidifier. C'est d'ailleurs cette plasticité de l'Acadie glocalisée qui ferait, aux dires de ses thuriféraires, son charme. On voit naître ici, pour l'Acadie, l'hypothèse post-moderne. L'Acadie, terre par excellence de la post-modernité en raison de son impossibilité à faire société, de son incomplétude institutionnelle. Et, comme dans les descriptions contemporaines de la post-modernité ou de l'hypermodernité, l'Acadie glocalisée peut difficilement situer le lieu de son institutionnalisation. Alors que, dans l'Acadie imaginée, l'Église s'est avérée être ce lieu, que dans l'Acadie aménagée ce fut le politique, dans l'Acadie glocalisée ce lieu est ramené à une myriade de pratiques individualisées ou localisées. L'Acadie glocalisée évacue le sujet acadien pour célébrer les sujets acadiens. L'Acadie devient un bricolage.

IV. L'Acadie : sujet politique ou sujet identitaire

Deux dernières remarques peuvent nous aider à mieux comprendre la nature du processus que je décris ici. Je les formulerai autour de deux types de transformations : 1) le passage de l'institution à l'organisation ; 2) le passage de la nation à l'identité.

Sur le premier point – le passage de l'institution à l'organisation –, je reprends une définition qu'a récemment utilisée Michel Freitag dans *Le naufrage de l'université*[15]. L'institution est une organisation autonome dont les finalités et les objectifs lui sont néanmoins fixés de l'extérieur. Ce que l'on pourrait appeler la mission de l'institution transcende les volontés individuelles des membres et leurs différentes activités. Ce sont ces finalités, extérieures à sa logique interne, qui condamnent en quelque sorte les institutions à un certain conservatisme, à un désir de continuité. L'organisation au contraire est structurée dans un rapport plus utilitaire, elle est donc beaucoup plus flexible, en continuelle adaptation entre les besoins de ses membres et les différents environnements externes. L'Acadie glocalisée préfère l'organisation à l'institution. Celles-ci d'ailleurs – les organisations –, je l'ai souligné plus tôt, sont pléthoriques dans l'Acadie contemporaine. Quant aux vieilles institutions (les journaux, les coopératives, les mutuelles, l'Université, pour ne pas parler de l'Église), toutes héritées des périodes précédentes, elles ont

[15] Freitag, M., *Le naufrage de l'université*, Québec/Paris, Nuit Blanche Éditeur/Éditions de la Découverte, 1995, p. 31 et *sq*.

tendance à se transformer en organisation, c'est-à-dire à s'adapter à un monde de fluidité où l'Acadie est une variable parmi d'autres.

Sur le second point – le passage de la nation à l'identité –, j'emprunte cette précision au sociologue Jacques Beauchemin[16] dans un texte fort intéressant intitulé justement « De la nation à l'identité : la dénationalisation de la représentation politique au Canada français et au Québec ». Que faut-il comprendre par le passage de la nation à l'identité ? La nation se pose comme sujet collectif et politique, le politique entendu ici dans son sens wébérien de volonté d'agir, de volonté d'action collective. La nation est donc le processus de construction collective d'un sujet politique. L'identitaire, au contraire, ne se pose pas directement comme politique, il est quelque chose qui se structure à partir de l'individu et de son lieu. D'où d'ailleurs l'idée que l'identitaire serait en deçà ou au-delà des frontières politiques. Quand il se pose politiquement, ce qu'il fait de plus en plus, il est nécessairement médiatisé par des caractéristiques non partageables : l'orientation sexuelle, l'héritage familial, la religion, etc. Pour Beauchemin, l'histoire récente – les quarante dernières années – des francophonies canadienne-française hors Québec est largement l'histoire d'une dénationalisation, l'histoire du passage d'un sujet politique – la nation – à l'affirmation de sujets identitaires.

Dans l'Acadie glocalisée, sans frontière, le référent imaginaire est nécessairement médiatisé par l'individu, son corps, l'espace local, bref, par de l'identitaire plus que par du national. C'est le paradoxe que nous avions déjà noté dans le phénomène du Congrès mondial, l'ouverture prétendue au monde se fait par une médiation purement individuelle – une généalogie qui remonte aux déportés de 1755. Paradoxalement, cette logique diasporique a comme conséquence de restreindre l'acadianité à ceux et celles qui vivent et construisent quotidiennement l'Acadie du territoire – la francophonie des Maritimes et notamment celle du territoire acadien du Nouveau-Brunswick – et qui ne peuvent extirper de leur corps une filiation avec les déportés. L'Acadie glocalisée rend problématique l'affirmation d'un sujet politique acadien.

*

Cela est-il problématique ? N'y aurait-il pas dans un tel constat un brin de nostalgie pleurant la disparition des sujets unitaires et refusant les exaltantes promesses de la modernité plurielle. Patrick D. Clark

---

16 Beauchemin, J., « De la nation à l'identité : la dénationalisation de la représentation politique au Canada français et au Québec », in Langlois, S. et Létourneau, J. (dir.), *Aspects de la nouvelle francophonie canadienne*, Québec, Les Presses de l'Université Laval, 2004, p. 165-188.

affirmait à cet effet : « ce n'est pas le Congrès – ou ce nous appelons ici l'Acadie glocalisée – qui menace d'ethniciser l'Acadie ; au contraire, il – le Congrès mondial – lutte contre la dérive "naturelle" chez les peuples messianiques vers l'essentialisme nationalo-religieux » – il rappelait d'ailleurs l'exemple du peuple juif et d'Israël[17]. Les analogies sont parfois trompeuses. Si la diaspora juive est l'archétype des peuples diasporiques, il faut bien voir que l'Acadie de la diaspora n'a pas et n'a jamais eu la densité imaginaire de la communauté juive et que le contexte politique de l'Acadie territoriale n'a rien de comparable au contexte de l'État d'Israël.

Pour être un sujet politique, c'est-à-dire pour se concevoir comme une communauté humaine qui agit sur son histoire, l'Acadie a besoin d'un lieu suffisamment dense où son institutionnalisation est possible. La glocalisation nous éloigne de cette idée et projette l'Acadie dans un imaginaire purement identitaire. L'une ou l'autre des options est possible. Si j'opte pour la première, c'est qu'elle m'apparaît plus conforme à la trame historique qui s'est dessinée dans l'Acadie des Maritimes au milieu du XIXe siècle et que ce projet de faire société reste vivant. Si vouloir poursuivre une telle expérience du monde est appelé « nostalgie », je suis bien prêt à assumer ce qualificatif.

---

[17] Clark, P.D., « L'Acadie du silence. Pour une anthropologie de l'identité acadienne », in Langlois, S. et Létourneau, J. (dir.), *Aspects de la nouvelle francophonie canadienne*, Québec, Les Presses de l'Université Laval, 2004, p. 51.

Naissance d'un discours discordant

Identité et mobilisations étudiantes à l'Université de Moncton avant « *L'Acadie, l'Acadie !?!* » (1960-1967)[1]

Joël BELLIVEAU

Université de Montréal, Canada

I. Introduction

Cet article décrit l'histoire méconnue de la naissance du mouvement étudiant à l'Université de Moncton tout en replaçant celle-ci dans le contexte de l'histoire des idées politiques en Acadie.

Nous verrons que le mouvement étudiant à Moncton existe bien avant les grandes manifestations de 1968 et 1969 et que ses bases sont même solidement établies avant le Ralliement de la jeunesse acadienne de 1966, premier événement « jeunesse » à être mentionné dans l'historiographie des années 1960 en Acadie[2]. En fait, dès 1964, les prises de position du mouvement mènent à des conflits ouverts avec l'élite acadienne ainsi qu'avec les étudiants des autres collèges acadiens.

On verra aussi que, durant ses premières années, la jeunesse étudiante a une relation plus complexe qu'on ne le croyait avec la pensée politique plutôt libérale de l'élite acadienne du temps de Louis Robichaud. Les jeunes ne *réagissent* pas uniquement à ce courant ; ils ne font pas que le dénoncer. Au contraire, avant 1968, leur mouvement adhère à cette idéologie et participe à son évolution. Toutefois, les étudiants de 1965 et 1966 poussent leur libéralisme beaucoup plus loin que leurs aînés, ce qui provoque bien des querelles intergénérationnelles.

---

1 L'auteur aimerait remercier Bernard Gauvin ainsi que le réviseur anonyme pour leur fine lecture de ce texte ainsi que pour leurs commentaires, qui m'ont été très utiles.

2 Excluant les événements d'organisations catholiques vouées à la jeunesse, bien entendu.

Une analyse du discours de ce premier mouvement étudiant « libéral » nous révélera par ailleurs que celui-ci est à bien des égards aussi « radical » que celui, mieux connu, des étudiants de 1968-1969, mais aussi que ces deux mouvements successifs envisagent bien différemment l'avenir de la communauté acadienne.

Le tout permet une meilleure compréhension de l'évolution du discours politique acadien durant cette décennie charnière et jette par le fait même une nouvelle lumière sur les différentes stratégies d'épanouissement qui se retrouvent, encore aujourd'hui, dans le répertoire de la communauté acadienne.

II. Les étudiants et l'histoire des idées politiques en Acadie

A. Les étudiants dans l'historiographie acadienne : à l'origine du mouvement néonationaliste (1968-1969)

L'histoire de l'Acadie n'a pas documenté d'activité militante chez les étudiants acadiens avant 1968, ou alors très très peu. En fait, si ce n'était des récits portant sur l'édification de l'Université de Moncton, on pourrait croire qu'il n'y existe aucun de ces nouveaux « campus » modernes qui poussent alors comme des champignons en Amérique du Nord[3].

Le premier « récit » important qui documente des activités étudiantes militantes en Acadie est le fait de deux cinéastes québécois bien connus, Pierre Perreault et Michel Brault. Il s'agit du classique de cinéma documentaire *L'Acadie, l'Acadie... !?!*[4], qui capte sur le fait, puis raconte – dans une ambiance qui rappelle le direct – d'importantes manifestations étudiantes survenues entre février 1968 et janvier 1969.

Rappelons rapidement les faits saillants de ces mobilisations bien connues. En février 1968, l'Association des étudiants de l'Université de Moncton (AEUM) organise une grève des cours qui durera deux semaines afin de manifester contre une hausse imminente des frais de scolarité. Durant la même semaine, un groupe d'étudiants organise une manifestation en faveur du bilinguisme au niveau municipal ; 2 000 personnes – surtout des étudiants universitaires et du secondaire – défilent

---

3 Sur Moncton : Cormier, C., *Université de Moncton : Historique*, Moncton, Centre d'études acadiennes, 1975 ; Stanley, D., *Louis Robichaud : A Decade of Power*, Halifax, Nimbus, 1984, p. 98-101. Sur le système universitaire au Canada : Owram, D., *Born at the Right Time : a History of the Baby Boom Generation*, Toronto, University of Toronto Press, 1996, p. 180-182.

4 Office national du film, 1972.

devant l'hôtel de ville durant une réunion du conseil municipal[5]. C'est la première manifestation de cette taille à Moncton. Une délégation de quatre étudiants présente à un conseil municipal moins qu'amical des revendications inspirées par les recommandations de la Commission (fédérale) sur le bilinguisme et le biculturalisme. Des escarmouches entre des étudiants et le maire, notoirement francophobe, ponctuent les jours suivants. La semaine d'après, c'est pour la gratuité scolaire qu'on manifeste, dans la capitale provinciale cette fois. Environ 1 200 des 3 000 manifestants sont des Acadiens venus soit de Moncton soit du collège de Bathurst, et une délégation de l'AEUM est reçue par le Premier ministre. Celui-ci ne promet toutefois rien et les étudiants repartent déçus.

En janvier suivant, frustrés par l'échec des pressions de l'année précédente, un groupe d'étudiants – plus limité, cette fois, et pas des élus – haussent le ton d'un cran et décident d'occuper un bâtiment important du campus de Moncton « pour une période indéterminée » afin d'exiger un gel des frais de scolarité et des fonds additionnels pour l'Université de la part du palier provincial et/ou fédéral. L'occupation dure huit jours et se termine mal : l'administration fait appel aux policiers municipaux pour vider le bâtiment, supprime purement et simplement le programme de sociologie (discipline jugée subversive) et congédie sept professeurs plutôt engagés en évoquant des prétextes[6], ce qui ne manquera pas de choquer plusieurs observateurs. Finalement, elle choisit de ne pas réadmettre une trentaine d'étudiants, parmi lesquels se trouvent les organisateurs de l'occupation et la plupart des bénévoles du journal étudiant.

Ces événements hauts en couleur, largement diffusés grâce au film de l'ONF, n'ont pas manqué de passer à l'histoire comme un symbole d'un nouveau type d'affirmation collective chez les Acadiens. Ceci est d'autant plus vrai qu'ils surviennent dans un milieu encore peu habitué au militantisme ou même à la simple dissension politique ou culturelle[7]. Bien que les méthodes très publiques utilisées par les étudiants soient inégalement appréciées chez les commentateurs de la période, le contraste avec les habituels moyens de pression des élites, plutôt dis-

---

[5] *L'Évangéline*, 15 février 1968, p. 1.

[6] L'administration prétend avoir effectué une évaluation complète de la qualité du département à l'aide d'évaluateurs externes et que le programme n'était pas « à niveau ». L'un des deux évaluateurs externes, un administrateur haut placé de l'Université Laval, affirmera par la suite publiquement n'avoir jamais recommandé la fermeture du département.

[7] Faut-il faire remarquer que l'Acadie, contrairement au Québec, n'a eu ni mouvement syndical fort ni publications progressistes engagées (telles que *Cité libre*, par exemple) durant les années 1950.

crets, est invariablement noté. Visible, voire frappant dans le film, ce contraste explique en partie pourquoi « les événements » en sont venus à représenter un point tournant dans l'historiographie acadienne : en l'occurrence, le début d'un renouvellement des formes du nationalisme acadien ou, plus précisément, le début du mouvement « néonationaliste ».

C'est Jean-Paul Hautecœur, l'un des professeurs de sociologie congédiés en 1969, qui est le premier à mettre en avant cette idée. Il le fait dans sa thèse puis dans une monographie[8], et ce dès le début des années 1970, alors que ce mouvement néonationaliste bat son plein, porté par des nouvelles organisations telles que le Parti acadien (formé en 1972) et la Société des Acadiens du Nouveau-Brunswick (formée en 1973). Hautecœur raconte les luttes étudiantes de 1968-1969 et les replace dans l'environnement intellectuel, culturel et politique acadien de l'après-guerre. Son analyse, qui représente la tentative (et l'une des seules qui soit globale) d'écrire une histoire des idées politiques en Acadie, décrit l'idéologie nationaliste « traditionnelle » de l'élite ethnique, documente l'évolution et les compromis qu'elle connaît – au nom de la modernisation – dans le courant des années 1950 et 1960, pour enfin identifier les « événements » de 1968 comme le point de départ d'un nouveau nationalisme, plus démocratique et plus public que celui des générations antérieures.

Depuis, un certain nombre d'autres textes savants – notamment de Joseph-Yvon Thériault[9], de Louis Cimino[10], de Lise Ouellette[11] et de Ricky Richard[12] – ont traité du mouvement étudiant acadien de près ou de loin, ainsi que du mouvement néonationaliste. On comprend maintenant mieux l'impact principal du mouvement néonationaliste acadien : *il réintroduit l'idée du particularisme culturel et celle de l'autonomie collective dans les débats politiques acadiens.* Car l'élite du « moment Robichaud », qui contrôle le discours politique acadien sans grand par-

[8] Hautecœur, J.-P., « L'Acadie : Idéologies et société », thèse, Laval, Québec, 1972 et *L'Acadie du discours*, Québec, Presses de l'Université Laval, 1975.

[9] Thériault, J.-Y., « Domination et protestation : le sens de l'acadianité », *Anthropologica*, 23(1), 1981.

[10] Cimino, L., « Ethnic Nationalism Among the Acadians of New Brunswick : An Analysis of Ethnic Political Development », thèse de doctorat en anthropologie, Druham, Duke University, 1977.

[11] Ouellette, L., « Les luttes étudiantes à l'Université de Moncton : production ou reproduction de la société acadienne ? », thèse M.A. en sociologie, Université de Montréal, 1982.

[12] Richard, R., « Les formes de l'acadianité au Nouveau-Brunswick : Action collective et production de l'identité (1960-1993) », mémoire de M.A en sciences politiques, Université Laval, 1994.

tage jusqu'à l'arrivée du mouvement néonationaliste, animait depuis le milieu des années 1950 une idéologie prônant une participation accrue des Acadiens aux affaires publiques néobrunswickoises et canadiennes. Ce penchant pour l'intégration aux institutions du monde plus large était caractérisé par une obsession de la modernisation et du « rattrapage » des Acadiens. C'est ce qui me pousse à caractériser ce courant « *d'idéologie de la participation modernisatrice* »[13].

Aucun texte ne conteste toutefois la lecture générale que fait Hautecœur du mouvement étudiant : celui-ci aurait débuté vers 1968 et serait essentiellement à la source du mouvement néonationaliste. Les étudiants ont donc joué un rôle non négligeable dans l'histoire acadienne contemporaine. Pourtant, on a fait très peu de recherches sur les sources et les causes de ce mouvement étudiant[14]. D'où provient donc le militantisme des étudiants de 1968 ? *Comment* et *pourquoi* est apparu le germe d'un nouveau discours politique chez les étudiants acadiens à ce moment ? Était-ce un phénomène spontané ? Ces jeunes ont-ils tout bonnement été happés par l'intensité et la frénésie de cette fin de décennie ? Ont-ils simplement imité leurs collègues occidentaux du mieux qu'ils le pouvaient ? Ou l'organisation de cette série de manifestations et de revendications a-t-elle été préparée par les étudiants acadiens des années immédiatement antérieures ? Bref, les années 1960 sont-elles arrivées au campus de Moncton avant 1968 ? C'est cette histoire que nous allons raconter ici.

B. Les étudiants acadiens du début des années 1960 : un militantisme d'un autre type ?

La simultanéité de l'apparition (supposée) du militantisme étudiant et de la réapparition de l'idée de l'autonomie a fait croire à certains que le militantisme étudiant de masse aurait été néonationaliste en essence

---

[13] Plusieurs autres chercheurs ont déjà noté les changements qui se font sentir dans l'idéologie de l'élite durant les années 1950, voire 1940, des changements allant dans le sens d'une ouverture à l'endroit de la modernité et des affaires, d'une plus grande participation aux affaires publiques et d'une certaine laïcisation de ces dernières, ainsi que du leadership « national » acadien. Les chercheurs ne sont toutefois pas unanimes sur le sens de ce « nationalisme modernisateur ». Jean-Paul Hautecœur affirme que le « vieux langage idéologique » du nationalisme traditionnel a simplement su « emprunter des formes neuves et moderniser son style » (p. 143) alors que J-Y. Thériault, Ricky Richard et Micheline Arsenault parlent plutôt de formes d'action et d'organisation collectives foncièrement nouvelles, qui prennent toutefois soin de ne pas rompre leurs liens symboliques avec le nationalisme traditionnel.

[14] La seule activité « étudiante » avant 1968 que l'on mentionne parfois est le « Ralliement de la jeunesse acadienne », qui a eu lieu à Memramcook en avril 1966. Il est simplement présenté comme le moment de naissance du mouvement étudiant.

en Acadie. Parallèlement, on a souvent sous-entendu que l'agitation étudiante – tout comme le néonationalisme à saveur autonomiste – ne serait apparue que quand un besoin s'est fait sentir : celui d'apporter une parole nouvelle à l'élite acadienne. C'est-à-dire que le discours étudiant néonationaliste serait apparu pour montrer à l'élite comment elle a erré, comment elle est allée trop loin en prônant l'intégration sans fixer de limites ou d'exceptions à cette dernière.

Qu'il y ait une dimension générationnelle à l'apparition du néonationalisme, cela ne fait pas de doute. Joseph-Yvon Thériault est peut-être celui qui l'a expliqué le plus clairement et avec le plus de concision :

> [Il] s'était développé au sein même des jeunes Acadiens un néonationalisme qui contestait le projet d'intégration – projet de la génération précédente – et qui tentait de ramener à l'avant-scène des préoccupations acadiennes la question de l'autonomie des institutions acadiennes [...] Les enfants des réformateurs frustrés n'allaient plus revendiquer l'égalité mais bien la dualité[15].

Bernard Gauvin, un sociologue qui est lui-même un ancien contestataire étudiant et l'un des organisateurs de la manifestation de février 1968, nous met toutefois en garde contre une telle lecture trop « nationale » des motivations étudiantes, en rappelant que les étudiants s'imaginaient aussi comme faisant partie d'un mouvement de contestation planétaire, d'une vague progressiste mondiale propre à leur génération :

> Contrairement au point de vue le plus largement répandu, la question acadienne n'a pas été le premier déclencheur des événements survenus sur le campus de l'Université de Moncton en 1968-1969. [...] Au départ, nous étions partie prenante du vaste mouvement contestataire de la jeunesse occidentale[16].

Malgré cette mise en garde, j'avais peu d'attente vis-à-vis des années précédant 1968 au début de mes recherches dans les archives. J'imaginais que la manifestation d'octobre 1967 ne représentait qu'un signe avant-coureur des fameuses manifestations de 1968 et 1969, pendant lesquelles les étudiants ont mis la question acadienne à l'avant-plan, l'ont analysée et sont arrivés à la conclusion qu'elle était intimement liée aux autres questions de justice sociale : au droit à l'éducation, par

[15] Thériault, J.-Y., « Le moment Robichaud et la politique en Acadie », in *L'ère Louis J. Robichaud, 1960-1970*, Actes du colloque, 2001, Institut canadien de recherche sur le développement régional, p. 52-53.

[16] Gauvin, Bernard, « La question acadienne: 16 ans après les événements de 1968-1969 », in Belkhodja K. (dir.), *Actes du colloque « Solidarité internationale contre l'oppression des cultures et le racisme »*, Moncton, ASKI-Y / Université de Moncton, 1986, 114 p.

exemple, ou à l'égalité des opportunités économiques. À l'aliénation qu'ils voyaient dans leurs villages aussi. Le « mouvement » des années 1960 était forcément de nature nationaliste en Acadie, non ? À ma grande surprise, et comme on le verra dans les pages suivantes, les archives ont plutôt révélé non seulement que les années allant de 1960 à 1967 représentent un moment capital dans l'histoire du militantisme étudiant acadien mais aussi que ce militantisme était loin d'être nationaliste.

III. L'histoire méconnue de la naissance du mouvement étudiant de Moncton, 1960-1966

A. *Le collège comme lieu privé*

Jusque la fin des années 1950, on ne peut aucunement parler de militantisme chez les étudiants acadiens de l'Université Saint-Joseph, ni à Memramcook ni à Moncton[17]. Les étudiants de l'institution sont encore de fermes adhérents à ce que Gilles Pronovost a appelé « l'idéologie étudiante traditionnelle », dans laquelle « l'étudiant [...] se définit en référence à la classe des élites traditionnelles, dont il partage déjà les normes et les valeurs...[18] ». En fait, les étudiants ne sont pas du tout considérés comme étant des acteurs sociaux, mais plutôt comme des *futurs* membres de la société, plus précisément de son élite. Qui plus est, cette « non-identité » sociale est fermement intériorisée par les étudiants eux-mêmes[19].

Dans ce contexte, on considère que les étudiants doivent être fermement encadrés et leurs énergies canalisées vers des activités saines et formatrices[20]. Même l'association étudiante et le journal sont des moyens de contrôle social aux mains des administrateurs et des professeurs du

---

[17] À partir de 1953, l'Université Saint-Joseph, précurseur de l'Université de Moncton dans le Sud-Est de la province du Nouveau-Brunswick, est partagée entre le village de Memramcook et la ville de Moncton, située une vingtaine de kilomètres plus loin. Les programmes plus « classiques » demeurent pour l'instant à Memramcook pendant que les cours plus « pratiques » tels que les sciences et le commerce sont donnés à Moncton. Voir Cormier, C., *Université de Moncton : Historique*, Moncton, Centre d'études acadiennes, 1975.

[18] Pronovost, G., « Les idéologies étudiantes au Québec », in Dumont, F. *et al.*, *Idéologies au Canada français 1940-1976*, tome 2, Québec, Les Presses de l'Université Laval, 1981.

[19] Pour des exemples à l'USJ, voir « Le vrai patriotisme », *Liaisons*, avril 1958, p. 3 et « Avons-nous un sens social ? », *Liaisons*, novembre 1958.

[20] Couturier, J.P., *Construire un savoir : l'enseignement supérieur au Madawaska, 1946-1974*, Moncton, Éditions d'Acadie, 1999, p. 97-125.

collège. Ces derniers participent directement aux affaires étudiantes et détiennent *de facto* un veto sur les décisions du conseil étudiant et de la rédaction[21]. Par ailleurs, dans les collèges classiques des années 1950, on ne peut penser organiser des activités autres que celles qui sont sous la houlette du conseil étudiant[22]. Il va sans dire que, dans l'environnement relativement clos du collège, les étudiants demeurent fermement ancrés dans l'univers culturel de leurs aînés. Une organisation représente toutefois une brèche dans la coquille protectrice du collège : le comité local de la Fédération nationale des étudiants universitaires canadiens (FNEUC). Par cette brèche, des idées nouvelles s'infiltreront progressivement à l'USJ.

B. L'infiltration d'idées nouvelles

Il y a au sein de la FNEUC de nombreux débats sur l'éducation, des débats qui gagnent l'USJ par le biais de la correspondance du comité local, de communiqués de presse publiés par *Liaisons* et par la participation de délégués au « Seminar national » (*sic*) annuel. On ne pourrait certes pas affirmer que la FNEUC était une organisation étudiante « radicale » à l'aube des années 1960. Mais il serait aussi faux de dire que l'association n'agissait pas comme courroie de transmission pour des idées nouvelles. Des thèmes tels que la participation étudiante à la gouvernance universitaire[23], la liberté de presse estudiantine, l'autonomie des associations étudiantes et l'accessibilité aux études post-secondaire[24] sont discutés – et de façon plutôt « progressiste » durant les congrès des années 1958-1961. Les bases – et même les thématiques ! – des mouvements étudiants des années 1960 sont déjà posées.

C'est ainsi que de nouvelles idées sur la société et la place de l'étudiant deviennent de plus en plus courantes à l'USJ, surtout à partir de 1960. Suivant l'exemple de leurs collègues à la FNEUC et inspirés par les transformations sociales et politiques profondes que vit l'Occident à ce moment-là, les étudiants-journalistes de *Liaisons* commencent à traiter, peser, analyser, échanger et discuter de nouvelles idées durant les années 1961 à 1963. On ne se contente plus de discuter uniquement d'affaires étudiantes et éducatives. De plus en plus, on se « mêle » des affaires de la société[25]. L'ardeur des débats locaux sera encore renforcée

---

[21] *Liaisons*, Message du supérieur, octobre 1958, p. 3.

[22] « L'œil ouvert », *Journal de l'association étudiante*, s.d. (fin des années 1950), Centre d'études acadiennes, Fonds Clément Cormier D 177.1893 « USJ – Moncton ».

[23] *Liaisons*, octobre 1958, p. 3.

[24] « La crise de l'éducation au Canada », *Liaisons*, septembre 1961, p. 2.

[25] Par exemple « Oui au séparatisme ! », *Liaisons*, février 1963, p. 5 ; « Étatisation de l'industrie ? OUI ! », *Liaisons*, mai 1962, p. 9.

par l'adhésion, en janvier 1963, à une autre grande organisation étudiante, la Presse étudiante nationale (PEN)[26]. Cette organisation joue, comme la FNEUC mais encore davantage, un rôle d'accès à l'information et aux débats. Mais elle joue aussi un rôle encore plus important en permettant aux étudiants du collège de se comparer et de se mesurer aux autres et elle les force à faire ceci sans complaisance[27]. Que ce soit un hasard ou non, c'est durant cette année de 1963 que *Liaisons* publie ses premiers textes réellement revendicateurs appliqués au contexte provincial[28].

Cette autonomisation de la sphère discursive étudiante est renforcée par des changements démographiques, culturels et institutionnels ayant lieu durant la période. Le nombre d'étudiants augmente de 100 % au Canada entre 1960 et 1969. Chez les Acadiens du Nouveau-Brunswick, ce chiffre dépasse les 170 %[29]. L'éducation post-secondaire commence donc à se démocratiser ; elle n'est plus uniquement une affaire d'élite. Cet élargissement des rangs, qui donne à la population étudiante une nouvelle masse critique, est lié de très près à un autre phénomène : l'agrandissement des universités. L'Université de Moncton en est un bon exemple. Créée en 1963 à partir d'un collège logé dans un ou deux bâtiments, l'institution acquerra rapidement une dizaine de facultés ou d'écoles logées dans autant d'édifices. Quelques années plus tard, elle deviendra officiellement laïque. Or, dans de telles « multiversités » modernes, un contrôle social semblable à celui exercé dans les collèges classiques devient impensable, ou du moins impossible. Par ailleurs, les horaires des étudiants et étudiantes sont beaucoup moins chargés et moins réglementés dans les nouvelles institutions. Les jeunes y trouvent donc plus d'espaces de liberté, où ils peuvent tenter de faire sens du monde avec moins de « supervision » de leurs aînés. Finalement, dans le cas des étudiants acadiens, ajoutons que la création de l'Université de Moncton à partir des cendres du collège Saint-Joseph coïncide à peu près avec le déménagement de l'institution du village de Memramcook vers la ville de Moncton[30]. Ici, les jeunes Acadiens gagnent un contact

---

26 Les journaux étudiants des autres collèges universitaires acadiens du Nouveau-Brunswick (à Bathurst à Shippagan, à Edmundston et à Saint-Basile) ont adhéré à cette organisation « canadienne-française » à peu près en même temps que *Liaisons*.

27 « Savants pédagogues… que faites-vous ? », *Liaisons*, février 1963, p. 5.

28 Par exemple, en avril 1963, on lance en caractères gras, à la « une » : « Nous la voulons toujours cette école normale française – d'où vient ce retard ? ».

29 Cormier, C., *op. cit.*, p. 250.

30 Moncton est la deuxième ville en importance de la province. Elle est la seule des trois grandes villes de la province à détenir une proportion importante de francophones, soit environ 35 %.

plus étroit avec la population anglophone ainsi qu'avec la société de consommation de masse, ce qui ne peut faire autrement que stimuler leurs réflexions sur la société.

Stimulés par le dynamisme qui règne tant sur le campus que dans le monde étudiant pancanadien, en 1963, les associations étudiantes acadiennes se mettent à prendre des mesures en vue de former des fédérations étudiantes régionales. Et comme le groupe ethnolinguistique est une référence importante chez les Acadiens depuis la fin du XIXe siècle – l'élite acadienne s'étant organisée à ce moment selon une logique linguistique et religieuse –, le premier réflexe des étudiants acadiens est d'adopter le même cadre spatial et culturel dans l'organisation de leurs activités. C'est dans cette perspective que les associations étudiantes de l'Université de Moncton et de cinq collèges acadiens du Nouveau-Brunswick tiennent une conférence en novembre 1963 et décident de créer une Union générale des étudiants acadiens (UGEA)[31]. Il semblerait que les membres de l'élite approuvent, car les dirigeants de *L'Évangéline* permettent à Léon Thériault, alors étudiant en deuxième année de philosophie au collège de Bathurst, de publier un éditorial quelque peu triomphaliste sur le sujet[32].

Durant la même période, les jeunes Acadiens réfléchissent aussi à la possibilité d'organiser leur presse étudiante à l'échelle acadienne. Une commission d'étude intercollégiale prônera la séparation d'avec l'organisme national et la formation d'un nouvel organisme autonome, la « Presse étudiante acadienne » (PEA), qui regrouperait tous les journaux étudiants acadiens[33]. Tout porte donc à croire, en ce début de l'année 1964, que les jeunes Acadiens étaient en train de modeler leur cadre institutionnel sur des bases linguistiques et régionales et qu'ils amplifieraient ainsi l'autonomie de la vie institutionnelle acadienne.

C. L'éveil au militantisme et la rupture avec l'élite acadienne

Les étudiants se mettent donc à « acadianiser » leurs nouvelles institutions régionales, imitant ainsi les structures de l'élite acadienne. La solidarité des étudiants avec la cause des institutions nationalistes n'est toutefois pas garantie pour autant. En effet, l'effervescence qui gagne le milieu étudiant monctonien cause assez rapidement d'importantes fric-

---

[31] Il est à noter que les étudiants acadiens sont alors bien « de leur temps » : l'Union générale des étudiants québécois (UGEQ) sera formée une dizaine de mois plus tard, en novembre 1964. Sa création est discutée depuis mars 1963. Bélanger, P., *Le mouvement étudiant québécois : son passé, ses revendications et ses luttes (1960-1983)*, Montréal, ANEQ, 1984, p. 5.

[32] « L'U.G. des étudiants acadiens », *L'Évangéline*, samedi 22 février 1964, p. 4.

[33] « Au dernier congrès de PEA : Liaisons y était », *Liaisons*, 2 décembre 1966, p. 2.

tions entre les organisations étudiantes locales et les institutions de l'élite. La pierre d'achoppement : le droit de parler au nom de la communauté ethnolinguistique.

Cette dynamique se manifeste de façon claire à la suite d'une conférence régionale de l'Union canadienne des étudiants, en janvier 1964. Durant l'événement, ayant pour thème les relations entre les deux groupes linguistiques principaux au pays, les cinq délégués de l'Université de Moncton se rendent vite compte qu'ils auront à « expose[r] en de longues discussions et argumentations la situation déplorable du français aux Maritimes[34] » s'ils veulent que le problème soit perçu autrement que comme une simple nécessité d'accommoder le Québec. Ils ne reçoivent pas immédiatement l'oreille ou le soutien qu'ils souhaitent[35], mais ils finissent par remporter des victoires symboliques importantes car, en fin de compte, l'assemblée des étudiants adopte plusieurs résolutions visant spécifiquement à améliorer le sort des néo-Brunswickois francophones[36].

Après la conférence, *L'Évangéline* vante les accomplissements de la délégation dans un éditorial[37]. Mais les délégués étudiants, eux, remettent en doute publiquement l'efficacité du leadership acadien à leur retour de la conférence.

> C'est qu'ils [les délégués étudiants anglophones] ne voient pas la gravité du problème, ils ne vivent pas comme nous notre situation. La plupart ont dit, à la conférence, que c'était la première fois qu'ils en entendaient parler. Mais où alors sont nos institutions, nos organismes, nos mouvements qui forceraient toute la population à prendre conscience de la gravité du problème ?

---

34 « Le signe des choses à venir ? », *Liaisons*, février 1964, p. 2.

35 « Certains délégués [...] ont exprimé au début des séances que les rapports entre les deux nations ne sont pas d'actualité, puisqu'il n'y a pas, d'après eux, de problèmes de cohabitation aux Maritimes... », cité de « Incompréhensible que le NB ne soit province bilingue », *L'Évangéline*, 7 janvier 1964, p. 3.

36 Les premières réclament la reconnaissance officielle du français comme langue officielle de la province du Nouveau-Brunswick, pendant que deux autres demandent l'établissement d'une « école normale » française dans la province et l'amélioration du système d'instruction publique de langue française afin d'accorder aux francophones une « chance égale de poursuivre des études [...] jusqu'au niveau supérieur... ». « École normale française réclamée par les étudiants », *Évangéline*, 8 janvier 1964, p. 4 et « Le signe des choses à venir ? », *Liaisons*, février 1964, p. 2. D'autres résolutions demandent un drapeau national distinctif et un hymne national pour le Canada, ce qui démontre bien que la conférence s'inscrit dans le courant du nationalisme canadien des années 1960.

37 « Naturellement l'Université de Moncton était représentée par cinq de ses étudiants qui ont fait bonne figure dans les délibérations », cité de « En éditorial : Un événement d'importance », *L'Évangéline*, 13 janvier 1964, p. 4.

> Où sont-ils nos gens qui devraient nous sortir de cette malheureuse situation[38] ?

Douze jours après la conférence régionale de l'UCE, peut-être en raison de ces interrogations sur l'efficacité des institutions de l'élite, les délégués, accompagnés de quelques autres étudiants, assistent et participent activement à l'assemblée générale annuelle de la Société nationale de l'Acadie (SNA)[39]. Durant la réunion, les membres de la SNA s'empressent de les féliciter, par le biais d'une résolution[40], pour leur participation à la conférence. Par ailleurs, une deuxième résolution crée « un poste au conseil d'administration de la SNA pour le représentant de l'Union générale des étudiants acadiens[41] ». À la suite de cette assemblée de la SNA, qu'elle juge décevante, *L'Évangéline* affirme : « La rencontre serait une réussite au moins dans un domaine : c'est qu'on a reconnu que le groupe d'étudiants acadiens a une contribution à faire à notre vie nationale[42] ».

Ces résolutions et déclarations représentent clairement une certaine reconnaissance du nouveau dynamisme du monde associatif étudiant monctonien. Mais les étudiants ne repartent pas impressionnés pour autant. Après avoir vu de leurs yeux le travail de l'organisation nationaliste acadienne la plus en vue, le ridicule s'ajoute à la remise en question. Lucille Fougère et Pierre Savoie, le tout nouveau président de l'association étudiante, cosignent la « une » de février 1964, et l'intitulent « Une journée bien perdue : l'assemblée de la SNA[43] ». L'article très sarcastique relate les impressions très négatives de quinze délégués étudiants à l'assemblée générale de l'organisme. Les auteurs de l'article s'insurgent, crient leur dégoût pour la culture du silence, du secret et du privilège qu'ils ont décelée chez l'élite acadienne, à la SNA. Ils expriment une perte de confiance dans ces élites et dans leurs manières de procéder, qui ne leur semblent pas du tout modernes. Sans doute y a-t-il encore seulement une minorité de jeunes qui osent s'exprimer de la sorte. Mais ceux qui le font sont bien en vue et contrôlent les quelques institutions étudiantes existantes.

Et l'avalanche ne fait que commencer. Deux mois plus tard, on passe d'une critique pointue des agissements d'une association particulière à

---

38 « Le signe des choses à venir ? », *Liaisons*, février 1964, p. 2.

39 « Les à-côtés de l'Assemblée… », *L'Évangéline*, 20 janvier 1964, p. 1.

40 « Bloc-notes », *Liaisons*, février 1964, p. 2.

41 *Ibid.*

42 « En éditorial : La Commission Pichette », *L'Évangéline*, 20 janvier 1964, p. 4.

43 « Une journée bien perdue… » et « Pierre Savoie élu président de l'AEUM », *Liaisons*, février 1964, p. 1, 12.

un constat d'échec – général et global – porté contre l'élite traditionnelle dans son ensemble. Placé « à la une », l'article est intitulé « Acadie 1964 : une impasse ?[44] ». Je me permets d'en citer un long extrait (dont la première phrase), question de démontrer l'acidité de la critique :

> Il est parfois nécessaire de dire la vérité [...] Et il est toujours difficile [...] de dire [...] à un groupe de personnes plus âgées que soi qu'elles ont commis une erreur. [...] Mais [...] il faut savoir où nous en sommes avant de pouvoir commencer...
>
> [...] Si jamais un peuple eut besoin d'une élite forte [...] c'est bien pendant ces soixante [dernières] années de vrai dérangement[45] [...] Que lui a-t-on donné ? Une soi-disant élite qui prêchait un patriotisme axé sur le sentiment sinon sur une espèce de mythologie. [...] on a réussi à conserver chez nous non pas une fierté de ce qu'on est ou un désir de s'épanouir [...] mais la peur, la peur de regarder chez l'autre et la peur ou l'indifférence à l'égard de la vie politique, économique et sociale de la communauté. [...] On lui a montré comment vénérer ses ancêtres mais non comment les dépasser.

Il s'agit d'un article de fond – long – qui présente une vision globale, historiquement située et articulée, de la société acadienne contemporaine. On y fait premièrement le point sur l'histoire des Acadiens ainsi que sur leur élite, son idéologie et ses actions, qui sont jugées inadaptées et non pertinentes, voire malhonnêtement rassurantes. Le résultat ? Les Acadiens ne sont pas préparés au monde moderne.

Simultanément à cette attaque sur la légitimité de l'élite, les leaders et journalistes étudiants multiplieront les cris de ralliement à la mobilisation étudiante et attribueront à leur groupe social un rôle historique de première importance :

> C'est donc à nous, étudiants universitaires, de prendre notre lutte en main, de lutter pour que la population soit fière et de sa langue et de son origine ethnique. Oui, aux armes les étudiants[46] !

Ces nombreux articles dans les journaux étudiants articulent, pour la première fois, l'ébauche d'une nouvelle identité étudiante. Peu à peu, au cours de ces mois charnières du début de 1964, on voit se dessiner une nouvelle idée de ce qu'est un étudiant et de la place de celui-ci dans le monde. Le contraste avec le modèle de l'étudiant des années 1950 est frappant. Premièrement, l'étudiant est dépeint comme *un acteur social* qui peut agir de façon légitime au sein de la société ; voici l'époque de l'étudiant-citoyen. Cette capacité d'agir, voire cette responsabilité

---

44 *Liaisons*, avril 1964, p. 1, 5, 9.

45 Référence à la déportation des Acadiens de 1755, dit « le Grand Dérangement ».

46 « Le signe des choses à venir ? », *Liaisons*, février 1964, p. 2.

d'agir, de la part de l'étudiant est appuyée par une *nouvelle conception des devoirs et des droits*. Ainsi, si l'étudiant a encore des devoirs importants et lourds, c'est avant tout envers le monde actuel et ses futurs enfants et non pas envers ses ancêtres, depuis longtemps disparus. Par ailleurs, afin d'avoir la possibilité d'agir dans l'intérêt de la société, l'étudiant a maintenant besoin de nouveaux droits. Les affirmations allant dans le sens des deux derniers points abondent dans les journaux étudiants acadiens en 1964 et 1965[47].

Finalement, *l'appartenance sociale de l'étudiant*, sa « communauté imaginée » connaît un changement primordial durant les années 1960. On assiste alors à un relâchement puis à une désagrégation d'un corps social « vertical » et « intergénérationnel » qui liait l'étudiant au collège, à ses professeurs, aux aînés et aux anciens. Simultanément, on est témoin de l'édification d'une appartenance à un corps « horizontal », proprement étudiant, corps « générationnel » qui est parfois présenté comme étant une classe sociale en soi. Bref, de fils des ancêtres, on devient des fils et des filles du siècle.

Ironiquement, donc, c'est précisément au moment où les étudiants reçoivent un début de reconnaissance en tant qu'acteurs sociaux de la part de l'élite acadienne que les leaders étudiants de Moncton provoquent une rupture entre eux-mêmes et cette élite. Cette coupure, cette division identitaire, si visible durant les « événements » de 1968 et 1969, existe donc dès 1964. Elle a deux causes principales. Il y a une question de priorités. Les étudiants vivent une expérience particulière en raison de leur statut et de leur situation ; ils accordent donc plus d'importance à certaines questions, telle celle de l'éducation. En deuxième lieu, les étudiants sont beaucoup plus *pressés* que l'élite. L'intervention étatique ne vient pas assez rapidement pour eux. Ce sont cette intensité et cette impatience, si caractéristiques des jeunes baby-boomers des années 1960[48], qui consacreront le schisme entre les étudiants et l'élite acadienne. Cette division idéologique a de l'importance : c'est la première fois que des jeunes prennent la parole en tant qu'étudiants plutôt que comme des membres « juniors » de l'élite.

---

[47] Voir par exemple le très synthétique et révélateur : « Éditorial : La grande peur », *Liaisons*, avril 1964, p. 2.

[48] À ce sujet, voir Ricard, F., *La génération lyrique : essai sur la vie et l'œuvre des premiers nés du baby-boom*, Montréal, Boréal Compact, 1994, p. 105-128 ; ainsi que Owram, D., *op. cit.*, p. 111-135 et 159-184.

D. Un mouvement étudiant acadien ou une partie du mouvement étudiant canadien ?

Cette transformation identitaire chez les étudiants monctoniens n'est pas sans conséquence sur les rapports qu'entretiennent ces étudiants avec la collectivité acadienne et avec le monde. L'un des plans où cette recherche identitaire est la plus visible est celui des rapports entre les étudiants de Moncton et les étudiants acadiens des collèges classiques.

Il a été mentionné que vers la fin de 1963 s'esquissait un rapprochement institutionnel entre tous les étudiants post-secondaires acadiens. Or, ces bases encore fragiles feront les frais des mutations identitaires des étudiants monctoniens. Ces derniers fréquentent à ce moment une institution en pleine croissante, la seule en Acadie offrant une gamme de programmes spécialisés (par opposition au programme dit *classique*). Dans ce contexte, ils ont tendance à se comparer autant, sinon davantage, aux étudiants des « grandes » universités anglophones comme la University of New Brunswick qu'à leurs cousins acadiens des collèges classiques. Et ils souhaitent de plus en plus se rassembler avec ce qui leur ressemble.

La première preuve tangible du désir des organisations étudiantes monctoniennes de ne pas se laisser enfermer dans des structures exclusivement acadiennes apparaît en octobre 1964 quand les dirigeants du journal étudiant de Moncton, *Liaisons*, décident de demeurer membres de la Presse étudiante nationale (PEN) et refusent de se joindre à la Presse étudiante acadienne (PEA) naissante[49]. Puis, toujours en 1964, l'UGEA, créée en grandes pompes moins d'un an plus tôt, meurt d'une mort tranquille, et les associations étudiantes des collèges affiliés se voient obligées de créer une nouvelle fédération ne comprenant pas l'Université de Moncton : la Fédération des associations générales étudiantes des collèges acadiens (FAGECA)[50].

Il est vrai que la méfiance des étudiants des collèges vis-à-vis de la prépondérance de Moncton est sûrement l'une des causes de la mort de l'UGEA[51]. Mais il semble certain qu'en cette ère obnubilée par les idées de la modernisation et du progrès, cette ère marquée par l'intégration des Acadiens dans le monde plus large, l'acadianisation des structures étudiantes a semblé contre-intuitif pour les étudiants de l'Université de Moncton.

---

49 « Au dernier congrès de PEA : Liaisons y était », *Liaisons*, 2 décembre 1966, p. 2.

50 « La FAGECA a tenu son congrès à Edmundston », *Liaisons*, 6 avril 1965.

51 « En éditorial : L'U.G. des étudiants acadiens », *L'Évangéline*, 22 février 1964.

En effet, quelques faits nous portent à croire que la population étudiante monctonienne a réagi favorablement à la nouvelle identité étudiante – critique de l'élite acadienne, férue du progrès, ouverte sur le monde et sur le siècle – proposée par les journalistes de *Liaisons*. Par exemple, ils élisent Pierre Savoie, son rédacteur en chef au franc-parler, à la tête de leur association étudiante pour l'année 1964-1965. Durant sa présidence, l'Association étudiante de l'Université de Moncton s'éloigne résolument du modèle du conseil étudiant « encadré » tel qu'on le retrouvait dans les collèges classiques. L'association affirme son autonomie en institutionnalisant et en officialisant ses structures[52], mais aussi en organisant des événements qui ne sont pas sanctionnés par les autorités. Ainsi, le 26 mars 1965, plus de deux cents étudiants de Moncton se joignent à ceux des trois autres universités de la province pour marcher sur l'Assemblée législative afin de manifester contre les hausses de frais de scolarité et réclamer la gratuité scolaire. C'est la première manifestation de masse étudiante depuis au moins vingt-cinq ans au Nouveau-Brunswick, et les étudiants acadiens de Moncton en sont une partie intégrante[53]. Ce faisant, ils s'insèrent dans le *mainstream* du mouvement étudiant nord-américain naissant.

Les idées nouvelles qui circulent sur le campus, initialement véhiculées par un groupe relativement restreint d'étudiants engagés, ont donc acquis une clientèle relativement large en moins de deux ans. En effet, les deux cents étudiants qui ont été prêts à consacrer leur journée à aller manifester dans la capitale provinciale représentent plus de 25 % du corps étudiant régulier de la nouvelle université[54]. Avec cette première manifestation de masse, la nouvelle identité étudiante, intériorisée par un groupe important de jeunes, vient de faire sa première incursion matérielle dans le réel.

Or, l'attitude d'indépendance des organisations étudiantes de l'Université de Moncton ne fait pas le bonheur de tout le monde. On parle après tout du bijou des institutions acadiennes, créé – non sans opposi-

---

52 La nouvelle de l'incorporation de l'association étudiante, par exemple, est accueillie avec pompe dans l'éditorial du journal étudiant. « Incorporation et gouvernement », *Liaisons*, février 1965, p. 2.

53 « Les universitaires marcheront sur Frédericton aujourd'hui », *L'Évangéline*, 26 mars 1965, p. 3 ; « 1 500 étudiants ont marché sur le Parlement », *L'Évangéline*, 27 mars 1965, p. 1. ; « Boys and girls », *Liaisons*, avril 1965, p. 1.

54 Durant l'année 1964-1965 (la deuxième année depuis la création de l'université), on retrouvait à Moncton 754 étudiants à temps plein et 1 047 étudiants à temps partiel. (Dix ans plus tard, ces totaux atteindront 2 509 et 3 852, respectivement.) Cormier, C., *op. cit.*, p. 253.

tions[55] – par le gouvernement Robichaud seulement quelques années plus tôt. Et ne l'a-t-on pas créé justement pour *renforcer* la communauté acadienne ? Pour lui donner de nombreux nouveaux leaders qui porteront le flambeau national au travers de ces temps ultramodernes ? En voyant les premiers groupes de leaders étudiants monctoniens – suivis par la masse étudiante – critiquer ouvertement l'élite acadienne, puis se distancier des autres étudiants francophones de la province, en les voyant, de surcroît, s'unir aux combats des étudiants anglophones et critiquer le gouvernement Robichaud – encore populaire au point d'être pratiquement irréprochable aux yeux de la plupart des associations acadiennes –, plusieurs nationalistes acadiens ont dû se dire que les choses étaient bien mal parties et se demander si la nouvelle institution ne serait pas cause de division plutôt que d'unité. Clairement, il fallait trouver une façon de ramener les étudiants à l'ordre, et surtout, de leur faire réintégrer le giron de la grande famille acadienne.

Les tentatives de ramener à l'ordre l'AEUM et *Liaisons* seront nombreuses. Elles viendront de toutes parts, mais surtout de *L'Évangéline*[56] et de la FAGECA[57]. Toutefois, les jeunes de Moncton, dans leurs aspirations à être de « vrais » étudiants d'une « vraie » université, sont repoussés par tout ce qui transpire encore de l'univers des collèges classiques, et les activités des collèges acadiens affiliés à l'Université de Moncton leur rappellent encore trop cet univers[58]. Bien qu'ils tergiverseront, ils n'accepteront jamais d'intégrer les rangs de la FAGECA et de la PEA.

De toute façon, le « gouvernement étudiant » de Moncton est déjà parti sur une lancée plus « universalisante ». En effet, l'AEUM est au centre de l'organisation de la première « Conférence des étudiants du Nouveau-Brunswick », qui aura lieu sur le campus de Moncton du 18 au 20 mars 1966. L'événement est une « première » qui regroupera des étudiants de toutes les institutions post-secondaires de la province – soient-elles de langue française ou anglaise[59]. *Liaisons* se réjouit des

---

55 Cormier, M., *Louis J. Robichaud : Une révolution si peu tranquille*, Moncton, Les Éditions de la Francophonie, 2004, p. 137-141.

56 « Le journalisme : une expérience qui fait partie de l'éducation des jeunes – R.P. Roland Soucy », *L'Évangéline*, 28 mars 1965 ; « À l'heure de la PEA », *L'Évangéline*, 30 mars 1965, p. 4.

57 « La FAGECA a tenu son congrès à Edmundston », *L'Évangéline*, 6 avril 1965 ; « Tournant décisif dans l'évolution du mouvement étudiant aux Maritimes ? », *L'Évangéline*, 19 mars 1966 (écrit par un participant étudiant au 3e congrès de la FAGECA, Réjean Nadeau).

58 « Gérald Fortier remporte les honneurs du concours d'art oratoire de la FAGECA », *L'Évangéline*, 14 mars 1966, p. 1.

59 « Une conférence provinciale : initiative nouvelle sur des problèmes de 1960 », *Liaisons*, mars 1966, p. 2.

discussions à venir, tout en s'interrogeant sur la participation des collèges acadiens :

> Mais dans tout cela, quelle sera l'attitude de nos confrères et consœurs de Bathurst, Saint-Louis, Maillet et Shippagan ? Répondront-ils à l'invitation de venir discuter « amicalement » avec leur « supérieur » [...][60] ?

Sur place, l'AEUM propose non seulement que la conférence devienne un événement annuel mais que le forum devienne permanent et tente de former « un groupe de pression[61] ». On ne fera pas de suivi immédiat à ces recommandations, mais il apparaît désormais clair que les leaders étudiants de Moncton souhaitent participer à une sphère étudiante plus large que la sphère acadienne.

IV. Le Ralliement de la jeunesse acadienne ou le rejet de la tradition

C'est dans ce contexte, moins de deux semaines après la première Conférence des étudiants du Nouveau-Brunswick, qu'a lieu le Ralliement de la jeunesse acadienne. Cet événement de grande ampleur était destiné à devenir un moment phare dans l'évolution de la jeunesse acadienne. Et à bien des égards, il le sera. Organisé par la Société nationale des Acadiens avec l'aide de jeunes professeurs de l'Université de Moncton, financé par le fonds fédéral destiné à marquer le centenaire du pays (et accessoirement, à renforcer l'unité de celui-ci), le RJA suscite bien des attentes chez bon nombre de groupes différents. Il va sans dire que plusieurs de ces attentes sont difficilement conciliables, quand elles ne sont pas carrément antithétiques.

Déjà, chez les organisateurs, on retrouve au moins deux visions bien distinctes des buts de l'événement[62]. Pour la SNA et l'élite en général, soucieuses de leur relève, l'événement représente avant tout une façon de panser les plaies de leur relation – durement éprouvée – avec les étudiants de Moncton et, éventuellement, de ramener ces derniers dans le giron des institutions et du mouvement nationaux[63].

---

60 *Ibid.*

61 « À la conférence provinciale des étudiants du Nouveau-Brunswick... », *L'Évangéline*, 21 mars 1966, p. 1.

62 Johnson, M., « Les stratégies de l'acadianité : analyse socio-historique du rôle de la presse dans la formation de l'identité acadienne », thèse Ph.D., (sociologie), Bordeaux II, 1991, p. 204.

63 « Une première... Des jeunes francophones des 10 provinces se réuniront à Saint-Joseph », *L'Évangéline*, 25 février 1966. Voir aussi « Éditorial : le Ralliement des jeunes », *L'Évangéline*, 1er mars 1966.

Un esprit pas si mal tourné aurait pu voir là une nette volonté de récupération du mouvement étudiant. Par contre, les étudiants de Moncton n'ont pas la tête à se révolter contre le ralliement. Pourquoi ? Simplement parce que ce n'est pas la SNA qui s'occupe du contenu du congrès, mais plutôt des jeunes professeurs progressistes de Moncton bien connus des étudiants politisés. Parmi ces organisateurs, on retrouve le premier sociologue acadien, fraîchement débarqué de l'Université Laval, Camille Antoine Richard. Il y a aussi Roger Savoie, un jeune prêtre et professeur de philosophie au langage franc. Ces deux-là font partie de la première cohorte de jeunes professeurs à la nouvelle Université de Moncton. Ils ont fait des études ailleurs, dans des institutions qui étaient déjà en voie de devenir des universités modernes, et ils ont une envie marquée de créer de nouveaux discours, plus critiques, sur l'Acadie. Aussi, compte tenu de leurs déclarations et publications récentes, on pouvait deviner qu'ils avaient envie de faire justement cela lors du RJA[64].

Plusieurs des jeunes baby-boomers que sont les étudiants – et non les moins visibles – ne sont pas du tout insensibles aux nouvelles représentations de la réalité acadienne qui sont diffusées par cette génération de jeunes profs. C'est pourquoi on a cru bon, au moment d'organiser le Grand Ralliement, de recruter Richard et Savoie. Si on allait rallier les jeunes, il fallait, se disait-on probablement, avoir l'approbation de leurs nouveaux oracles. On pourrait ainsi faire d'une pierre deux coups.

A. Des résolutions iconoclastes

Le ton critique du congrès est donné dès les conférences d'ouverture[65]. Puis, durant l'une des deux tables rondes qui suivront, les conférenciers – nul autre que Camille-Antoine Richard et Pierre Savoie (maintenant enseignant à Chicoutimi, l'ancien président de l'association étudiante avait été recruté par C.A. Richard pour la fin de semaine), accompagnés d'un jeune étudiant nommé Ronald Cormier (qui jouera un rôle important dans les importantes mobilisations de 1968 et 1969) – enfonceront le clou un peu plus profondément. Les Acadiens sont « économiquement faibles, soumis à l'autorité cléricale et souffrent de complexes » ; leur nationalisme n'est pas défini par le peuple mais par une « bourgeoisie intellectuelle », qui est trop distante des masses et des

---

64 « Une première... Des jeunes francophones des 10 provinces se réuniront à Saint-Joseph », *L'Évangéline*, 25 février 1966 ; Richard, C.A., « Société acadienne et transformations sociales : ... analyse... de la vitalité du nationalisme acadien », *Revue économique*, janvier 1965, p. 4-8.

65 « À moins d'un réseau d'écoles complètement français : La culture acadienne n'a pas d'avenir », *L'Évangéline*, 2 avril 1966, p. 1.

étudiants et qui défend une idéologie en fonction de ses besoins. Ce nationalisme est constitué de « sentimentalisme religieux » qui « ne représente plus la réalité », et ce à un moment où des changements sociaux rapides demanderaient un leadership sûr et des résultats concrets. Bref, on est au milieu d'une « crise de croissance nationale[66] ».

Avec une telle mise en contexte, il n'est peut-être pas si surprenant que l'assemblée plénière se soit montrée iconoclaste lors de l'adoption de résolutions. Ces dernières, au nombre de 58, n'épargneront personne. Les jeunes, tels des législateurs zélés, touchent à toutes les sphères de la société, tentant de refaire le monde à neuf, à leur image. Ils adressent des reproches et des recommandations à une panoplie d'institutions, des médias aux universités en passant par le gouvernement provincial[67]. C'est déjà toute une commande. Mais, tout comme dans les journaux étudiants des dernières années, les critiques les plus sévères sont réservées aux institutions nationalistes de l'élite acadienne. Ces dernières sont sommées de permettre voire de favoriser une plus grande participation des jeunes, des ouvriers et des femmes dans leur fonctionnement, question de s'assurer qu'on ne laisse jamais à nouveau l'idéologie nationale dévier aussi loin des intérêts du « groupe francophone des Maritimes »[68]. Les traditions et les symboles nationaux sont aussi relégués aux oubliettes :

> L'Assemblée recommande que les signes patriotiques tels que le drapeau, la patronne et la fête nationale soient conservés dans la richesse folklorique de l'Acadie, mais ne soient pas invoqués comme signes d'identité nationale[69].

Visiblement, les étudiants – quoique minoritaires – réussissent à gagner l'ascendance sur l'assemblée.

Les jeunes réunis à Memramcook ne réussissent toutefois pas à se mettre d'accord sur une question : celle de la formation d'une fédération étudiante régionale. Dans ce dossier, les étudiants de Moncton continuent à jouer au cavalier solitaire, voire antagoniste. Malgré des « criti-

---

66 « La jeunesse acadienne en quête de réponses », *L'Évangéline*, 2 avril 1966, p. 3.

67 « Radio-Canada doit s'adapter à la masse », *L'Évangéline*, 4 avril 1966, p. 7 ; « Liberté des cours de religion recommandée », *L'Évangéline*, 4 avril 1966, p. 1 ; « Grand Ralliement de la jeunesse acadienne à Saint-Joseph, NB », *Liaisons*, 9 décembre 1966, p. 2. ; « La jeunesse acadienne réclame de nouveaux symboles d'identité acadienne », *L'Évangéline*, 4 avril 1966, p. 1.

68 « Comité de jeunes Acadiens au sein de la nationale », *L'Évangéline*, 4 avril 1966, p. 7.

69 Cité dans Hautecœur, 1973, *op. cit.*, p. 202-203. Voir aussi « La jeunesse acadienne réclame de nouveaux symboles d'identité acadienne », *L'Évangéline*, 4 avril 1966, p. 1.

ques sévères »[70], la majorité des délégués étudiants de Moncton refuseront de voter « en faveur de la formation d'une Union générale des étudiants francophones des Maritimes » lors du ralliement[71]. Léon Thériault, encore un partisan de l'idée de l'UGEA, exprime sa déception – ainsi que son agacement face à l'idéal de la participation – dans une grande lettre à l'éditeur de *L'Évangéline :*

> Je sais que pour certains progressistes non seulement le fait acadien traditionnel mais même la présence française aux Maritimes est une exigence négligeable. Ainsi, des représentants d'une de nos institutions d'enseignement n'ont pas jugé bon d'appuyer la résolution ayant trait à une Union générale des étudiants de langue française aux Maritimes. Pour eux, le fait français ne représente pas un critère valable pour la création d'une telle association ; on pourrait se grouper directement avec les étudiants de langue anglaise[72].

Plus tard cette année-là, malgré des négociations entreprises avec la FAGECA[73], l'AEUM prend les devants dans ce dossier sans crier gare et appuie activement l'idée de créer une association provinciale lors de la deuxième conférence provinciale des étudiants, dont elle est encore une fois l'hôte[74]. Surprises par la tournure des événements, les associations des collèges acadiens se rallient tout de même à la décision, probablement de guerre lasse. Le coup est d'autant plus rude qu'au dernier congrès de la PEA, un peu plus tôt dans le mois, *Liaisons* a laissé entendre qu'elle n'entrevoyait la possibilité de se joindre à l'organisme que s'il devenait une « régionale » de la PEN[75]. Le glas des institutions étudiantes acadiennes régionales semble avoir sonné.

L'éditorialiste de *Liaisons*, Réjean Poirier, ne cache pas son enthousiasme pour l'alliance interethnique que représente la nouvelle association, dénommée « ACTIONS » :

> ACTIONS, un groupement unique en son genre au Canada par son caractère bilingue [...] sera [...] un exemple pour les autres provinces du Canada par l'entente entre les deux groupes ethniques. Il semble bien que l'animosité qui existe entre Anglais et Français, surtout chez les aînés, a tendance à disparaître dans le monde étudiant. [...] pour réussir [...], il faudra [...] oublier

---

70 « Un premier pas vers le syndicalisme étudiant », *Liaisons*, 25 novembre 1966, p. 2.

71 « Le Ralliement établirait une Union générale des étudiants francophones aux Maritimes », *L'Évangéline*, 4 avril 1966, p. 1.

72 « Le ralliement des jeunes francophones des Maritimes » (opinion du lecteur), *L'Évangéline*, 3 décembre 1966, p. 4.

73 « Un premier pas vers le syndicalisme étudiant », *Liaisons*, 25 novembre 1966, p. 2.

74 « Au NB : Une association étudiante bilingue », *Liaisons*, 2 décembre 1966, p. 2 et 3.

75 « Au dernier congrès de PEA : Liaisons y était », *Liaisons*, 2 décembre 1966, p. 2.

> la langue maternelle et ne penser qu'à la fonction que nous occupons, c'est-à-dire celle d'étudiant[76].

Visiblement, pendant que les représentants étudiants des collèges acadiens ont encore plutôt le réflexe de se regrouper entre Acadiens, les étudiants engagés de l'Université de Moncton veulent *participer* à la sphère étudiante plus large, voire devenir des « chefs de file » du mouvement étudiant au Canada atlantique. Ils sont pleins de volonté, prêts à discuter de toutes choses – incluant les sujets de nature linguistique – avec les étudiants anglophones, confiants de pouvoir régler ces questions entre jeunes. On réussira là où l'élite a failli ; la réponse à tous les problèmes se trouve dans la participation et la discussion rationnelle.

B. L'expression d'une variante étudiante radicale de l'idéologie de la « participation modernisatrice »

Les critiques adressées à l'Université, la SNA, *L'Évangéline*, Radio-Canada, le clergé acadien et tous les symboles nationaux – ces critiques qui composent l'essentiel du message du RJA – laissent entendre que c'est avant tout *l'Acadie* qui est responsable de son sous-développement. L'Acadie et son attachement servile à la tradition. L'Acadie et ses institutions « nationales » qui sont incapables de se réformer. Le message iconoclaste du RJA vise avant tout à rompre autant de liens que possible avec le passé. L'élite acadienne et ses institutions ont beau avoir fait beaucoup pour se moderniser depuis les années 1950, pour les jeunes, c'est trop peu.

À un deuxième degré, ce qu'on constate en examinant les résolutions prises par les jeunes du RJA, ce que l'on peut voir aussi dans les choix qui ont été faits en matière d'organisation étudiante régionale, c'est que le mouvement étudiant monctonien adhère pleinement, durant ses premières années d'existence, à une vision du monde dont les *principes de base* sont identiques à ceux de l'idéologie de la « participation modernisatrice », c'est-à-dire l'idéologie mise en avant par les éléments les plus libéraux de l'élite depuis le milieu des années 1950 et dominante depuis l'arrivée au pouvoir de Robichaud. C'est dire que les étudiants se préoccupent alors très peu de questions collectives acadiennes et que leur préoccupation centrale est plutôt l'entrée des Acadiens dans un ordre politique et social « moderne », efficace et rationnel, quitte à devoir partager cet ordre nouveau avec les anglophones. Le « salut », pour eux – comme pour l'élite dominante – passe par l'investissement de l'État provincial. Toutefois, contrairement à l'élite, les étudiants ne se

[76] « Édito : ACTIONS », *Liaisons*, 2 décembre 1966, p. 2 et 3.

sentent pas obligés d'exécuter des courbettes pour concilier leurs objectifs avec le nationalisme acadien dit « traditionnel », ce qui les mène à faire des revendications beaucoup plus radicales, sur un ton beaucoup plus pressant que l'élite, d'où les conflits répétés entre ces deux groupes sociaux depuis 1964.

Conclusion

On se représente trop souvent les années 1960 et 1970 comme une période de lutte collective ininterrompue pour la communauté acadienne du Nouveau-Brunswick, lutte qui a été récompensée par une longue suite d'avancées et de percées. Dans cette optique, les gains de la période – soit l'élection de Louis Robichaud, la création de l'Université de Moncton, les réformes fiscales et administratives égalisatrices du gouvernement libéral, la confrontation du maire francophobe Leonard Jones aux étudiants, la loi sur les langues officielles, la création de la Société des Acadiens du Nouveau-Brunswick et du Parti acadien puis l'obtention de la dualité administrative en éducation – sont présentés comme une suite logique d'événements animés par un seul et même esprit de revendication nationaliste. On imagine volontiers une communauté dotée d'un véritable esprit de corps, une communauté dont les divers éléments – associations, journaux, politiciens, étudiants, parti politique – sont unis dans un unique combat collectif malgré quelques escarmouches intestines et malgré leurs styles de combat différents.

La vérité est plus complexe. Des sociologues, notamment Joseph-Yvon Thériault, ont déjà exprimé l'idée selon laquelle un important changement de paradigme s'est opéré durant la deuxième moitié des années 1960. S'il y a bel et bien eu une deuxième « renaissance acadienne » durant les années 1960 et 1970, cette renaissance aurait été opérée en deux temps, et selon deux logiques politiques fort différentes. Pendant que le début des années 1960 est caractérisé, chez les Acadiens du Nouveau-Brunswick, par une philosophie politique très libérale prônant une participation des Acadiens en tant qu'individus dans la société plus large, les années 1970, elles, seront marquées par une plus grande insistance sur l'acquisition de droits et d'autonomie pour la collectivité ethnolinguistique. Bref, sur l'axe allant du libéralisme politique au communautarisme, on aurait assisté à un basculement important vers le deuxième pôle.

Cette étude historique contribue à confirmer cette intuition importante et à préciser quelque peu à partir de quand le virage a lieu : à la toute fin de 1966, il n'est certainement même pas entamé. Par ailleurs, l'analyse de notre corpus permet de comprendre à quel point le libéralisme politique est dominant voire hégémonique chez les Acadiens durant les années 1960-1967. En effet, on apprend que la philosophie libérale prônant la coopération avec les anglophones dans le cadre d'institutions publiques communes n'a pas été uniquement l'apanage des élites ou des adultes. Les étudiants de l'époque, bien que déjà mobilisés au sein d'un mouvement autonome et bien que déjà en situation antagoniste avec l'élite acadienne, adhéraient eux aussi à une philosophie de la « participation », quoique de façon plutôt radicale, ce qui explique les querelles intergénérationnelles.

Cette étude met aussi fin à un mythe. Le mouvement étudiant monctonien n'a *pas* débuté avec « l'étincelle » néonationaliste de 1968-1969 et n'est donc pas intrinsèquement ou « naturellement » néonationaliste. Le néonationalisme qui se déploiera à partir de 1968 ou 1969 devra donc être compris comme un phénomène intimement lié au contexte historique. Tout ne peut être expliqué avec l'effervescence de la jeunesse ou avec l'idée de conflits entre générations.

Finalement, cet examen approfondi d'un corpus de textes appartenant au « moment modernisateur » permet de cerner un peu plus clairement ce qui distingue ce dernier du « moment néonationaliste » qui se déploiera à partir de 1968.

La première grande différence – on l'aura deviné – est que, durant la première période, l'accent est mis résolument sur la *modernisation* de la vie sociale et politique du groupe (on croit avant tout que le « rattrapage » de la population anglophone se fera par une plus grande participation aux institutions du monde moderne), pendant que, durant la deuxième période, il est placé sur l'acquisition de droits collectifs et d'institutions propres à la communauté linguistique (le rattrapage passe désormais par un respect de la spécificité acadienne).

Qui plus est, ce changement d'optique est accompagné d'un changement de cible. Durant la période modernisatrice, c'est un « attachement trop servile aux formules d'un passé décadent[77] » qui est reconnu comme responsable du « retard » acadien. On a donc affaire à des facteurs endogènes ; le blâme est porté sur la communauté elle-même, dont les membres doivent simplement prendre place dans le monde moderne. Ceci est vrai autant chez l'élite que chez les étudiants (à la différence que les étudiants rompent plus radicalement avec la tradition). À partir de 1968 environ, le discours néonationaliste, lui, enlève la responsabilité du « retard » des épaules de la communauté pour la placer sur la domination du « système » ou de la majorité anglophone. Ce sont

---

[77] Clément, C., « Les Acadiens en 1960 – besoins et perspectives », *XIIIe Congrès général des Acadiens*, Pointe-de-l'Église, N.-E., Société nationale des Acadiens, 1960, p. 33.

donc des facteurs exogènes et structurels qui sont blâmés, et la correction des inégalités passe logiquement par des adaptations du « système » qui donneront une chance à la communauté acadienne de se développer selon son propre « génie ».

Les agissements des étudiants de l'Université de Moncton illustrent par ailleurs à quel point le « moment modernisateur » est une période optimiste et confiante, un moment dont les caractéristiques sont trop souvent passées sous silence et dont l'ampleur est trop souvent minimisée, tant on a tendance dans l'histoire acadienne à mettre l'accent sur les luttes collectives. Il faut savoir et reconnaître le fait que, pendant cette période, les Acadiens du Nouveau-Brunswick croyaient intensément, comme la majorité de l'Occident d'ailleurs, au *progrès* et à la gestion rationnelle et démocratique de la société et à la possibilité d'atteindre une réelle justice par la simple participation citoyenne. Ils ont cru, pendant cette brève période, que jamais plus ils n'auraient à faire des revendications en tant que collectivité, que le nationalisme était caduc, que l'heure de l'égalité était arrivée.

Puis, entre 1967 et 1970, quelque chose a basculé, et les revendications de nature collective sont soudain revenues à l'ordre du jour. Désormais, les logiques de l'intégration citoyenne à la Louis Robichaud et celle de l'autonomie communautaire coexisteraient dans le discours politique acadien. Et elles le font encore à ce jour. Il reste à analyser, dans des travaux à venir, comment les étudiants de Moncton ont contribué à ce passage d'un militantisme « modernisateur » à un militantisme néonationaliste.

IDENTITÉ ET ÉDUCATION : MÉTHODOLOGIES DU DEVENIR

Introduction

Gilles FERRÉOL

Université de Poitiers, France

Inventer, fait remarquer Sylvain Auroux, « consiste à découvrir quelque chose de nouveau dans un domaine donné », *innover* revenant « à stabiliser l'invention, à faire qu'elle existe dans l'espace social ». La différence entre les deux termes (qui échangent parfois leur valeur sémantique) provient de ce que « toute invention ne se transforme pas en innovation » et que, dans ce processus de transformation, « l'invention originelle peut changer notablement[1] ».

Afin de présenter succinctement les communications composant cette partie, nous souhaiterions ici prolonger cet éclairage en privilégiant quatre grands objets ou domaines d'investigation : *socialisation et déviance, dynamique du changement, sociologie des sciences et des techniques, minorités et identités culturelles*.

Socialisation et déviance

Prenons comme fil directeur la célèbre typologie proposée par Robert Merton dans ses *Éléments*. Au cœur des réflexions : le degré d'adéquation entre buts et moyens. Cinq attitudes peuvent être distinguées, notre degré d'adhésion étant dans une large mesure affaire de circonstances[2] :

- le *conformiste*, tout d'abord, s'en tient à ce qui est reconnu officiellement et utilise des méthodes licites pour y parvenir ;
- le *ritualiste*, de son côté, est davantage attaché à la lettre qu'à l'esprit ;

[1] Auroux, S., « Innovation [épist. géné.] », in Auroux, S. (dir.), *Les Notions philosophiques, Dictionnaire*, Paris, PUF, t. 2, 1990, p. 1313.

[2] Merton, R., *Éléments de théorie et de méthode sociologique*, trad. fr., Paris, Plon, 1965.

- les pratiques d'*évasion* ou de *retrait*, quant à elles, sont caractéristiques de ceux qui décident de se retirer du jeu : c'est notamment le cas des vagabonds ou des drogués ;
- le *rebelle* – autre cas envisageable – n'accepte pas les codes présents et combat, avec plus ou moins de virulence, la réglementation en vigueur[3] ;
- l'*innovateur*, enfin, se donne des objectifs socialement valorisés mais recourt à des procédés sinon condamnables du moins hétérodoxes[4]. La plupart d'entre nous ayant une forte aversion pour le risque et préférant se comporter de manière routinière ou moutonnière, seules des « minorités actives » sont à même de s'engager dans cette voie[5]. Dans son analyse du processus de « destruction créatrice », Schumpeter évoque à ce sujet la figure de l'entrepreneur. Celui-ci est défini par le fait non pas de diriger une unité productive ou d'être propriétaire de capitaux mais de révolutionner les procédés de fabrication et de trouver des marchés porteurs. Une illustration : « Alfred Krupp n'est pas considéré comme tel quand, à quatorze ans, il exploite pour le compte de sa famille la fonderie que lui lègue son père, pas plus que lorsque le 24 février 1848 il devient avec son associé Soelling définitivement le propriétaire de la firme, mais quand – l'un des premiers en Allemagne – il concentre verticalement ses usines[6] ».

La Problématique du changement

On peut raisonner, sous cet angle, en termes de *facteurs* ou de *processus*. Le tableau ci-après recense les principales composantes de chacune de ces approches :

Facteurs	Processus
• Démographie	• Conflit
• Système de valeurs et idéologies	• Effets d'agrégation
• *Progrès technique*	• *Diffusion*

[3] La société entretient avec la déviance des rapports complexes. Si répression et punitions s'abattent plus ou moins sévèrement sur les délinquants selon les délits commis, il n'est pas rare d'observer une certaine mansuétude à l'égard des mendiants ou des clochards. La tolérance vis-à-vis de la folie ou de la marginalité n'est toutefois pas la même selon les contextes.

[4] Dogan, M. et Pahre, R., *L'innovation dans les sciences sociales. La marginalité créatrice*, Paris, PUF, 1991.

[5] Moscovici, S., *Psychologie des minorités actives*, Paris, PUF, 1996.

[6] Perroux, F., *La pensée économique de Joseph Schumpeter*, Genève, Droz, 1965, p. 90-91.

Intéressons-nous plus particulièrement, dans le cadre de notre problématique, au *progrès technique* puis au *paradigme de la diffusion.*

Avec Marx, la technologie innovante est appréhendée comme une variable déterminante. Lewis Mumford se situe dans cette perspective et n'hésite pas à lier le développement historique à celui de l'outillage ou des machines, Alain Touraine et Jean-Daniel Reynaud faisant valoir que l'introduction de laminoirs ou d'équipements modifie non seulement l'organisation du travail (diminution du rôle des contremaîtres, augmentation de celui des bureaux d'études) mais aussi le mode de vie des salariés[7]. De façon similaire, Henri Mendras et Michel Forsé insistent sur le fait que l'adoption du maïs hybride dans les campagnes béarnaises à la fin des années 1950 a bouleversé le système d'exploitation et la société villageoise[8]. Ce type de maïs nécessite l'achat d'engrais, la sortie du cycle de l'autoconsommation et une plus forte dépendance vis-à-vis du marché. Il y a là un changement exogène (ce sont les services du ministère de l'Agriculture qui en sont à l'origine) et une cause d'apparence anodine peut provoquer une série de transformations irréversibles[9].

Une innovation peut par ailleurs se propager de façon exponentielle, logistique ou plus limitée : c'est alors un « phénomène de contagion » ou de « stimulation à partir d'une source extérieure ». Coleman, Katz et Menzel, étudiant la propagation d'un médicament en milieu médical, ont à cet égard attiré l'attention sur diverses configurations. À l'hôpital, les praticiens se connaissant, la nouveauté est contagieuse et la courbe est en *S*. Les médecins privés, plus isolés, reçoivent leurs informations

7 Mumford, L., *Technique et civilisation*, trad. fr., Paris, Seuil, 1950 ; Reynaud, J.-D., *Les règles du jeu. L'action collective et la régulation sociale*, Paris, Armand Colin, 1989 ; Touraine, A., *Production de la société*, Paris, Seuil, 1973.

8 Il ne faudrait pas croire que les régulations qui s'opèrent ne se déclinent que sur un mode paroxystique. Même si, en apparence, une société ne fait que « se conserver », les équilibres obtenus peuvent être la résultante d'une dynamique institutionnelle très subtile. Comme aimait à le répéter Maurice Blondel (cf. ses notes à la Société française de philosophie, lues et approuvées lors de la séance du 3 avril 1919), « la Tradition, dans ce qu'elle a de plus vivace, est fondamentalement un principe d'unité, de continuité et de fécondité : loin de considérer avec suffisance l'acquis des siècles passés comme un dépôt intangible, elle donne lieu à toute une série de réinterprétations qui, en retour, la maintiennent, la consolident, l'actualisent ou la renouvellent. De ce fait, elle enrichit le patrimoine intellectuel, en monnayant peu à peu le dépôt total et en le faisant fructifier ».

9 Mendras, H. et Forsé, M., *Le changement social. Tendances et paradigmes*, Paris, Armand Colin, 1983.

d'autres supports (publicité, mensuels spécialisés) et le *spill-over* reste au contraire assez restreint[10].

Sociologie des sciences et des techniques

Le processus d'innovation, nous rappellent Bertrand Gille, André Leroi-Gourhan ou David Noble[11], se déroule habituellement selon la séquence suivante :

– élaboration d'un corpus d'hypothèses ;

– recours à l'expérimentation ;

– passage à la production ;

– consommation de nouveaux produits.

Des spéculations abstraites aux objets ou aux biens qui constituent notre quotidien, le chemin est long et, à chaque étape, des déterminants sociaux peuvent entraver ou accélérer la « marche du progrès ». En ce sens, une théorie ne s'impose pas parce qu'elle est vraie, si l'on entend par vérité la correspondance avec des données empiriques. Cette correspondance, en effet, n'est jamais parfaite. Dans ces conditions, la recevabilité d'une nouvelle grille de lecture ne dépend pas exclusivement de critères rationnels. La révolution galiléenne n'échappe pas à ce constat. Si elle suscite l'adhésion, ce n'est pas uniquement parce qu'elle offre de meilleurs résultats. Aristote avait lui-même construit une explication du monde très cohérente. Si Galilée finit par triompher, c'est parce qu'il se montre habile tacticien, parce que le fait d'écrire en italien et non pas en latin lui gagne un public différent et plus large et, surtout, parce qu'il a su s'attirer les sympathies des plus réceptifs par rapport aux tenants de l'orthodoxie.

Les interprétations qui émergent ne s'inscrivent donc pas dans un vide social. Elles peuvent changer la donne, promouvoir d'autres cadres, et cela ne se fait pas sans heurts ni résistances. L'application d'une théorie obéit à la même logique. La constitution des ingénieurs en corps, par exemple, fixe ce qui est ou non recevable, s'accompagne de représentations des savoirs et d'une hiérarchie implicite des connaissances. La capacité d'assimiler une innovation est ainsi fonction de la compati-

---

[10] Coleman, J. *et al.*, *Medical Innovation. A Diffusion Study*, New York, Bobbs-Merril, 1966.

[11] Cf. Ferréol, G. et Deubel, P., *Méthodologie des sciences sociales*, Paris, Armand Colin, 1993, chap. 1.

bilité de celle-ci avec la distribution du pouvoir dans les organisations concernées[12].

Au sein d'un paradigme, tôt ou tard, des insuffisances ou des contradictions peuvent apparaître et menacer l'édifice tout entier. Une situation de crise, attestée par la présence de *puzzles*, est alors susceptible de se manifester, préparant de la sorte une restructuration (*insight*) de la pensée malgré des réticences ou des oppositions de la part de ceux qui ne jurent que par le *statu quo*[13].

Minorités et identités culturelles

Les interactions entre groupes et individus prennent appui sur des processus d'ordre relationnel ou biographique. Ceux-ci, comme l'ont bien montré Jean Remy, Émile Servais et Liliane Voyé (lesquels reprennent les enseignements de l'École de Chicago), ne se limitent pas à la négociation et à l'accommodation mais conduisent fréquemment à un renouvellement des significations par « transit », « métissage » ou « hybridation »[14]. La socialisation, dans cette optique, constitue un point de rencontre ou de compromis entre les besoins et les attentes des acteurs et les valeurs propres aux différentes « instances » avec lesquelles ils entrent en contact avec, en arrière-plan, la question de l'articulation tradition/modernité[15].

Le cas acadien et, plus généralement, celui des francophonies minoritaires au Canada méritaient ici d'être examinés de près[16]. Ces communautés – malgré leur fragilité, leur ambivalence et les défis de l'assimilation – ont fait preuve d'une remarquable capacité d'adaptation. La multiplication des associations et des institutions qui gravitent autour de la langue en témoigne. Dans ce contexte, les trois articles de Allard, Landry et Deveau mettent en exergue l'expertise conceptuelle et méthodologique développée autour de la problématique de la vitalité ethnolin-

---

12 Friedberg, E., *Le pouvoir et la règle. Dynamique de l'action organisée*, Paris, Seuil, 1993.

13 Kuhn, T., *La structure des révolutions scientifiques*, trad. fr., Paris, Flammarion, 1972.

14 Remy, J. *et al.* (dir.), *Produire ou reproduire. Une sociologie de la vie quotidienne*, Bruxelles, De Boeck, 1988.

15 Ferréol, G. (dir.), *Dictionnaire de l'altérité et des relations interculturelles*, Paris, Armand Colin, 2003.

16 Langlois, S., Létourneau, J. (dir.), *Aspects de la nouvelle francophonie canadienne*, Québec, Presses de l'Université Laval, 2004 ; Heller, M. et Labrie, N. (dir.), *Discours et identité. La francité canadienne entre modernité et mondialisation*, Louvain-la-Neuve, Intercommunications, 2003.

guistique. L'article avec Réal Allard comme premier auteur montre, en vertu de la théorie de la vitalité ethnolinguistique, qu'une communauté linguistique doit compter sur diverses ressources afin de survivre et de s'épanouir comme entité distincte et autonome. À titre d'exemple, une analyse du vécu, de la vitalité subjective, du désir d'intégrer la communauté, de la compétence langagière et de l'identité francophones est présentée. L'article avec Rodrigue Landry comme premier auteur analyse ensuite la situation démolinguistique pour mettre l'accent sur les défis associés au maintien de la vitalité ethnolinguistique des communautés francophones minoritaires. Un schème conceptuel est présenté dans le but d'illustrer les éléments multiples qui sont reliés aux actions communautaires et gouvernementales susceptibles de contribuer à la revitalisation de ces communautés. L'article avec Kenneth Deveau comme premier auteur étudie plus précisément le rôle de l'éducation scolaire et postule que l'école de la minorité doit agir comme contrepoids à la forte attraction sociale de la langue et de la culture anglo-américaine. La nécessité d'une pédagogie qui peut mieux satisfaire aux besoins de compétence, d'autonomie et d'appartenance dans le but de faciliter le développement autodéterminé d'une identité acadienne francophone est soulignée. L'expérience des centres scolaires-communautaires est ensuite mise en exergue par Greg Allain. Au sein de tels centres, espaces scolaires et communautaires coexistent dans un même milieu institutionnel. Cette formule propice au processus de revitalisation ethnolinguistique a pour autre avantage de renforcer la complétude institutionnelle des communautés acadiennes. Dans une optique prospective, l'article de Catalina Ferrer inscrit les recherches de ces quatre premiers articles dans le cadre de la pédagogie actualisante, soit une pédagogie de la conscientisation et de l'engagement, conçue dans une perspective planétaire. En proposant de développer le sens d'appartenance à la minorité tout en évitant le piège du repli sur soi, ce projet peut répondre aux besoins d'épanouissement d'une communauté minoritaire telle que la communauté acadienne.

La vitalité ethnolinguistique et l'étude du développement bilingue des minorités acadiennes et francophones du Canada atlantique

Réal ALLARD, Rodrigue LANDRY
et Kenneth DEVEAU

Université de Moncton, Canada

Institut canadien de recherche sur les minorités linguistiques, Canada

Université Sainte-Anne, Canada

I. Introduction

Les luttes qu'ont menées les communautés acadiennes et francophones de l'Atlantique[1] pour survivre et s'épanouir continuent de stimuler la recherche. Dans le dernier quart de siècle, de nombreuses analyses de la situation démographique, politique, économique et culturelle de ces communautés ont été réalisées[2]. Plus récemment, des analyses socio-historiques des communautés acadiennes et francophones des villes très majoritairement anglophones que sont Fredericton et Saint-John au Nouveau-Brunswick témoignent de leurs parcours et de leur vitalité[3].

---

1 Il faut entendre ici par communautés acadiennes de l'Atlantique les communautés acadiennes et francophones des provinces de l'Île-du-Prince-Édouard, du Nouveau-Brunswick, de la Nouvelle-Écosse et de Terre-Neuve et Labrador.

2 Voir, par exemple, Daigle, J. (dir.), *Les Acadiens des Maritimes : études thématiques*, Moncton, N.-B., Centre d'études acadiennes, 1980 ; Daigle, J. (dir.), *L'Acadie des Maritimes : études thématiques des débuts à nos jours*, Moncton, N.-B., Chaire d'études acadiennes, Université de Moncton, 1993.

3 Allain, G. et Basque, M., *Une présence qui s'affirme : la communauté acadienne et francophone de Fredericton*, Nouveau-Brunswick. Moncton, N.-B., Éditions de la Francophonie, 2003 ; Allain, G. et Basque, M., *De la survivance à l'effervescence : Portrait historique et sociologique de la communauté francophone et acadienne de*

Elles traduisent, selon leurs perspectives propres, diverses facettes de la vitalité de ces communautés ; elles n'avaient toutefois pas pour but d'évaluer les incidences de la vitalité de ces communautés sur le vécu sociolangagier et sur le développement psycholangagier de leurs membres.

C'est pour apprécier ces incidences que nous avons intégré dans notre modèle des facteurs déterminants du développement bilingue[4] le construit central de la théorie des relations entre groupes linguistiques de Giles, Bourhis et Taylor[5], à savoir la vitalité ethnolinguistique (VE). Dans le présent article, nous définissons d'abord la VE. Nous montrons ensuite comment nous avons intégré le concept de la VE dans notre modèle des facteurs déterminants du développement bilingue. Puis nous présentons les principaux apports de l'étude de la relation entre la VE des communautés acadiennes et francophones et le vécu sociolangagier associé au développement psycholangagier de leurs membres. Après avoir discuté des limites et des prospectives de recherche, nous définissons pour finir des éléments d'une de ces prospectives de recherche, soit l'étude de vécus qui contribuent de façon particulière à l'autodétermination langagière en milieu linguistique minoritaire.

II. La vitalité ethnolinguistique

Suivant la théorie de Giles *et al.*[6], un groupe ethnolinguistique compte sur un ensemble de facteurs sociostructuraux ou de « ressources » – la VE – pour survivre et s'épanouir comme entité distincte et autonome dans des relations intergroupes. Ces auteurs définissent la VE du groupe au triple regard de la démographie, du soutien institutionnel

---

Saint-Jean, Nouveau-Brunswick, Association régionale de la communauté francophone de Saint-Jean, 2001.

[4] Landry, R. et Allard, R., « Bilinguisme additif, bilinguisme soustractif et identité ethnolinguistique », *Recherches sociologiques*, 15, 1984, p. 337-358 ; Landry, R. et Allard, R., « Étude du développement bilingue chez les Acadiens des provinces maritimes », in Théberge, R. et Lafontant, J. (dir.), *Demain la francophonie en milieu minoritaire ?* (p. 63-111), Winnipeg, Manitoba, Collège universitaire de Saint-Boniface, 1987 ; Landry, R. et Allard, R., « Contact des langues et développement bilingue : un modèle macroscopique », *La revue canadienne des langues vivantes/The Canadian Modern Language Review*, 46, 1990, p. 527-553.

[5] Giles, H., Bourhis, R.Y. et Taylor, D.M., « Toward a theory of language in ethnic group relations », in Giles, H. (ed.), *Language, Ethnicity and Intergroup Relations*, New York, Academic Press, 1977, p. 307-348.

[6] *Ibid.*

et du statut. Une définition récente[7] des facteurs sociostructuraux reflétant la VE d'un groupe ethnolinguistique est présentée à la figure 1.

Figure 1. Taxonomie des facteurs sociostructuraux qui affectent la vitalité d'une communauté linguistique L_1 en contact avec des communautés linguistiques exogroupes L_2, L_3 sur un même territoire [Bourhis et Lepicq, 2004]

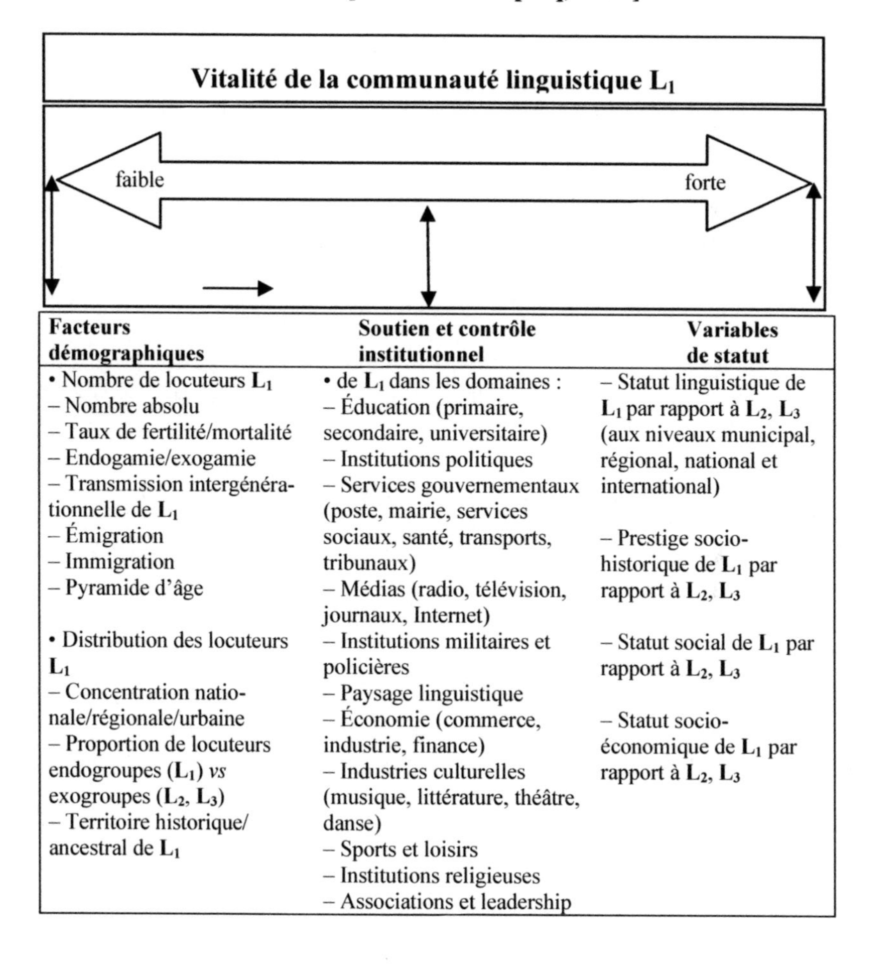

Facteurs démographiques	**Soutien et contrôle institutionnel**	**Variables de statut**
• Nombre de locuteurs L_1 – Nombre absolu – Taux de fertilité/mortalité – Endogamie/exogamie – Transmission intergénérationnelle de L_1 – Émigration – Immigration – Pyramide d'âge • Distribution des locuteurs L_1 – Concentration nationale/régionale/urbaine – Proportion de locuteurs endogroupes (L_1) *vs* exogroupes (L_2, L_3) – Territoire historique/ancestral de L_1	• de L_1 dans les domaines : – Éducation (primaire, secondaire, universitaire) – Institutions politiques – Services gouvernementaux (poste, mairie, services sociaux, santé, transports, tribunaux) – Médias (radio, télévision, journaux, Internet) – Institutions militaires et policières – Paysage linguistique – Économie (commerce, industrie, finance) – Industries culturelles (musique, littérature, théâtre, danse) – Sports et loisirs – Institutions religieuses – Associations et leadership	– Statut linguistique de L_1 par rapport à L_2, L_3 (aux niveaux municipal, régional, national et international) – Prestige sociohistorique de L_1 par rapport à L_2, L_3 – Statut social de L_1 par rapport à L_2, L_3 – Statut socioéconomique de L_1 par rapport à L_2, L_3

[7] Bourhis, R.Y. et Lepicq, D., « La vitalité des communautés francophone et anglophone du Québec : Bilan et perspectives depuis la loi 101 », *Cahier de recherche* n° 11, Montréal, Chaire Concordia-UQAM en études ethniques, 2004.

Les facteurs *démographiques* de la VE sont reliés au nombre de membres faisant partie d'un groupe ethnolinguistique et à leur distribution sur un territoire, s'agissant d'une localité urbaine ou rurale, d'une région ou d'un pays. Sont compris parmi les facteurs démographiques reliés au nombre le nombre absolu de membres du groupe, la proportion de mariages exogames et endogames, les taux de fécondité et de mortalité, la transmission intergénérationnelle de la langue, les influences de l'émigration et de l'immigration et la pyramide d'âge du groupe. Quant aux facteurs reliés à la distribution, ils comprennent la proportion de la population appartenant au groupe, la concentration des membres du groupe sur un territoire donné ainsi que la présence du groupe sur un territoire historique ou ancestral qu'il considère « sien ».

Les tendances qui se dessinent dans les facteurs démographiques sont scrutées attentivement, tout particulièrement dans les contextes multilingues, parce qu'elles sont souvent perçues comme ayant un effet très marqué sur la force politique relative des groupes. Comme l'ont souligné Bourhis[8] et Wardhaugh[9], le poids démographique d'un groupe est souvent considéré comme son principal atout puisque, lorsqu'il est grand ou qu'il augmente rapidement, il légitimise aux yeux de l'endogroupe et de l'exogroupe l'accès au contrôle institutionnel nécessaire pour répondre à ses besoins et pour façonner sa destinée dans la situation intergroupe[10].

Les facteurs de VE faisant partie du *soutien et du contrôle institutionnel* reflètent le degré auquel les institutions municipales, régionales et nationales participent au maintien et à l'épanouissement du groupe ethnolinguistique. Le soutien et le contrôle institutionnel formel se traduisent dans la présence d'institutions où des membres du groupe ethnolinguistique figurent parmi les instances responsables de la prise de décision dans les champs suivants : éducation, politique, services gouvernementaux, *mass media*, industries culturelles, économie, services militaires et policiers, santé, sports et loisirs, religion. Le paysage linguistique – l'affichage commercial et public utilisé dans les différentes institutions des champs d'activité – est un facteur qui reflète de façon transversale le soutien et le contrôle institutionnel. S'agissant du soutien institutionnel informel, il se manifeste dans le degré auquel des individus et des organismes du milieu associatif s'efforcent de représenter le

---

[8] Bourhis, R.Y., *Conflict and Language Planning in Quebec*, Clevedon, Multilingual Matters, 1984.

[9] Wardhaugh, R., *Languages in Competition*, Oxford, Blackwell, 1987.

[10] Harwood, J., Giles, R. et Bourhis, R.Y., « The genesis of vitality theory : Historical patterns and discoursal dimensions », *International Journal of the Sociology of Language*, 108, 1994, p. 167-206.

groupe et d'exercer des pressions en sa faveur afin de protéger ses intérêts dans les divers domaines d'activité susnommés. Les groupes ethnolinguistiques qui jouissent d'un degré élevé de contrôle des institutions locales, régionales et nationales sont mieux placés pour se maintenir et s'épanouir comme entités distinctes que ceux qui n'en bénéficient pas[11].

Le contrôle des institutions par un groupe ethnolinguistique ou sa participation à celui-ci dépendent souvent de la présence de dirigeants de qualité[12]. Selon Fishman[13], les gains réalisés dans le passé par des groupes ethnolinguistiques sur le plan du contrôle des institutions ont pu dépendre de la présence d'activistes et de proto-élites qui ont réussi à les mobiliser en faveur de leur langue, de leur culture et de la survie de leur ethnie dans un contexte intergroupe. Pour leur part, Harwood *et al.* estiment que l'absence de leaders compétents dans le présent peut effectivement compromettre les gains acquis par les générations antérieures et mettre un frein à la réalisation des gains futurs nécessaires à la survie du groupe ethnolinguistique et à son épanouissement[14].

Le contrôle des institutions est considéré comme la dimension de vitalité « par excellence[15] ». Breton[16] affirme qu'un groupe ethnolinguistique doit pouvoir compter sur un minimum de « complétude institutionnelle » pour assurer sa survie. Le contrôle des institutions reflète en quelque sorte le pouvoir social que peut utiliser le groupe pour consolider sa position par rapport aux autres groupes ethnolinguistiques avec lesquels il est en contact sur un territoire donné[17]. Par ailleurs, le groupe qui ne contrôle pas les institutions qui sont importantes pour son main-

---

[11] Giles, H., Bourhis, R.Y. et Taylor, D.M., *Toward a Theory of Language in Ethnic Group Relations*, in Giles, H. (ed.), *Language, Ethnicity and Intergroup Relations*, New York, Academic Press, 1977, p. 307-348 ; Harwood, J., Giles, R. et Bourhis, R.Y., « The genesis of vitality theory : Historical patterns and discoursal dimensions », *International Journal of the Sociology of Language*, 108, 1994, p. 167-206.

[12] Wardhaugh, R., *Languages in Competition*, Oxford, Blackwell, 1987.

[13] Fishman, J.A., *The Sociology of Language*, Cambridge, MA, Newbury Press, 1972.

[14] Harwood, J., Giles, R. et Bourhis, R.Y., « The genesis of vitality theory : Historical patterns and discoursal dimensions », *International Journal of the Sociology of Language*, 108, 1994, p. 167-206.

[15] *Ibid.*

[16] Breton, R., « Institutional completeness of ethnic communities and the personal relations of immigrants », *American Journal of Sociology*, 70, 1964, p. 193-205.

[17] Sachdev, I. et Bourhis, R.Y., « Bilinguality and multilinguality », in Giles, H. et Robinson, W.P. (eds.), *Handbook of Language and Social Psychology*, New York, Wiley, 1990, p. 293-308 ; Sachdev, I. et Bourhis, R.Y., « Power and status differentials in minority and majority group relations », *European Journal of Social Psychology*, 21, 1991, p. 1-24.

tien et pour son épanouissement ou qui n'est pas influent auprès de celles-ci risque soit de s'assimiler soit d'être marginalisé ou ghettoïsé par le groupe qui assure le contrôle institutionnel.

Les variables de la VE qui relèvent du *statut* d'un groupe ethnolinguistique sont le statut de sa langue et de sa culture à l'échelle municipale, régionale, nationale et internationale, le prestige socio-historique dont il jouit et ses statuts social et socio-économique. Dans les contextes intergroupes, les groupes ethnolinguistiques qui détiennent une part importante du contrôle institutionnel bénéficient souvent d'un statut social considérable comparativement aux groupes qui en ont moins. Selon Fishman[18] et de Vries[19], le fait d'appartenir à un groupe victime de commentaires avilissants parce qu'il a un statut linguistique ou social faible peut miner la volonté collective de survivre ou de s'épanouir comme groupe ethnolinguistique distinct dans un contexte intergroupe. Le statut élevé ou bas d'un groupe peut être rendu plus évident par le recours fait aux stéréotypes dans un contexte intergroupe[20] ou par l'adoption de lois portant sur la langue qui ont pour effet de définir les statuts relatifs des groupes linguistiques en présence[21].

Giles *et al.* estiment qu'on peut évaluer la VE d'un groupe à partir d'informations d'ordres démographique, économique, historique, sociologique et politique tirées de sources diverses[22]. S'inspirant des travaux de Giles *et al.* sur la VE[23] ainsi que de Bourdieu s'agissant du capital linguistique[24], Prujiner *et al.* ont défini ces ressources par rapport à quatre sortes de capitaux, s'agissant des capitaux démographique,

---

18 Fishman, J.A., *Language and Ethnicity in Minority Sociolinguistic Perspective*, Clevedon, Great Britain, Multilingual Matters, 1989.

19 De Vries, J., *Towards a Sociology of Languages in Canada*, Québec, Qc, International Center for Research on Bilingualism, 1986.

20 Genesee, F. et Bourhis, R.Y., « Evaluative reactions to language choice strategies : The role of sociostructural factors », *Language and Communication*, 8, 1988, p. 229-250.

21 Bourhis, R.Y. et Lepicq, D., « Quebec French and language issues in Quebec », in Posner, R. et Green, J.N. (eds.), *Trends in Romance Linguistics and Philology*, Vol. 5 : *Bilingualism and Linguistic Conflict in Romance*, La Hague et Berlin, Mouton de Gruyter, 1993.

22 Giles, H., Bourhis, R.Y. et Taylor, D.M., « Toward a theory of language in ethnic group relations », in Giles, H. (ed.), *Language, Ethnicity and Intergroup Relations*, New York, Academic Press, 1977, p. 307-348.

23 *Ibid.*

24 Bourdieu, P., *La distinction*, Paris, Fayard, 1980 ; Bourdieu, P., *Ce que parler veut dire : L'économie des échanges linguistiques*, Paris, Fayard, 1982.

culturel, économique et politique de groupes ethnolinguistiques[25]. Les indices objectifs qu'ils déterminent en ce qui concerne le capital démographique sont en grande partie les mêmes que ceux qu'ont définis Giles *et al.* (1997). Prujiner *et al.* (1984) se distinguent toutefois de Giles *et al.* (1977) par rapport au soutien et au contrôle institutionnel qu'ils sous-divisent en capitaux culturel, économique et politique, afin de mieux saisir les rapports de force à l'intérieur de chacun, ainsi qu'entre eux. Les indices du capital culturel sont le soutien éducatif (la présence d'établissements scolaires où l'enseignement se fait dans la langue du groupe et la gestion de ceux-ci), l'accessibilité des *mass media* et la disponibilité de ressources culturelles variées dans la langue du groupe ethnolinguistique. Le capital économique comprend le contrôle des entreprises, la langue de travail et les niveaux d'occupation ou la répartition des revenus chez les membres du groupe. Enfin, font partie du capital politique le degré de représentation du groupe ethnolinguistique dans le gouvernement, le degré d'emploi de la langue du groupe dans les services publics et les droits linguistiques collectifs et individuels[26].

Le problème des ressources nécessaires à leur épanouissement est particulièrement saillant pour les minorités ethnolinguistiques. Sur chaque territoire[27], un rapport de force s'établit entre la communauté linguistique majoritaire et la communauté linguistique minoritaire pour chacun des capitaux[28]. Puisque ce rapport de force varie en fonction des capitaux et des régions, les dynamiques langagières intergroupes sont souvent différentes d'une région à une autre, ce qui influe tant sur le vécu langagier des membres d'une communauté minoritaire que sur leur développement psycholangagier. Cet état de choses permet de comprendre pourquoi Trépanier[29] estime que l'« Acadie des Maritimes » ou de l'Atlantique est un mythe et qu'il faudrait plutôt parler, vu leurs différences, des « Acadies des Maritimes » ou de l'Atlantique.

[25] Prujiner, A., Deshaies, D., Hamers, J.F., Blanc, M., Clément, R. et Landry, R., *Variation du comportement langagier lorsque deux langues sont en contact*, Québec, Qc, Centre international de recherches sur le bilinguisme, 1984.

[26] *Ibid.*

[27] On peut définir le territoire de diverses façons : le pays, la province, le comté, la ville, la localité, ou encore une région regroupant des provinces, des comtés, et ainsi de suite.

[28] Prujiner, *op. cit.*

[29] Trépanier, C., « Le mythe de "L'Acadie des Maritimes" », dans Claval, P. (dir.), *Géographie et cultures*, Paris, L'Harmattan, 1996, p. 55-74. Disponible en ligne : http://www.fl.ulaval.ca/cefan/franco/.

Comment ces différences de VE et dans les rapports de force influencent-elles le vécu sociolangagier et le développement psycholangagier de la population acadienne et francophone ?

III. VE, vécu sociolangagier et développement psycholangagier : un modèle intégrateur

Notre modèle des facteurs déterminants du développement bilingue intègre la VE, le vécu sociolangagier et le développement psycholangagier.

Figure 2. Modèle des déterminants du bilinguisme additif et du bilinguisme soustractif

L1 ← L1 – L2 → L2

Niveau sociologique
VITALITÉ ETHNOLINGUISTIQUE
Capital démographique
Capital politique
Capital économique
Capital culturel

Niveau socio-psychologique
RÉSEAU INDIVIDUEL DE CONTACTS LINGUISTIQUES
Contacts interpersonnels
Contacts par les médias
Scolarisation
Paysage linguistique

Niveau psychologique
APTITUDES/COMPÉTENCES
DISPOSITION COGNITIVO-AFFECTIVE
(Croyances et identité)

COMPORTEMENT LANGAGIER

ADDITIF
TYPE ET DEGRÉ DE BILINGUISME
SOUSTRACTIF

Unilingue L1	Bilingue dominant L1	Bilingue équilibré	Bilingue dominant L2	Unilingue L2

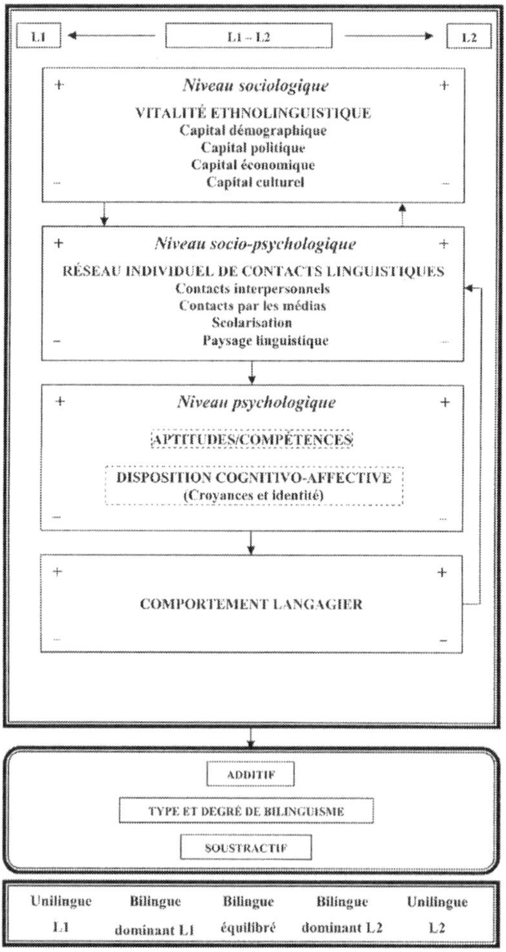

En résumé, le modèle propose quatre hypothèses : la VE relative du groupe ethnolinguistique (soit le rapport entre les ressources de la minorité et de la majorité sur le plan sociologique) produit un effet sur le vécu sociolangagier des membres du groupe, ce vécu a des incidences sur le développement psycholangagier de ces derniers, lequel influence à son tour leurs comportements langagiers. Enfin, il y a rétroaction du développement psycholangagier et du comportement langagier sur leur vécu sociolangagier.

Voyons quelles sont les variables du modèle à chacun des trois niveaux d'analyse. Sur le plan sociologique, nous retrouvons les facteurs de VE démographique, politique, économique et culturelle définis ci-dessus.

Sur le plan sociopsychologique, les variables retenues permettent d'apprécier le vécu sociolangagier des membres de la minorité ethnolinguistique. Les premiers contacts avec la langue se font dans la famille, puis avec les amis, les voisins et d'autres membres de la communauté ou de la région : il s'agit du réseau interpersonnel de contacts linguistiques. Les contacts par la voie des médias électroniques, comme la télévision et la radio, font aussi partie de ce vécu sociolangagier. L'expérience langagière vécue dans les établissements d'enseignement, tant dans les activités de scolarisation que dans les activités parascolaires, constitue une troisième composante de ce vécu[30]. Les contacts avec divers éléments langagiers du paysage ou de l'environnement visuel, comme l'affichage public et commercial, sont également considérés.

Sur le plan psychologique du modèle entrent en jeu les variables du développement psycholangagier et du comportement langagier dans les contextes où un contact s'établit entre une minorité linguistique et une majorité linguistique. Les compétences langagières trouvent application tant dans la communication orale que dans les tâches cognitivo-académiques, lesquelles sont plus exigeantes. La vitalité ethnolinguistique subjective[31] comporte les représentations des ressources dont dispose le groupe ethnolinguistique. Le désir d'intégration traduit la volonté de s'intégrer au groupe ethnolinguistique et l'identité ethnolinguistique est la manifestation du degré auquel on se perçoit comme faisant partie du groupe. Ces représentations et croyances se situent sur

---

[30] Nous avons adapté cet aspect du modèle pour une étude menée auprès d'adultes du Nouveau-Brunswick. En plus du vécu relié à leur scolarisation, ceux-ci ont un vécu sociolangagier relié notamment à leurs contacts avec les services gouvernementaux et à leurs activités sur le marché du travail et dans les établissements commerciaux.

[31] Bourhis, R.Y., Giles, H. et Rosenthal, D., « Notes on the construction of a "Subjective vitality questionnaire" for ethnolinguistic groups », *Journal of Multilingual and Multicultural Development*, 2, 1981, p. 145-155.

un continuum cognitivo-affectif, les représentations des ressources et l'identité ethnolinguistique représentant respectivement les extrémités cognitive et affective de ce continuum. Le développement psycholangagier et le comportement langagier reflètent le type de bilinguisme acquis.

Le modèle incorpore les notions de bilinguisme additif et de bilinguisme soustractif mises de l'avant par Lambert[32]. Ce chercheur a voulu montrer que ce sont les conditions dans lesquelles une deuxième langue est apprise qui sont les principales causes des conséquences positives ou négatives associées au développement bilingue. Pour lui, il y a bilinguisme additif lorsque les conditions favorisent l'apprentissage et le maintien de la langue maternelle tout en permettant l'apprentissage et l'emploi de la langue seconde ; il y a bilinguisme soustractif lorsque l'apprentissage de la langue seconde se fait au détriment de la langue maternelle. Landry et Allard[33] estiment qu'il est important de considérer le bilinguisme additif et le bilinguisme soustractif comme des variétés de bilinguisme situées sur un continuum ayant à une extrémité l'unilinguisme dans la langue maternelle et, à l'autre, l'unilinguisme dans la langue seconde. Le bilinguisme additif complet se situe au milieu de ce continuum. On le définit comme suit :

> Un bilinguisme additif complet se refléterait dans : a) un niveau élevé des compétences communicationnelles et cognitivo-académiques dans les langues maternelle et seconde, b) le maintien d'une forte identité ethnolinguistique et des croyances positives concernant sa culture et sa langue maternelle tout en gardant des attitudes d'ouverture et positives envers sa langue seconde et la culture de ce groupe, c) la possibilité d'employer sa langue sans diglossie, c'est-à-dire sans que sa langue soit employée dans des domaines d'activité et des rôles sociaux moins valorisés[34].

A. *Principaux apports des analyses en fonction de la VE acadienne et francophone*

Nous avons présenté ailleurs une synthèse des résultats de nos recherches sur le vécu sociolangagier et le développement psycholangagier en relation avec la VE en orientant notre réflexion sur les commu-

---

32 Lambert, W.E., « Culture and language as factors in learning and education », in Wolfgang, A. (ed.), *Education of Immigrant Students*, Toronto, Ontario Institute for Studies in Education, 1975, p. 55-83.

33 Landry, R. et Allard, R., « L'assimilation linguistique des francophones hors Québec : le défi de l'école française et le problème de l'unité nationale », *Revue de l'Association canadienne de langue française*, 16(3), 1988, p. 38-53.

34 *Ibid.*, p. 40.

nautés francophones minoritaires du Canada dans leur ensemble[35]. Nos études ont porté sur toutes les provinces canadiennes et se sont étendues aux États-Unis d'Amérique, soit au Maine[36] et à la Louisiane[37], où vivent des populations francophones relativement denses. Nous ciblons ici ces mêmes liens, mais tels qu'ils ont été analysés dans le cadre d'études empiriques réalisées dans les communautés acadiennes et francophones de l'Atlantique.

B. Les incidences de la VE acadienne et francophone

Nos études empiriques de ces liens ont visé tantôt des adultes acadiens et francophones du Nouveau-Brunswick et de la Nouvelle-Écosse[38] tantôt des élèves fréquentant des écoles francophones ou bilingues des Maritimes[39] [40] ou d'une seule province de la région atlantique[41]. Les études qui illustrent les incidences de la VE acadienne et francophone la définissent sur un continuum allant de faible à fort.

---

[35] Landry, R. et Allard, R., « Vitalité ethnolinguistique : une perspective dans l'étude de la francophonie canadienne », in Erfurt, J. (dir.), *De la polyphonie à la symphonie : Méthodes, théories et faits de la recherche pluridisciplinaire sur le français au Canada*, Leipzig, Leipziger Universitätsverlag, 1996, p. 61-87.

[36] Landry, R. et Allard, R., « Subtractive bilingualism : The case of Franco-Americans in Maine's St. John Valley », *Journal of Multilingual and Multicultural Development*, 13, 1992, p. 515-544.

[37] Landry, R., Allard, R. et Henry, J., « French in South Louisiana : Towards language loss », *Journal of Multilingual and Multicultural Development*, 17, 1996, p. 442-468.

[38] Pour le Nouveau-Brunswick, voir Landry, R., « Diagnostic sur la vitalité de la communauté acadienne du Nouveau-Brunswick », *Égalité*, 36, 1994, p. 11-39 ; Landry, R. et Allard, R., *Profil sociolangagier des francophones du Nouveau-Brunswick*, Moncton, Centre de recherche et de développement en éducation, Université de Moncton, 1994 ; « Profil sociolangagier des Acadiens et francophones du Nouveau-Brunswick », *Études canadiennes/Canadian Studies*, 37, 1994, p. 211-236 ; Voir, pour la Nouvelle-Écosse, Deveau, K., Clarke, P. et Landry, R., « Écoles secondaires de langue française en Nouvelle-Écosse : des opinions divergentes », *Francophonies d'Amérique*, n° 18, 2004, p. 93-105.

[39] Les Maritimes comprennent l'Île-du-Prince-Édouard, le Nouveau-Brunswick et la Nouvelle-Écosse, à l'exclusion de Terre-Neuve et Labrador.

[40] Pour des études portant sur des échantillons en provenance des Maritimes, voir Landry, R. et Allard, R., « Ethnolinguistic vitality and the bilingual development of minority and majority group students », in Fase, W., Jaspaert, K. et Kroon, S. (eds.), *Maintenance and Loss of Minority Languages*, Amsterdam, Benjamins, 1992, et Allard, R. et Landry, R., « Ethnolinguistic vitality beliefs and language maintenance and loss », in Fase, W., Jaspaert, K. et Kroon, S. (eds.), *Maintenance and Loss of Minority Languages*, Amsterdam, Benjamins, 1992.

[41] Voir, pour le Nouveau-Brunswick, Landry, R. et Allard, R. « The Acadians of New Brunswick : demolinguistic realities and the vitality of the French language », *International Journal of the Sociology of Language*, 105/106, 1994, p. 181-215, et Allard,

La variabilité de la VE démographique acadienne et francophone est considérable dans les provinces de la région atlantique aussi bien sur le plan des nombres absolus[42] que sur celui des proportions (Statistique Canada). À Terre-Neuve et Labrador, les francophones (n = 2 515 ; 0,5 % de la population) représentent 3,4 et 2 %, respectivement, de la population de deux divisions de recensement et moins de 0,5 % dans chacune des huit autres. À l'Île-du-Prince-Édouard, les Acadiens et francophones (n = 6 110 ; 4,6 %) représentent entre 1,1 et 9,4 % de la population des trois comtés de la province. En Nouvelle-Écosse, les Acadiens et francophones (n = 36 745 ; 4,1 % de la population) représentent entre 23,9 et 34,3 % de la population dans trois comtés, 15,6 % dans un comté et entre 0,6 et 4,1 % dans 14 comtés. Enfin, au Nouveau-Brunswick, la population acadienne et francophone (n = 242 065 ; 33,6 % de la population) représente entre 75,3 à 94,9 % de la population dans trois comtés, entre 42,9 et 64,5 % dans trois autres, 27,8 % dans un comté et entre 1,7 et 9,8 % dans huit comtés.

Au Nouveau-Brunswick, nos recherches sur la VE nous ont permis de définir trois grands profils[43] de vécu sociolangagier et de développement psycholangagier. Règle générale, le vécu sociolangagier et le développement psycholangagier reflètent les différences dans la VE acadienne et francophone des différentes régions de la province. La VE est forte dans le Nord-Est et dans le Nord-Ouest du Nouveau-Brunswick. Le vécu sociolangagier au sein de la population de ces

---

R. et Landry, R., « French in New Brunswick », in Edwards, J. (ed.), *Language in Canada*, Cambridge, Cambridge University Press, 1998 ; pour la Nouvelle-Écosse, Landry, R. et Allard, R., « Langue de la scolarisation et développement bilingue : le cas des Acadiens et francophones de la Nouvelle-Écosse », Canada, DiversCité Langues, 5, 2000, [En ligne], Disponible : http://www.teluq.uquebec.ca/diverscite, et Allard, R., Landry, R. et Deveau, K., *Profils sociolangagiers d'élèves francophones et acadiens de trois régions de la Nouvelle-Écosse*, Port-Acadie, 4, 2003, p. 89-124 ; et pour Terre-Neuve et Labrador, Landry, R. et Magord, A., « Vitalité de la langue française à Terre-Neuve et Labrador : les rôles de la communauté et de l'école », *Éducation et Francophonie*, 20(2), 1992, p. 3-23, et Magord, A., Landry, R. et Allard, R., « La vitalité ethnolinguistique de la communauté franco-terreneuvienne de la péninsule de Port-au-Port : une étude comparative », in Magord, A. (dir.), *Les Franco-Terreneuviens de la péninsule de Port-au-Port : Évolution d'une identité franco-canadienne*, Moncton, N.-B., Chaire d'études acadiennes, Université de Moncton, 2002.

[42] Les nombres et les proportions présentés dans ce paragraphe incluent les personnes qui ont dit avoir le français comme langue maternelle ainsi que celles qui ont déclaré avoir le français et l'anglais comme langues maternelles.

[43] Les profils sont établis à partir des scores moyens des groupes sur les différentes variables. Ces moyennes sont des mesures de tendance centrale. Il est important de retenir qu'elles ne décrivent pas la variabilité des scores des personnes qui ont participé aux enquêtes.

régions est franco-dominant et le développement psycholangagier traduit des représentations d'une VE acadienne et francophone forte, un désir dominant de s'intégrer à cette communauté et de contribuer à son épanouissement, une identité acadienne ou francophone très marquée et des compétences orales et cognitivo-académiques étendues en français. La VE est faible dans le Centre et le Sud-Ouest de la province. Le vécu sociolangagier au sein de la population acadienne et francophone de ces régions est anglo-dominant dans tous les domaines. Le développement psycholangagier traduit des représentations d'une communauté acadienne et francophone dont la VE est faible, un faible désir de s'intégrer à cette communauté et de contribuer à son développement, une identité acadienne et francophone peu marquée et des compétences modérément fortes ou faibles en français. Le vécu sociolangagier et le développement psycholangagier de la population acadienne et francophone du Sud-Est de la province, région où la VE acadienne et francophone est modérée, se situent entre ces deux extrêmes. Ici, les contacts langagiers dans la famille sont franco-dominants, mais les autres aspects du vécu sociolangagier sont bilingues ou anglo-dominants. Le fait qu'environ 94 % de la population acadienne et francophone réside dans le Nord-Est, le Nord-Ouest et le Sud-Est contribue à la VE acadienne et francophone. Les Acadiens et francophones vivant en situation de très faible VE sont beaucoup moins nombreux. De plus, dans les principales villes des régions où la VE francophone est très faible, nommément Fredericton, Saint-John et Miramichi, des centres scolaires communautaires contribuent à créer une vie communautaire française et à scolariser les enfants en français.

L'étude menée en Nouvelle-Écosse[44] montre que, selon le recensement de 1996, les indices de la VE acadienne et francophone des deux principales régions acadiennes, Chéticamp (sous-division A du comté d'Inverness : 44,1 % de francophones) et Isle-Madame (sous-division C du comté de Richmond : 54,8 %) dans le Nord-Est de la province et Clare (71,2 % de francophones) et Argyle (55,7 %) dans le Sud-Ouest, sont plus forts que ceux de la région métropolitaine d'Halifax (3,2 % de francophones). Les profils du vécu sociolangagier et du développement psycholangagier des élèves des deux principales régions acadiennes sont, dans l'ensemble, plutôt similaires. Mais malgré la présence de pourcentages relativement élevés d'Acadiens et de francophones dans ces régions, leurs profils ressemblent au profil de faible VE acadienne et francophone au Nouveau-Brunswick. L'absence jusqu'en 2001 d'écoles secondaires homogènes de langue française dans ces régions – les écoles

---

[44] Allard, R., Landry, R. et Deveau, K., « Profils sociolangagiers d'élèves francophones et acadiens de trois régions de la Nouvelle-Écosse », *Port Acadie*, 4, 2003, p. 89-124.

étaient bilingues ou mixtes au moment de l'enquête – a sans doute contribué à cette situation. Le profil de la région métropolitaine est particulier. Malgré sa proportion peu élevée de francophones et d'Acadiens, les origines québécoises et le vécu sociolangagier très franco-dominant d'une proportion considérable de la population francophone[45] et la présence d'un centre scolaire-communautaire francophone renforcent le vécu franco-dominant des élèves et favorisent le développement psycholangagier en français. Comme dans le cas du Nouveau-Brunswick, la présence d'un centre scolaire-communautaire favorise les rencontres où le français prédomine, malgré une dispersion non négligeable de la population acadienne et francophone dans un grand centre urbain.

À Terre-Neuve et Labrador, nos études ont porté sur des élèves francophones du niveau secondaire de trois régions : les élèves surtout québécois du Labrador, ceux du programme bilingue de l'école secondaire de Cap-Saint-Georges[46] et ceux du centre scolaire-communautaire de Sainte-Anne à la Grand'Terre sur la péninsule de Port-au-Port[47]. Une nouvelle route permet maintenant de regrouper des élèves de Cap-Saint-Georges et de la Grand'Terre dans un même centre scolaire-communautaire. Le soutien et le contrôle institutionnels – la présence d'un centre scolaire-communautaire en l'occurrence – constituent un facteur sociostructurel décisif de la VE. Les compétences orales et cognitivo-académiques des élèves qui fréquentent l'école française homogène du centre scolaire-communautaire sont supérieures à celles des élèves de l'ancien programme bilingue. Toutefois, dans ces régions où la VE francophone est très faible, le vécu sociolangagier franco-dominant qu'offre l'école française ne réussit pas à contrebalancer la réalité anglo-dominante dans les contacts interpersonnels au sein de la famille et au cœur des diverses sphères de l'activité économique, culturelle et politique.

Aucune de nos études n'a porté exclusivement sur la province de l'Île-du-Prince-Édouard. Aussi avons-nous incorporé les données des

---

45 Une proportion significative de la population francophone d'Halifax y habite à cause de la présence d'une base des forces navales du Canada. Ces militaires francophones proviennent majoritairement de la province de Québec, où plus de 80 % de la population est de langue maternelle française.

46 Landry, R. et Magord, A., « Vitalité de la langue française à Terre-Neuve et Labrador : les rôles de la communauté et de l'école », *Éducation et Francophonie*, 20(2), 1992, p. 3-23.

47 Magord, A., Landry, R. et Allard, R., « La vitalité ethnolinguistique de la communauté franco-terreneuvienne de la péninsule de Port-au-Port : une étude comparative », in Magord, A. (dir.), *Les Franco-Terreneuviens de la péninsule de Port-au-Port : Évolution d'une identité franco-canadienne*, Moncton, N.-B., Chaire d'études acadiennes, Université de Moncton, 2002.

élèves acadiens et francophones de la principale région acadienne de cette province – Évangéline – à notre étude sur les Maritimes. Les données des élèves de l'Île-du-Prince-Édouard font partie des données du groupe de faible VE acadienne ou francophone.

Bref, la VE influence le développement bilingue de la population acadienne et francophone des provinces atlantiques. Là où la VE est forte – dans le Nord-Est et le Nord-Ouest du Nouveau-Brunswick –, le bilinguisme de la population est généralement faible, mais il est additif. Dans le Sud-Est du Nouveau-Brunswick, la VE est modérée et le bilinguisme est, en moyenne, légèrement soustractif. Ailleurs au Nouveau-Brunswick, en Nouvelle-Écosse, à l'Île-du-Prince-Édouard et à Terre-Neuve et Labrador, le bilinguisme est en moyenne soustractif et, parfois, très soustractif. Les écoles homogènes françaises et les familles dans lesquelles un ou deux parents parlent le français s'efforcent de freiner les incidences de la très forte VE anglaise dans leurs régions sur l'apprentissage et le maintien de la langue et de la culture françaises.

Quelles sont les limites et les prospectives de la recherche intégrant la VE ? Mentionnons-en quelques-unes.

IV. Limites et prospectives

A. Première limite et prospectives

Selon Harwood *et al.*, les évaluations objectives des facteurs de la VE ont rempli de façon satisfaisante les fonctions jugées nécessaires et utiles pour décrire, analyser et comparer les VE de groupes ethnolinguistiques objets d'études sociolinguistiques et sociopsychologiques[48]. Malgré l'apport remarquable du concept de VE, il importe d'en reconnaître les limites. On ne saurait passer sous silence la critique – toujours actuelle – qu'en ont fait Husband et Khan[49] : ils estiment que les indices de VE proposés par Giles *et al.* (1977) au regard du soutien institutionnel dans les domaines économique, politique et culturel sont difficilement mesurables ou quantifiables. À l'exception de la vitalité démographique, dont les différents indices sont définis à partir de données de

[48] Harwood, J., Giles, R. et Bourhis, R.Y., « The genesis of vitality theory : Historical patterns and discoursal dimensions », *International Journal of the Sociology of Language*, 108, 1994, p. 167-206.

[49] Husband, C. et Kahn, S., « The viability of ethnolinguistic vitality : Some creative doubts », *Journal of Multilingual and Multicultural Development*, 3, 1982, p. 193-205.

recensement[50], il s'est avéré difficile pour les spécialistes de trouver un consensus sur la façon de définir les indices quantitatifs qui permettraient d'évaluer dans une grande diversité de contextes les ressources économiques, politiques et culturelles de groupes majoritaires et minoritaires en situation de contact. C'est d'ailleurs la raison pour laquelle les chercheurs qui ont étudié la VE objective de divers groupes ethnolinguistiques décrivent de façon relativement détaillée les ressources démographiques des groupes et de façon succincte leurs ressources économiques, politiques et culturelles. Ils concentrent ensuite leurs efforts sur l'étude des perceptions de ces ressources, c'est-à-dire la VE subjective, puisque c'est en fonction de leurs perceptions de ces ressources que les groupes se mobilisent ou adaptent leurs comportements langagiers.

Afin d'améliorer cette situation, les spécialistes qui étudient la VE tentent de créer des outils et d'élaborer des indices qui permettraient de mieux décrire et évaluer la VE objective de groupes minoritaires et majoritaires en contact[51]. Mais plus de recherche est nécessaire, non seulement en ce qui a trait à la validité des indices mais pour saisir les dynamiques des interactions entre les différentes ressources qui traduisent la VE objective.

B. Deuxième limite et prospectives

Les analyses qui ont permis de montrer les influences de la VE en milieu linguistique minoritaire cachent des exceptions qu'on ne saurait négliger[52]. En effet, nos données montrent que, dans les communautés visées par ces études, des membres de la minorité linguistique maintiennent leur langue et leur culture et affirment leur identité ethnolinguistique, indépendamment de la VE française de leur communauté. Ils contribuent ainsi à la survie et à l'épanouissement de leur communauté, parfois dans des conditions où les ressources démographiques, politiques, économiques et culturelles sont très limitées. Quels facteurs permettraient de décrire et de comprendre ces comportements si cru-

---

[50] Soulignons que les données démographiques recherchées ne sont pas connues dans tous les pays et que leur validité peut varier.

[51] Voir Bourhis, R.Y., « Reversing language shift in Quebec », in Fishman, J. (ed.), *Can Threatened Languages be Saved ?*, Clevedon, Avon, England, Multilingual Matters, 2001, p. 101-141 ; Bourhis, R.Y. et Lepicq, D., « La vitalité des communautés francophone et anglophone du Québec : Bilan et perspectives depuis la loi 101 », *Cahier de recherche n° 11*, Montréal, Chaire Concordia-UQAM en études ethniques, 2004 ; Gilbert, A., Langlois, A., Landry, R. et Aunger, E., « L'environnement et la vitalité communautaire des minorités francophones : vers un modèle conceptuel », *Francophonies d'Amérique*, n° 20, 2005, p. 51-61.

[52] Les moyennes dégagées par les analyses statistiques sont des mesures de tendances centrales. Elles ne permettent pas d'apprécier la variabilité des réponses recueillies.

ciaux pour la survie et l'épanouissement des communautés acadiennes et francophones de la région atlantique ?

Dans notre modèle des facteurs déterminants du développement bilingue, le vécu sociolangagier ou socialisant que nous avons décrit et analysé ci-dessus a été défini uniquement en fonction de la fréquence relative des contacts avec la langue de la minorité et la langue de la majorité, et non en fonction d'autres caractéristiques, plus qualitatives celles-là, de ces contacts. Cette limite incite à chercher à définir des facteurs qui contribueraient de façon particulière au maintien de la langue et à l'affirmation de l'identité ethnolinguistique chez des membres de communautés minoritaires.

V. Vers un modèle de l'autodétermination en milieu minoritaire

Dans la plus récente formulation de notre modèle du comportement ethnolangagier autodéterminé[53], les vécus autonomisant et conscientisant s'ajoutent au vécu sociolangagier ou socialisant de notre modèle des facteurs déterminants du développement bilingue. Nous formulons l'hypothèse que les vécus autonomisant et conscientisant mèneraient respectivement à l'autodétermination langagière et au comportement ethnolangagier engagé en milieu minoritaire.

Selon la théorie de l'autodétermination[54], les expériences qui contribuent à la satisfaction de trois besoins *fondamentaux* – autonomie, compétence et appartenance – influencent la motivation d'agir et favorisent le développement de l'autonomie et de l'autodétermination des comportements. Ce *vécu autonomisant* contribuerait au développement de motivations intégrées et intrinsèques[55] en ce qui concerne le comportement langagier dans la langue de la minorité. Selon cette théorie, le type de motivation est aussi important que le degré de motivation, si l'on valorise le développement de l'autonomie personnelle.

---

[53] Landry, R., Allard, R., Deveau, K. et Bourgeois, N., « Autodétermination du comportement langagier en milieu minoritaire : un modèle conceptuel », *Francophonies d'Amérique*, n° 20, 2005, p. 63-77.

[54] Deci, E.L. et Ryan, R., *Intrinsic Motivation and Self-Determination in Human Behavior*, New York, Plenum Press, 1985 ; « The "what" and "why" of goal pursuits : Human needs and the self determination of behavior », *Psychological Inquiry*, 11, 2000, p. 227-268 ; *Handbook of Self-Determination Research*, Rochester, NY, University of Rochester Press, 2002.

[55] Voir Deveau, K., Landry, R. et Allard, R., « Motivation langagière des élèves acadiens » (contribution dans le présent volume).

Le *vécu ethnolangagier conscientisant* comprend les expériences qui amènent une meilleure compréhension et une plus grande sensibilisation à l'égard de son groupe ethnolinguistique, de sa langue ou de sa culture (voir Allard, Landry et Deveau, 2005). Sont compris parmi ces expériences, les comportements d'autrui manifestant des attitudes négatives ou positives envers soi ou à l'égard d'autres membres de son groupe ou de sa langue et de sa culture, l'observation de personnes qui valorisent la langue et la culture de son groupe, qui affirment leur identité acadienne et francophone et qui revendiquent des droits pour le groupe, ainsi que les apprentissages faits dans le cadre d'activités éducatives formelles ou informelles. La personne qui vit de telles expériences est susceptible d'améliorer ses habiletés d'analyse critique et, conséquemment, sa capacité de mieux comprendre les enjeux linguistiques. En définitive, l'amélioration des habiletés d'analyse critique et de la capacité de mieux comprendre les enjeux en relation avec la survie et l'épanouissement du groupe dépendront d'interventions éducatives visant à procurer des outils pour analyser de façon critique les facteurs en jeu dans les rapports de force entre la minorité et la majorité.

Une étude récente montre que, en milieu minoritaire acadien et francophone, le vécu conscientisant varie lui aussi en fonction de la VE[56]. Des analyses préliminaires montrent que cette relation est moins forte que celle de la VE avec le vécu sociolangagier. Plus la VE acadienne et francophone est forte, plus les élèves ont des occasions d'observer des comportements de valorisation de leur langue et de leur culture, d'affirmation ethnolangagière ou de revendication des droits de leur minorité.

Un *vécu conscientisant* qui permet de développer une conscience critique des rapports de force qui s'exercent entre son groupe (la minorité) et la majorité peut mener au *comportement ethnolangagier engagé*. En milieu ethnolinguistique minoritaire, ce comportement comprend, au regard de la langue et de la culture de son groupe ethnolinguistique, des actes de valorisation, d'affirmation de soi et de revendication[57]. Les données de notre étude montrent que plus la VE acadienne et francophone est forte plus les élèves valorisent leur langue et leur culture, s'affirment ethnolangagièrement et participent à des activités de revendication des droits de leur minorité. D'ailleurs, une étude récente établit

---

[56] Allard, R., Landry, R. et Deveau, K., « Vécu ethnolangagier conscientisant, comportement engagé et vitalité ethnolinguistique », *Francophonies d'Amérique*, n° 20, 2005, p. 95-109.

[57] *Ibid.*

que c'est le vécu conscientisant qui est le plus fortement relié au comportement langagier engagé[58].

Conclusion

Nous avons montré empiriquement que la VE des minorités acadiennes et francophones comporte des incidences significatives sur le vécu sociolangagier ou socialisant de même que sur le type de bilinguisme acquis par leurs membres. Nos recherches font ressortir le fait que plus la VE est faible plus le vécu sociolangagier ou socialisant est anglo-dominant et plus le type de bilinguisme est soustractif, autrement dit plus l'apprentissage et la maîtrise de l'anglais menacent les compétences en français, le désir d'intégrer la communauté acadienne et francophone ainsi que la force de l'identité acadienne et francophone. L'acquisition d'un bilinguisme additif propre à assurer le maintien et l'épanouissement des communautés acadiennes et francophones s'avère difficile, alors que l'acquisition d'un bilinguisme soustractif se renforce, contribuant à leur assimilation et menaçant parfois leur survie.

Nous avons aussi montré qu'un vécu conscientisant caractérise le vécu langagier d'Acadiens et de francophones qui, même dans les milieux où la VE acadienne et francophone est très faible, résistent à l'assimilation[59], valorisent leur langue et leur culture tout en affirmant leur identité acadienne et francophone. Le défi en milieu linguistique minoritaire consiste à promouvoir chez l'ensemble de la population les vécus qui animent une « vie communautaire »[60] susceptible de renforcer la VE acadienne et francophone et de contrecarrer, voire de renverser, les effets soustractifs d'une faible VE.

En milieu linguistique minoritaire où la VE est faible, le système d'éducation et la famille sont très souvent les principales institutions capables de garantir l'expérience d'un vécu sociolangagier ou socialisant en français. Il serait impérieux qu'ils renforcent considérablement

---

58 Landry, R., Allard, R., Deveau, K. et Bourgeois, N., *Self-Determination and the Psycholinguistic Development of Linguistic Minorities*, Communication présentée à la Second International Conference on Self-Determination Theory, Ottawa, Ontario, Université d'Ottawa, mai 2004.

59 Allard, R., « Résistance(s) en milieu francophone minoritaire au Canada. Exploration et analyse du phénomène à partir du vécu sociolangagier et du développement psycholangagier », *Francophonies d'Amérique*, 13, 2002, p. 7-29.

60 Fishman, J.A., *Language and Ethnicity in Minority Sociolinguistic Perspective*, Clevedon, Great Britain, Multilingual Matters, 1989 ; « What is reversing language shift (RLS) and how can it succeed ? », *Journal of Multicultural and Multilingual Development*, 11, 1990, p. 5-36 ; Fishman, J.A., *Can Threatened Languages be Saved* ?, Clevedon, Multilingual Matters, 2001.

dans leurs stratégies de socialisation les vécus d'autodétermination et de conscientisation. La synergie qui se dégage d'une socialisation dans laquelle sont optimalisés à la fois ces trois types de vécus langagiers servirait à favoriser l'acquisition d'un bilinguisme additif. Les partenariats entre la famille et l'école se révèlent essentiels pour accélérer l'atteinte de cet objectif.

Le défi de l'heure est toutefois plus considérable que celui d'assurer le bilinguisme additif d'une proportion donnée de membres des communautés acadiennes et francophones minoritaires. La VE de bon nombre de ces communautés, déjà faible, risque de s'affaiblir davantage. De nombreux facteurs sociostructuraux de la VE sont responsables de cette situation. Le phénomène de l'exogamie, pour ne nommer que celui-ci à titre d'exemple, crée des dynamiques langagières familiales qui font que la transmission intergénérationnelle du français n'est assurée que chez une faible proportion des enfants de ces couples[61], entraînant des pertes significatives sur le plan de la VE du groupe. Un processus de revitalisation ethnolinguistique des communautés acadiennes et francophones de faible VE s'impose et une véritable prise en charge collective du défi que cela représente doit être orchestrée[62]. Des interventions multiples menées de façon simultanée et concertée dans le cadre d'un partenariat global de collaboration doivent être envisagées[63].

---

61 Landry, R., *Libérer le potentiel caché de l'exogamie. Profil démolinguistique des enfants des ayants droit francophones selon la structure familiale*, Moncton, Institut canadien de recherche sur les minorités linguistiques, 2003.

62 Landry, R., Allard, R. et Deveau, K., « Revitalisation ethnolinguistique : un modèle macroscopique » (contribution dans le présent volume).

63 Landry, R. et Rousselle, S., *Éducation et droits collectifs : Au-delà de l'article 23 de la Charte*, Moncton, Éditions de la Francophonie, 2003.

Revitalisation ethnolinguistique : un modèle macroscopique[1]

Rodrigue LANDRY, Réal ALLARD
et Kenneth DEVEAU

Institut canadien de recherche
sur les minorités linguistiques, Canada
Université de Moncton, Canada
Université Sainte-Anne, Canada

Plusieurs tendances démolinguistiques attestent une vitalité décroissante de la francophonie minoritaire canadienne, c'est-à-dire les communautés francophones et acadiennes à l'extérieur du Québec. Alors qu'en 1951 ces communautés représentaient 7,3 % de la population canadienne hors Québec, elles n'en constituent plus que 4,4 % en 2001. Une proportion encore plus faible parle le français le plus souvent au sein de la famille (2,7 %).

Le degré de continuité linguistique (la proportion des francophones de langue maternelle qui parlent le français comme langue principale au foyer) chez ces minorités francophones varie considérablement selon les provinces et les territoires (de 89,5 % au Nouveau-Brunswick à 25,2 % en Saskatchewan), mais, globalement, il diminue de recensement en recensement[2]). Le taux de fécondité traditionnellement élevé (exemple 4,95 enfants par famille entre 1956 et 1961) est maintenant de

1 Cet article a été réalisé grâce à l'appui d'une subvention du Conseil de recherche en sciences humaines du Canada (410-00-0760).

2 Statistique Canada, « Profil des langues au Canada : l'anglais, le français et bien d'autres langues », *Recensement de 2001 : série « analyses »*, Catalogue n° 96F0030XIF2001005, 2002 ; Landry, R. et Rousselle, R., *Éducation et droits collectifs : Au-delà de l'article 23 de la Charte*, Moncton, Éditions de la Francophonie, 2003.

1,46 enfant par famille entre 1996 et 2001[3], soit inférieur au taux de remplacement de la population qui est de 2,1. Seule l'immigration peut assurer une croissance de la population. Toutefois, au Canada, les transferts linguistiques des allophones vers l'anglais dans les provinces et les territoires majoritairement anglophones sont de 21,0 % à 75,4 % en comparaison de 0,0 % à 3,6 % seulement vers le français[4].

De plus, le taux d'exogamie est en croissance ; 64 % des enfants qui constituent maintenant la clientèle scolaire cible des écoles de langue française à l'extérieur du Québec sont issus de familles dont un seul des parents est francophone[5]. Dans ces familles, seulement 22,6 % des enfants ont le français comme langue maternelle. L'incidence de l'exogamie est telle que, globalement, pour l'ensemble des enfants ayant le droit d'aller à l'école de langue française selon l'article 23 de la Charte canadienne des droits et libertés, seulement un enfant sur deux a le français comme langue maternelle[6].

Ces réalités démolinguistiques, et plusieurs autres d'ailleurs, nous permettent de conclure qu'il s'agit de tendances lourdes, difficilement réversibles. Pour les contrer, nous sommes d'avis qu'il faut plus que de la « résistance ». Il importe de passer à l'offensive et d'œuvrer directement à la « revitalisation » des communautés francophones et acadiennes. Il faut cependant être conscient que, dans le monde, les communautés ethnolinguistiques qui ont réussi à se revitaliser, c'est-à-dire à renverser les tendances vers l'assimilation (« *reversing language shift* » selon la conceptualisation de Fishman[7]), sont rares.

Nous avons souligné ailleurs les principaux défis de la revitalisation des communautés francophones minoritaires du Canada[8]. Nous décri-

---

3 Marmen, L. et Corbeil, J.-P., *Les langues au Canada : recensement de 2001*, Ottawa, ministère des Travaux publics et services gouvernementaux Canada, Patrimoine canadien et Statistique Canada, 2004.

4 Statistique Canada, *ibid.*

5 Gouvernement du Canada, *Le prochain acte : Un nouvel élan pour la dualité linguistique canadienne. Le plan d'action pour les langues officielles*, Ottawa, Gouvernement du Canada, 2003 ; Landry, R., *Libérer le potentiel caché de l'exogamie. Profil démolinguistique des enfants des ayants droit francophones selon la structure familiale*, Moncton, Institut canadien de recherche sur les minorités linguistiques/Commission nationale des parents francophones, 2003a.

6 Landry, R., *ibid.*

7 Fishman, J.A., « What is reversing language shift (RLS) and how can it succeed ? », *Journal of Multicultural Development*, 11, 1990, p. 5-36 ; Fishman, J.A., *Can Threatened Languages be Saved ?*, Clevedon, Multilingual Matters, 2001.

8 Landry, R., « Défis de la francophonie minoritaire canadienne : une perspective macroscopique », in Patrimoine canadien (dir.), *Perspectives canadiennes et françaises sur la diversité*, Ottawa, Gouvernement du Canada, 2005, p. 77-89 ; Landry, R. et

vons ici un modèle conceptuel macroscopique qui permet d'envisager l'ensemble des composantes d'un plan global de revitalisation ethnolinguistique. Selon le biologiste français Joël de Rosnay[9], un macroscope est un outil conceptuel qui vise la compréhension d'un phénomène dans sa globalité et sa complexité. Il permet de comprendre le tout et la place des parties dans le tout. Aussi la considération d'un ensemble de composantes en interaction dans un plan global de revitalisation ethnolinguistique permet-elle d'éviter le réductionnisme des perspectives et de planifier des actions concertées et synergiques. Le modèle théorique présenté ne prétend pas comprendre l'intégralité du phénomène analysé, mais illustre la nature globale et complexe de toute tentative de revitalisation d'une communauté ethnolinguistique minoritaire.

I. Un modèle macroscopique

Le modèle présenté à la figure 1 offre une perspective intergroupe. Il montre un rapport de force entre un endogroupe minoritaire et un exogroupe majoritaire, représenté par l'axe horizontal du modèle[10]. Ce rapport de force s'exerce au sein de la société, voire dans l'ensemble de la planète (c'est sûrement le cas pour deux langues internationales comme le français et l'anglais), et se manifeste de différentes façons tout le long d'un axe vertical qui relie le pôle « société/planète » à celui de l'« individu ». Cet axe vertical montre que les relations intergroupes se vivent à différents niveaux, du macrosocial au psychologique en passant par le microsocial.

Rousselle, R., *Éducation et droits collectifs : Au-delà de l'article 23 de la Charte*, Moncton, Éditions de la Francophonie, 2003.

9 De Rosnay, J., *Le macroscope : vers une vision globale*, Paris, Seuil, 1975.

10 La perspective d'un seul groupe minoritaire présentée dans le modèle a pour but de simplifier la conceptualisation des relations intergroupes et de focaliser sur la relation entre une minorité et un groupe dominant. Nous reconnaissons que la réalité dans beaucoup d'États-nations est celle d'un contact entre plusieurs groupes linguistiques sur un même territoire.

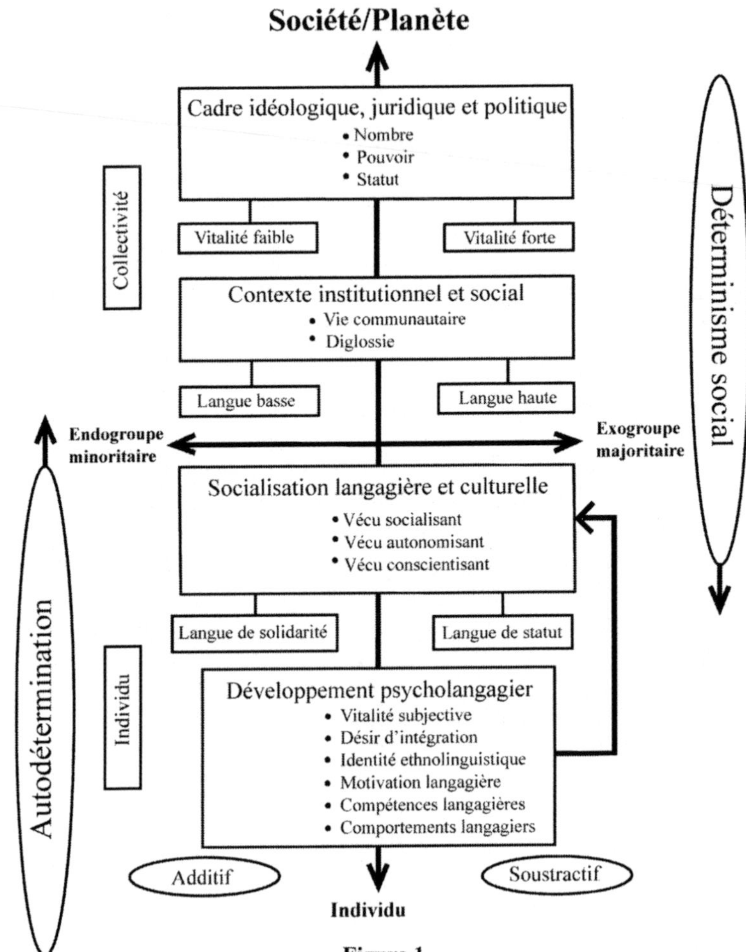

Figure 1
Modèle intergroupe de la revitalisation ethnolinguistique : une perspective macroscopique
(adapté de Landry, 2003 et de Landry et Allard, 1990)

II. Cadre idéologique, juridique et politique

Sur un premier plan macrosocial, on peut concevoir le rapport entre les groupes linguistiques dans un cadre idéologique, juridique et politique. Pour des raisons historiques, politiques ou géographiques, les minorités ethnolinguistiques peuvent recevoir de leurs pays différents appuis à leur épanouissement[11]. Selon Bourhis[12], les États-nations peuvent se situer sur un continuum idéologique par rapport au soutien qu'ils apportent à leurs minorités linguistiques, allant du pluralisme à l'ethnicisme (figure 2).

Le *pluralisme* se définit par une reconnaissance explicite et une forte valorisation des minorités et l'État joue un rôle actif d'appui à leur développement et à leur épanouissement.

Le *civisme* reconnaît les minorités dans le discours, mais considère le développement et l'épanouissement de celles-ci comme relevant du domaine privé, et donc de leur propre essor. Seules la langue ou les langues reconnues par l'État reçoivent un appui formel. Dans le cadre du modèle ici présenté, seul l'exogroupe majoritaire reçoit l'appui formel de l'État (services publics, éducation, etc.).

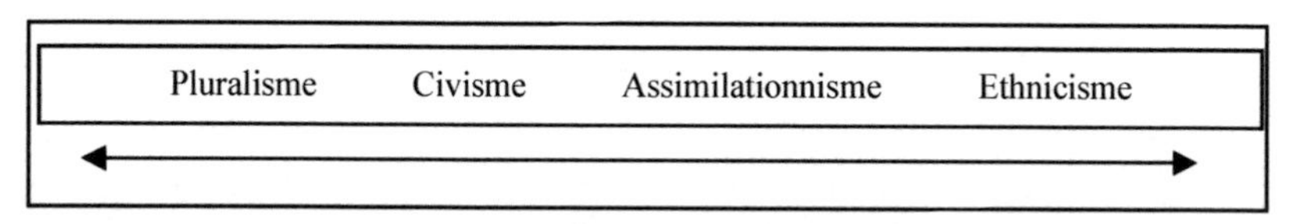

Figure 2. Continuum des orientations idéologiques des États-nations par rapport aux langues [adapté de Bourhis, 2001]

L'*assimilationnisme* vise, sous le prétexte bien souvent de vouloir assurer une meilleure cohésion sociale, l'assimilation linguistique et culturelle des minorités. Leur assimilation favorisera, estime-t-on, leur intégration dans la société.

Enfin, l'*ethnicisme* se caractérise par différentes formes de rejet d'un groupe minoritaire (voire d'un groupe démographiquement majoritaire mais à faible statut) et entend maximiser la distance sociale entre le groupe minoritaire et le groupe dominant. Dans ses formes les plus extrêmes, il risque de mener au génocide.

Selon le contexte idéologique prévalant, l'endogroupe minoritaire peut jouir de plus ou moins de droits linguistiques et bénéficier de plus ou moins de pouvoir politique qui lui permettra d'améliorer sa situation.

Au Canada, les minorités linguistiques de langue officielle, c'est-à-dire les anglophones du Québec et les francophones à l'extérieur du

[11] Skutnabb-Kangas, T., *Linguistic Genocide in Education or Worldwide Diversity and Human Rights*, Mahwah, New Jersey, Lawrence Erlbaum, 2000.

[12] Bourhis, R.Y., « Acculturation, language maintenance and language loss », in Klatter-Folmer, J. et Van Avermae, P. (dir.), *Language Maintenance and Language Loss*, Tilburg (The Netherlands), Tilburg University Press, 2001.

Québec, jouissent d'une reconnaissance de l'État dans la Constitution du pays qui, affirmant l'égalité de l'anglais et du français (voir particulièrement les articles 16 à 20 de la Charte canadienne des droits et libertés de 1982), oblige les gouvernements provinciaux et territoriaux à reconnaître le droit à l'enseignement dans la langue officielle minoritaire et à la gestion des établissements scolaires par la minorité (article 23 de la Charte). De plus, la loi sur les langues officielles de 1988 engage le gouvernement fédéral à favoriser et à promouvoir l'épanouissement des minorités de langue officielle (voir en particulier l'article 41 de cette loi qui dispose : « [l]e gouvernement fédéral s'engage à favoriser l'épanouissement des minorités francophones et anglophones du Canada et à appuyer leur développement ainsi qu'à promouvoir la pleine reconnaissance et l'usage du français et de l'anglais dans la société canadienne »)[13].

Il reste que toutes les communautés francophones et acadiennes du pays ne jouissent pas effectivement des mêmes droits. L'égalité du français et de l'anglais au Nouveau-Brunswick est inscrite dans la Charte canadienne des droits et libertés et cette province est unique à reconnaître celles-ci comme langues officielles. Une loi sur les langues officielles de cette province qui datait de 1969 a été révisée en 2002. Les provinces d'Ontario (1986), de l'Île-du-Prince-Édouard (1999) et de la Nouvelle-Écosse (2004) de même que les territoires du Nord-Ouest, le Yukon et le Nunavut ont voté des lois portant sur les services à la minorité francophone. Les services aux francophones peuvent donc varier selon les provinces et les territoires et, même, selon les régions. Les droits linguistiques reconnus sont généralement mieux respectés dans les régions à plus forte concentration francophone.

Il faut reconnaître que le Canada n'offre pas aux minorités allophones (celles ayant une langue autre que le français ou l'anglais) les mêmes privilèges que ceux qu'il accorde aux minorités de langue officielle. La loi sur le multiculturalisme canadien (1988) engage néanmoins le gouvernement fédéral « à reconnaître l'existence de collectivités dont les membres partagent la même origine et leur contribution à l'histoire du pays, et à favoriser leur développement » [alinéa 3 (1) *d)*]. Les allophones, au dernier recensement (2001), constituaient 18 % de la population canadienne[14].

---

[13] Un jugement récent de la Cour d'appel fédérale dans l'arrêt Agence canadienne de l'inspection des aliments contre Forum des maires de la péninsule acadienne (2004) affirmait que cette partie de la loi sur les langues officielles est déclaratoire et non exécutoire.

[14] Statistique Canada, *op. cit.*

En somme, selon les minorités linguistiques, le Canada se situerait entre le pluralisme et le civisme sur le continuum idéologique proposé par Bourhis[15]. À ce premier niveau du modèle, nous intégrons également trois variables sous-jacentes au concept de vitalité ethnolinguistique proposé par Giles, Bourhis et Taylor. Le *nombre*, le *pouvoir* et le *statut* sont trois variables ayant servi à de nombreuses études en psychologie sociale dans le domaine des relations intergroupes (par exemple celles de Sachdev et Bourhis[16]). Selon Giles *et al*[17], les communautés linguistiques ayant une forte présence démographique (le nombre), bénéficiant d'un large soutien institutionnel (le pouvoir) et jouissant d'un statut important sur les plans linguistique, social, économique et historique, demeurent des entités distinctes et actives dans leurs relations intergroupes. Les groupes faibles sur ces variables structurales auraient tendance à s'affaiblir et à s'assimiler au groupe dominant.

En résumé, comme le montre la figure 1, l'exogroupe majoritaire sera normalement caractérisé comme ayant une vitalité ethnolinguistique forte, alors que l'endogroupe minoritaire aura très souvent une vitalité ethnolinguistique faible, cette dernière étant toutefois tributaire du contexte idéologique vécu et de la présence des variables structurales régissant sa vitalité.

III. Contexte institutionnel et social

Le modèle propose sur un deuxième plan macrosocial – celui du contexte institutionnel et social – que la vitalité ethnolinguistique des groupes en contact s'exprime dans la dynamique de la « vie communautaire » des groupes. Selon Fishman[18], c'est lorsque la vie communautaire du groupe diminue que la langue cesse d'être transmise de génération en génération. Les personnes âgées sont alors les dernières à parler la

---

15 Bourhis, R.Y., « Acculturation, language maintenance and language loss », in Klatter-Folmer, J. et Van Avermae, P. (dir.), *Language Maintenance and Language Loss*, Tilburg, The Netherlands, Tilburg University Press, 2001.

16 Sachdev, I. et Bourhis, R., « Social categorization and power differentials in minority and majority group relations », *European Journal of Social Psychology*, 15, 1985, p. 415-434 ; Sachdev, I. et Bourhis, R., « Status differentials and intergroup behaviours », *European Journal of Social Psychology*, 17, 1985, p. 277-293 ; Sachdev, I. et Bourhis, R., « Power and status differentials in minority and majority group relations », *European Journal of Social Psychology*, 21, 1991, p. 1-24.

17 Giles, H., Bourhis, R.Y. et Taylor, D.M., « Towards a theory of language in ethnic group relations », in Giles, H. (dir.), *Language, Ethnicity and Intergroup Relations*, New York, Academic Press, 1977, p. 307-348.

18 Fishman, J.A., « What is reversing language shift (RLS) and how can it succeed ? », *Journal of Multicultural Development*, 11, 1990, p. 5-36 ; Fishman, J.A., *Can Threatened Languages be Saved ?*, Clevedon, Multilingual Matters, 2001.

langue du groupe, les jeunes étant peu nombreux à l'apprendre et encore moins nombreux à en faire usage au sein de la communauté. Déjà en 1964, Breton proposait le concept de « complétude institutionnelle » comme nécessité pour maintenir chez la minorité une vie de groupe. En conséquence, sans un minimum d'institutions ou d'espaces sociaux pouvant garantir l'usage de la langue et l'expression culturelle[19], la vie communautaire du groupe minoritaire risque de s'atténuer et de disparaître.

Lorsqu'un groupe minoritaire et un groupe dominant se côtoient, la relation intergroupe est souvent diglossique[20]. Dans une relation de *diglossie*, la langue du groupe minoritaire est considérée comme une « langue basse », acceptable dans des contextes informels d'amitié et de famille et dans des situations intragroupes. La langue majoritaire est une « langue haute » employée dans les fonctions formelles de la société et dans les contacts intergroupes.

Au Canada, dans les régions où le français est une langue minoritaire, les francophones vivent souvent une situation de diglossie. L'anglais est la langue haute et est la langue d'usage dans la plupart des contextes formels (services du gouvernement, commerces et industries, affichage commercial et public et dans les milieux sociaux qui regroupent francophones et anglophones). L'école de langue française obtenue grâce à l'article 23 de la Charte, mais parfois seulement à la suite de longues luttes judiciaires, est souvent la seule institution qui soit francodominante.

IV. Socialisation langagière et culturelle

La faible vitalité du groupe minoritaire et le caractère diglossique des relations intergroupes ont pour effet d'influencer fortement tout le vécu langagier des membres, c'est-à-dire l'ensemble de leur socialisation langagière et culturelle. À ce niveau-ci du modèle, il s'agit d'un phénomène microsocial que l'on peut mesurer pour chacun des membres de la communauté. Les deux premiers niveaux du modèle (voir figure 1) étaient d'ordre macrosocial puisque les interactions sont de nature sociétale, c'est-à-dire qu'elles concernent les institutions de la société ou

[19] Gilbert, A., *Espaces franco-ontariens*, Ottawa, Les Éditions du Nordir, 1999 ; Stebbins, R., *The French Enigma*, Calgary, Detselig Enterprises Ltd., 2001.

[20] Fishman, J.A., « Who speaks what language to whom and when », *La linguistique*, 2, 1965, p. 67-68 ; Landry, R. et Allard, R., « Vitalité ethnolinguistique et diglossie », *Revue québécoise de linguistique théorique et appliquée*, 8(2), 1989, p. 73-101 ; Landry, R. et Allard, R., « Diglossia, ethnolinguistic vitality, and language behavior », *International Journal of the Sociology of Language*, 108, 1994a, p. 15-42.

la vie communautaire des groupes en contact. Ce sont alors les collectivités qui sont en contact. Selon Ibanez[21], il faut comprendre que « l'hostilité entre les groupes s'insère dans l'histoire de leurs rapports, qu'elle se forge dans une durée qui n'est pas nécessairement celle de l'individu, et qu'elle a un caractère collectif plutôt qu'individuel [...] les inégalités de statut ont une inscription structurelle et macrosociale qu'il n'est pas facile d'altérer sans prendre des mesures qui soient, elles-mêmes, de cet ordre. » (p. 337).

La socialisation langagière et culturelle est un phénomène qui peut à l'occasion se vivre en groupe, mais que chaque individu vivra idiosyncratiquement, c'est-à-dire à sa façon. La faible vitalité et la diglossie langagière du groupe minoritaire ont néanmoins pour effet que le vécu dans la langue de l'endogroupe minoritaire sera souvent confiné à des domaines de « solidarité[22] », autrement dit aux situations d'intimité, aux contacts intragroupes et aux contacts sociaux informels. Par ailleurs, la langue du groupe majoritaire devient une « langue de statut » ; c'est elle qui domine les contacts intergroupes et qui sera principalement employée dans les domaines liés à la mobilité sociale. En d'autres termes, la langue minoritaire aura tendance à devenir une « langue privée » et celle du groupe dominant s'imposera comme « langue publique ». Par exemple, le Québec, pour maintenir la vitalité du français sur son territoire, n'a pas une politique qui vise l'assimilation des groupes allophones et anglophones au français, mais plutôt une politique qui fait du français la langue publique[23]. Par cette approche, on vise à faire du français la « langue de statut » du Québec.

Le modèle met en évidence trois types de vécus ethnolangagiers qui auront des effets distincts mais complémentaires sur le développement psycholangagier des membres d'un groupe linguistique minoritaire[24].

Le *vécu socialisant* se définit principalement par la fréquence des contacts avec chacune des langues. Ce type de socialisation tend à favoriser l'intériorisation des normes sociales du milieu, soit les règles

---

21 Ibanez, T., « Idéologies et relations intergroupes », in Bourhis, R.Y. et Leyens, J.-P. (dir.), *Stéréotypes, discrimination et relations intergroupes*, Liège, Mardaga, 1994, p. 321-346.

22 Fishman, J.A., « Who speaks what language to whom and when », *La linguistique*, 2, 1965, p. 67-68.

23 Bouchard, P. et Bourhis, R., (dir.), « L'aménagement linguistique au Québec : 25 ans d'application de la Charte de la langue française », *Revue d'aménagement linguistique*, Hors série, 2002.

24 Landry, R., Allard, R., Deveau, K. et Bourgeois, N., « Autodétermination du comportement langagier en milieu minoritaire : un modèle conceptuel », *Francophonies d'Amérique*, n° 20, 2005, p. 63-77.

qui régissent la conduite des membres du groupe selon les contextes. Un jeune, observant les normes en vigueur dans son groupe, pourra apprendre la règle voulant que la présence d'un seul membre du groupe dominant dans une rencontre sociale soit suffisante pour forcer l'usage de la langue majoritaire par toutes les personnes présentes. Ainsi, dans son voisinage, au sein de son cercle d'amis comprenant francophones et anglophones, il pourra faire un usage quasi exclusif de l'anglais pendant toute la durée de son enfance et de son adolescence, sans être nécessairement conscient des conséquences identitaires et langagières de son comportement.

La définition du *vécu autonomisant* se fonde sur la théorie de l'autodétermination de Deci et Ryan[25]. Selon cette théorie, tous les humains s'appliquent à satisfaire trois besoins fondamentaux : l'autonomie, la compétence et l'appartenance. L'être humain ressent le besoin inné d'être la source causale de ses comportements[26] et tous sont capables d'« *autopoiesis* », c'est-à-dire d'autorégulation et d'action autonome sur leur milieu[27]. Dès le plus jeune âge, il manifeste aussi le besoin d'efficacité, c'est-à-dire de produire les effets désirés sur son environnement[28]. Enfin, être social, il éprouve aussi le besoin naturel d'être avec d'autres humains et d'entretenir des relations positives et sécurisantes[29]. La théorie de l'autodétermination énonce que plus la personne vit dans un environnement qui lui permet d'opérer des choix et d'être à l'origine d'actions sur son milieu (autonomie), a des occasions de se mesurer à des défis optimaux, de bénéficier de rétroactions positives et valorisantes et de constater les progrès reliés à ses efforts (compétence) et peut cultiver des relations interpersonnelles positives et se sentir estimée et comprise (appartenance), plus sa motivation d'agir sera autodéterminée. Le comportement est autodéterminé lorsqu'il trouve sa source dans le « moi » et qu'il est congruent avec des valeurs et des principes person-

---

25 Deci, E.L. et Ryan, R., *Handbook of Self-Determination Research*, Rochester, New York, University of Rochester Press, 2002 ; Deci, E.L. et Ryan, R., « The "what" and "why" of goal pursuits : Human needs and the self determination of behavior », *Psychological Inquiry*, 11, 2000, p. 227-268 ; Deci, E.L. et Ryan, R., *Intrinsic Motivation and Self-Determination in Human Behavior*, New York, Plenum Press, 1985.

26 De Charms, R., *Personal Causation*, New York, Academic, 1968.

27 Maturana, H.R. et Varela, F.J., *The Tree of Knowledge : The Biological Roots of Human Understanding*, Boston, New Science Library, 1988.

28 White, R.W., « Motivation reconsidered : The concept of competence », *Psychological Review*, 66, 1959, p. 297-333.

29 Baumeister, R.F. et Leary, M.R., « The need to belong : Desire for interpersonal attachments as a fundamental human motivation », *Psychological Bulletin*, 117, 1995, p. 497-529.

nels. Ryan et Deci[30] affirment que le développement du sentiment d'appartenance favorise l'intégration au groupe et l'acceptation volontaire des valeurs et des normes du groupe.

Ainsi, suivant le modèle, plus les contacts avec des francophones et la langue française auront contribué à la satisfaction des besoins d'autonomie, de compétence et d'appartenance, plus forte sera l'identité francophone et plus autodéterminés seront la motivation et les comportements langagiers[31].

La définition du *vécu conscientisant* s'inspire des travaux de Paolo Freire[32] et du concept de la pédagogie de la conscientisation et de l'engagement[33]. Selon Freire, les êtres humains sont capables d'être conscients d'eux-mêmes et de leur existence dans le temps et dans l'espace. Le développement d'une « conscience critique » leur permet non seulement de s'adapter à leur environnement mais aussi de le transformer. Par le processus de conscientisation, les minorités et les opprimés peuvent acquérir cette conscience critique qui les amène à comprendre la légitimité et la stabilité de leurs situations personnelles et de groupe.

Le vécu ethnolangagier conscientisant favorise le développement d'une conscience critique ethnolangagière :

> La conscience critique ethnolangagière est la capacité de déterminer, d'observer et d'analyser de manière critique l'ensemble des facteurs qui influent favorablement ou non sur sa langue et sa culture, sur sa communauté

---

30 Ryan, R.M. et Deci, E.L., « On assimilating identities to the self : A self-determination theory perspective on internalisation and integrity within cultures », in Leary, M.R. et Tangney, J.P. (eds.), *Handbook of Self and Identity*, New York, The Guilford Press, 2003, p. 253-272.

31 Deveau, K., Landry, R. et Allard, R., « Au-delà de l'autodéfinition : composantes distinctes de l'identité ethnolinguistique », *Francophonies d'Amérique*, n° 20, 2005, p. 79-93 ; Landry, R., Allard, R., Deveau, K. et Bourgeois, N., « Self-determination and the psycholinguistic development of linguistic minorities », Communication à la Second International Conference on Self-Determination Theory, Ottawa, 2004.

32 Freire, P., *Pédagogie des opprimés*, Paris, Maspero, 1983.

33 Ferrer, C. et Allard, R., « La pédagogie de la conscientisation et de l'engagement : pour une éducation à la citoyenneté démocratique dans une perspective planétaire. Première partie : Portrait de la réalité sociale et importance d'une éducation à la conscientisation critique et à l'engagement », *Éducation et francophonie*, 30(2), 2002a, [En ligne] http://www.acelf.ca/revue/30-2/articles/04-ferrer-1.html ; Ferrer, C. et Allard, R., « La pédagogie de la conscientisation et de l'engagement : pour une éducation à la citoyenneté démocratique dans une perspective planétaire. Deuxième partie : La PCE : concepts de base, transversalité des objectifs, catégorisation des contenus, caractéristiques pédagogiques, obstacles et limites », *Éducation et francophonie*, 30(2), 2002b, [En ligne] http://www.acelf.ca/revue/30-2/articles/04-ferrer-2.html.

ainsi que sur la langue et la culture d'autres personnes et d'autres collectivités. Cette conscience critique permet d'approfondir la compréhension de ces phénomènes, en voyant d'un tout autre œil ses valeurs, ses croyances et ses systèmes de croyance[34].

Le vécu conscientisant peut prendre différentes formes. Il peut s'agir de l'observation de modèles qui valorisent la langue et la culture francophone, qui affirment leur identité ou qui revendiquent leurs droits. Il peut s'agir d'expériences personnelles positives ou négatives par rapport à sa langue et sa culture. Il peut aussi s'agir d'expériences éducatives où, selon un processus de dialogue, d'action et de réflexion, la personne est amenée à faire une analyse critique des facteurs associés au développement ethnolangagier des membres de son groupe et à l'épanouissement du groupe. Ce vécu peut ainsi favoriser un plus grand engagement de la personne envers son propre développement psycholangagier et envers le développement de sa communauté.

Selon le modèle proposé, chacun des trois types de vécus ethnolangagiers aura des effets sur différents aspects du développement psycholangagier des membres du groupe minoritaire.

V. Développement psycholangagier

Le développement psycholangagier est le processus qui reflète ce que la personne devient comme conséquence de sa socialisation langagière et culturelle. Le modèle privilégie à ce niveau six variables psycholangagières qui sont en interaction (voir Landry, Allard, Deveau et Bourgeois[35], pour les liens proposés entre ces variables et leurs relations aux types de vécus ethnolangagiers).

La *vitalité ethnolinguistique subjective* est constituée de la représentation mentale ou des croyances de la personne concernant la vitalité ethnolinguistique de son groupe et celle de l'exogroupe[36]. Ces croyances

---

[34] Allard, R., Landry, R. et Deveau, K., « Vécu ethnolangagier conscientisant, comportement engagé et vitalité ethnolinguistique », *Francophonies d'Amérique*, n° 20, 2005, p. 95-109.

[35] Landry, R., Allard, R., Deveau, K. et Bourgeois, N., « Autodétermination du comportement langagier en milieu minoritaire : un modèle conceptuel », *Francophonies d'Amérique*, n° 20, 2005, p. 63-77.

[36] Bourhis, R.Y., Giles, H. et Rosenthal, D., « Notes on the construction of a subjective vitality questionnaire for ethnolinguistic groups », *Journal of Multilingual and Multicultural Development*, 2, 1981, p. 145-146 ; Allard, R. et Landry, R., « Subjective ethnolinguistic vitality viewed as a belief system », *Journal of Multilingual and Multicultural Development*, 7(1), 1986, p. 1-12 ; Allard, R. et Landry, R., « Subjective ethnolinguistic vitality : A comparison of two measures », *International Journal of the Sociology of Language*, 108, 1994, p. 117-144.

sont surtout influencées par les vécus langagiers de type socialisant des domaines « publics » – les contacts sociocommunautaires et institutionnels et le paysage linguistique, c'est-à-dire l'affichage public et commercial[37]. Par sa vitalité ethnolinguistique subjective, le sujet prend conscience du statut social de son groupe et de l'exogroupe majoritaire. En d'autres termes, il intériorise dans ses représentations et selon sa propre perspective le rapport de force qui prévaut entre l'endogroupe et l'exogroupe sur les plans macrosociaux susmentionnés.

Le *désir d'intégration* se traduit dans les dispositions du sujet envers l'intégration de chacune des communautés linguistiques. Alors que la vitalité subjective se fonde sur des croyances cognitives de nature « exocentrique » (croyances par rapport à des réalités qui sont externes à la personne, reflétant le « ce qui est »), le désir d'intégration prend appui sur des croyances « egocentriques » reflétant des dispositions propres au sujet (le « ce que je veux »). Ces dernières croyances sont donc autant affectives que cognitives et s'avèrent d'excellents prédicteurs du comportement langagier[38]. Le désir d'intégration communautaire est principalement influencé par les médias, le réseau social, la scolarisation et les comportements des pairs[39].

L'*identité ethnolinguistique* est la partie la plus affective de la disposition cognitivo-affective envers chacune des langues et chacun des groupes linguistiques[40]. Elle comprend deux composantes distinctes :

---

[37] Landry, R. et Allard, R., *Profil sociolangagier des francophones du Nouveau-Brunswick*, Moncton, N.B., Université de Moncton, Centre de recherche et de développement en éducation, Groupe de recherche sur la vitalité de la langue et de la culture, 1994b ; Landry, R. et Allard, R., « Vitalité ethnolinguistique : une perspective dans l'étude de la francophonie canadienne », in Erfurt, J. (dir.), *De la polyphonie à la symphonie : méthodes, théories et faits de la recherche pluridisciplinaire sur le français au Canada*, Leipzig, Leipziger Universitätsverlag, 1996, p. 61-88 ; Landry, R. et Bourhis, R.Y., « Linguistic landscape and ethnolinguistic vitality : An empirical study », *Journal of Language and Social Psychology*, 16, 1997, p. 23-49.

[38] Allard, R. et Landry, R., « Subjective ethnolinguistic vitality viewed as a belief system », *Journal of Multilingual and Multicultural Development*, 7(1), 1986, p. 1-12 ; Allard, R. et Landry, R., « Ethnolinguistic vitality beliefs and language maintenance and loss », in Fase, W., Jaespaert, K. et Kroon, S. (dir.), *Maintenance and Loss of Minority Languages*, Amsterdam, Benjamins, 1992 ; Allard, R. et Landry, R., « Subjective ethnolinguistic vitality : A comparison of two measures », *International Journal of the Sociology of Language*, 108, 1994, p. 117-144.

[39] Landry, R. et Allard, R., « Vitalité ethnolinguistique : une perspective dans l'étude de la francophonie canadienne », in Erfurt, J. (dir.), *De la polyphonie à la symphonie : méthodes, théories et faits de la recherche pluridisciplinaire sur le français au Canada*, Leipzig, Leipziger Universitätsverlag, 1996, p. 61-88.

[40] Allard, R. et Landry, R., « Subjective ethnolinguistic vitality : A comparison of two measures », *International Journal of the Sociology of Language*, 108, 1994, p. 117-

l'*autodéfinition* (le « ce que je suis ») et l'*engagement identitaire*, le degré auquel cette identité est valorisée et le degré d'engagement envers elle[41]. En milieu minoritaire, le sujet peut vivre des tensions identitaires : il est attaché à son endogroupe pour des raisons de « solidarité », mais peut être en même temps fortement attiré par l'exogroupe pour des raisons de « statut ». Ce sont les expériences langagières du domaine « privé » qui ont le plus d'influence sur l'identité ethnolinguistique : la famille, le réseau social, l'école[42]. Comme nous l'avons souligné d'entrée de jeu, la présence de plus en plus forte de familles exogames francophones et anglophones a des incidences considérables sur le plan identitaire, les enfants ayant à composer avec deux identités ethnolinguistiques au sein de la famille[43].

La *motivation langagière* est définie en fonction du degré et du type de motivation pour l'apprentissage et l'usage des langues. Selon la perspective de la théorie de l'autodétermination[44], la motivation langagière est davantage autodéterminée lorsque les contacts avec la langue minoritaire contribuent à la satisfaction des besoins d'autonomie, de compétence et d'appartenance, c'est-à-dire lorsque le vécu ethnolangagier est autonomisant. La motivation intrinsèque (apprendre une langue pour le plaisir, l'intérêt ou la stimulation) ainsi que la motivation extrinsèque avec régulation intégrée (parce que cela correspond aux valeurs et croyances personnelles) et avec régulation identifiée (parce que cela est important pour l'atteinte d'objectifs personnels) sont trois formes de motivation autodéterminée[45].

---

144 ; Landry, R. et Rousselle, R., *Éducation et droits collectifs : Au-delà de l'article 23 de la Charte*, Moncton, Éditions de la Francophonie, 2003.

[41] Deveau, K., Landry, R. et Allard, R., « Au-delà de l'autodéfinition : composantes distinctes de l'identité ethnolinguistique », *Francophonies d'Amérique*, n° 20, 2005, p. 79-93.

[42] Landry, R. et Allard, R., *op. cit.*

[43] Landry, R., *Libérer le potentiel caché de l'exogamie. Profil démolinguistique des enfants des ayants droit francophones selon la structure familiale*, Moncton, Institut canadien de recherche sur les minorités linguistiques/Commission nationale des parents francophones, 2003a.

[44] Deci, E.L. et Ryan, R., *Handbook of Self-Determination Research*, Rochester, NY, University of Rochester Press, 2002 ; Deci, E.L. et Ryan, R., « The "what" and "why" of goal pursuits : Human needs and the self determination of behavior », *Psychological Inquiry*, 11, 2000, p. 227-268 ; Deci, E.L. et Ryan, R., *Intrinsic Motivation and Self-Determination in Human Behavior*, New York, Plenum Press, 1985.

[45] Deveau, K., Landry, R. et Allard, R., « Motivation langagière des élèves acadiens » (dans ce volume).

Les *compétences langagières* considérées sont de deux ordres. À l'instar de Cummins[46], le modèle distingue deux aspects de la compétence langagière. D'une part la compétence orale-communicative est favorisée par la fréquence des contacts avec la langue dans une variété de contextes sociaux. D'autre part, la compétence cognitivo-académique est davantage favorisée par les expériences de littératie et principalement par la scolarisation dans la langue. Toutefois, en raison de la forte interdépendance entre les langues apprises sur le plan cognitivo-académique et des fortes pressions sociales pour l'apprentissage et l'usage de la langue dominante, un degré élevé de bilinguisme peut être favorisé chez les membres d'un groupe minoritaire en optimalisant l'enseignement dans la langue minoritaire[47].

Le modèle conceptuel s'intéresse à deux types de *comportements langagiers*. La fréquence d'usage de la langue est surtout influencée par la force du vécu socialisant, c'est-à-dire la fréquence des contacts avec chacune des langues dans différents domaines de vie[48]. Par ailleurs, le comportement socialement engagé se manifeste dans les actions de l'individu visant la valorisation de sa langue, l'affirmation de son identité et la revendication de ses droits linguistiques. Ce dernier type de comportement langagier est surtout influencé par le vécu ethnolangagier conscientisant[49].

---

46 Cummins, J., « Linguistic Interdependence and the Educational Development of Bilingual Children », *Review of Educational Research*, 49, 1979, p. 222-251 ; Cummins, J., « The Role of Primary Language Development in Promoting Educational Success for Language Minority Students », in *Schooling and Language Minority Students : A Theoretical Framework*, Los Angeles, California State Department of Education, chez l'auteur, 1981, p. 3-49.

47 Landry, R., et Allard, R., « Can Schools Promote Additive Bilingualism in Minority Group Children ? », in Malavé, L. et Duquette, G. (eds.), *Language, Culture and Cognition*, Clevedon, Multilingual Matters, 1991, p. 190-197 ; Landry, R. et Allard, R., « Beyond Socially Naive Bilingual Education : The Effects of Schooling and Ethnolinguistic Vitality on Additive and Subtractive Bilingualism », *Annual Conference Journal of the National Association for Bilingual Education*, 1993, p. 1-30 ; Landry, R. et Allard, R., « L'exogamie et le maintien de deux langues et de deux cultures : le rôle de la francité familioscolaire », *Revue des sciences de l'éducation*, 23, 1997, p. 561-592 ; Landry, R. et Allard, R., « Langue de scolarisation et développement bilingue : le cas des Acadiens et francophones de la Nouvelle-Écosse », Canada, Diverscité Langues, 2000, [En ligne] Disponible : http://www.teluq.uquebec.ca/diverscite.

48 Landry, R. et Allard, R., « Diglossia, Ethnolinguistic Vitality, and Language Behavior », *International Journal of the Sociology of Language*, 108, 1994a, p. 15-42.

49 Allard, R., Landry, R. et Deveau, K., « Vécu ethnolangagier conscientisant, comportement engagé et vitalité ethnolinguistique », *Francophonies d'Amérique*, n° 20, 2005, p. 95-109.

VI. Autres aspects du modèle

Comme le montre la boucle de rétroaction à la figure 1, le modèle propose que le développement psycholangagier est le résultat de la socialisation langagière et culturelle, mais que celui-ci influence à son tour la socialisation langagière dans la langue privilégiée selon le contexte. Des habitudes de vie se forgent, renforçant la socialisation dans la langue de son endogroupe ou dans celle de l'exogroupe.

Les termes *additif* et *soustractif* au bas de la figure 1 rappellent que plus la socialisation langagière renforce le développement psycholangagier dans la langue minoritaire plus le bilinguisme sera de type additif. Le bilinguisme est dit additif lorsque l'acquisition de la langue seconde ne se fait pas au détriment de la langue maternelle[50]. Par contre, plus la socialisation langagière aura favorisé le développement de la langue majoritaire plus le bilinguisme aura tendance à être de type soustractif, la langue seconde étant acquise au détriment de la langue maternelle.

VII. Déterminisme social et autodétermination

Examinons les ovales allongés présentés à la droite et à la gauche de la figure 1. Suivant ce modèle, le développement psycholangagier est le résultat de déterminants sociaux largement définis par la vitalité des groupes linguistiques en contact, mais aussi par les choix volontaires des individus et des collectivités. Il y a donc une dialectique, un rapport de force entre le déterminisme social et l'autodétermination des personnes et des groupes. Nos recherches ont déjà fait apparaître la présence d'un déterminisme social très fort, les comportements langagiers[51] et les dispositions affectives envers la langue et les groupes[52] étant très fortement associés à la quantité des contacts langagiers et à la vitalité ethno-

---

50 Lambert, W. E., « Culture and Language as Factors in Learning and Education », in Wolfgang, A. (dir.), *Education of Immigrant Students*, Toronto, Ontario Institute for Studies in Education, 1975.

51 Landry, R. et Allard, R., *Profil sociolangagier des francophones du Nouveau-Brunswick*, Moncton, N.B., Université de Moncton, Centre de recherche et de développement en éducation, Groupe de recherche sur la vitalité de la langue et de la culture, 1994b.

52 Landry, R., « Le présent et l'avenir des nouvelles générations d'apprenants dans nos écoles françaises », *Éducation et francophonie*, 22, 1995, p. 13-23 ; Landry, R., « Pour une pédagogie actualisante et communautarisante en milieu minoritaire francophone », in Allard, R. (dir.), *Actes du Colloque pancanadien sur la recherche en éducation en milieu francophone minoritaire : Bilan et prospectives*, 2003b, [En ligne] http://www.acelf.ca/publi/crde/articles/10-landry.html.

linguistique communautaire. Des recherches récentes[53] montrent que l'engagement identitaire et les comportements engagés peuvent être fortement influencés par la qualité des contacts langagiers, c'est-à-dire les vécus autonomisant et conscientisant.

Le modèle formule l'hypothèse que le déterminisme social est surtout favorisé lorsqu'il y a absence de conscience collective (ce que nous appelons la « naïveté sociale »). Par exemple, une majorité de parents francophones pense que le programme scolaire idéal pour favoriser le bilinguisme français-anglais de leur enfant serait un programme « 50/50 », la moitié de l'enseignement étant offert en français et l'autre moitié en anglais[54]. Nous l'avons souligné précédemment, en contexte de faible vitalité francophone, le meilleur degré de bilinguisme est favorisé lorsque tous les cours sont offerts en français, sauf pour les cours d'anglais[55]. Les parents attribuent essentiellement le développement du bilinguisme à la scolarisation et semblent oublier de considérer les influences non négligeables du contexte social. Ainsi, plusieurs parents francophones n'inscrivent pas leurs enfants à l'école de langue

---

[53] Landry, R., Allard, R., Deveau, K. et Bourgeois, N., « Self-determination and the psycholinguistic development of linguistic minorities », Communication à la Second International Conference on Self-Determination Theory. Ottawa, 2004 ; Deveau, K., Landry, R. et Allard, R., « Au-delà de l'autodéfinition : composantes distinctes de l'identité ethnolinguistique », *Francophonies d'Amérique*, n° 20, 2005, p. 79-93 ; Allard, R., Landry, R. et Deveau, K., « Vécu ethnolangagier conscientisant, comportement engagé et vitalité ethnolinguistique », *Francophonies d'Amérique*, n° 20, 2005, p. 95-109.

[54] Deveau, K., Clarke, P. et Landry, R., « Écoles secondaires de langue française en Nouvelle-Écosse : des opinions divergentes », *Francophonies d'Amérique*, n° 18, 2004, p. 93-105 ; Deveau, K., « Les facteurs reliés au positionnement éducationnel des ayants droit des régions acadiennes de la Nouvelle-Écosse », thèse de maîtrise, Université de Moncton, 2001 ; Landry, R. et Allard, R., *Profil sociolangagier des francophones du Nouveau-Brunswick*, Moncton, N.B., Université de Moncton, Centre de recherche et de développement en éducation, Groupe de recherche sur la vitalité de la langue et de la culture, 1994b.

[55] Landry, R. et Allard, R., « Can Schools Promote Additive Bilingualism in Minority Group Children ? », in Malavé, L. et Duquette, G. (eds.), *Language, Culture and Cognition*, Clevedon, Multilingual Matters, 1991, p. 190-197 ; Landry, R. et Allard, R., « Beyond Socially Naive Bilingual Education : The Effects of Schooling and Ethnolinguistic Vitality on Additive and Subtractive Bilingualism », *Annual Conference Journal of the National Association for Bilingual Education*, 1993, p. 1-30 ; Landry, R. et Allard, R., « L'exogamie et le maintien de deux langues et de deux cultures : le rôle de la francité familioscolaire », *Revue des sciences de l'éducation*, 23, 1997, p. 561-592 ; Landry, R. et Allard, R., « Langue de scolarisation et développement bilingue : le cas des Acadiens et francophones de la Nouvelle-Écosse », Canada, Diverscité Langues, 2000, [En ligne] Disponible : http://www.teluq.uquebec.ca/diverscite.

française[56], préférant les inscrire dans le système anglais, qui offre un programme d'immersion en français. Il s'agit souvent d'un compromis entre les deux membres d'un couple exogame, le programme d'immersion constituant une autre version du mythe 50/50.

Une autre forme de naïveté sociale se manifeste lorsque les membres d'une minorité linguistique ne demandent pas de services communautaires dans leur langue en prétextant leur bilinguisme. Ils ne se rendent pas compte que, si tous les membres de la minorité agissent ainsi, la langue minoritaire devient superflue. Ils n'ont pas conscience des conséquences collectives de leurs actions individuelles. Il arrive aussi que les gens surestiment la vitalité de leur groupe ethnolinguistique, ce qui peut avoir comme effet une sous-estimation des influences soustractives de la langue dominante.

Par ailleurs, le modèle propose que l'autodétermination du comportement langagier est favorisée par deux types de socialisation : les vécus ethnolangagiers autonomisants et conscientisants. L'autodétermination serait façonnée à la fois par le développement d'une conscience sociale « critique » et par une motivation langagière autodéterminée. Les personnes et les collectivités conscientisées peuvent agir sur leur environnement de façon engagée et créative. Lorsque les personnes apprennent à agir sur leur environnement, le déterminisme se transforme, dit Bandura[57], en « déterminisme réciproque ». Elles prennent conscience des facteurs qui les conditionnent, voire qui les aliènent, et peuvent développer des sentiments d'efficacité devant les possibilités d'agir sur leur environnement pour modifier les conditions de leur existence. Selon Giles, Bourhis et Taylor[58], concepteurs de la vitalité ethnolinguistique, les membres d'une minorité adoptent des stratégies créatives d'affirmation identitaire dans leurs relations intergroupes lorsqu'ils perçoivent leur situation comme illégitime et instable, c'est-à-dire non seulement injuste et inéquitable mais aussi susceptible d'être changée et transformée.

---

56 Martel, A., *Les droits scolaires des minorités de langue officielle au Canada : de l'instruction à la gestion*, Ottawa, Commissariat aux langues officielles, 1991 ; Martel, A., *Droits, écoles et communautés en milieu minoritaire : 1986-2002. Analyse pour un aménagement du français par l'éducation*, Ottawa, Commissariat aux langues officielles, 2001.

57 Bandura, A., *L'apprentissage social*, Bruxelles, Mardaga, 1976 ; Bandura, A., *The Self System in Reciprocal Determinism. American Psychologist*, April 1978, p. 344-358.

58 Giles, H., Bourhis, R.Y. et Taylor, D.M., « Towards a Theory of Language in Ethnic Group Relations », in Giles, H. (dir.), *Language, Ethnicity and Intergroup Relations*, New York, Academic Press, 1977, p. 307-348.

Conclusion

Comment le modèle conceptuel présenté peut-il servir à la revitalisation des minorités linguistiques et, particulièrement, des communautés francophones et acadiennes du Canada ? À notre avis, il permet d'envisager des interventions multiples menées de façon simultanée et concertée tout le long du continuum vertical, dans le cadre d'un partenariat global de collaboration[59].

Par exemple, une école peut décider de mettre en œuvre une pédagogie propre à son contexte linguistique minoritaire en introduisant des activités autonomisantes et conscientisantes. Cette intervention pédagogique pourrait renforcer les motivations langagières des élèves et leur engagement identitaire. Cependant, une telle stratégie pourrait s'avérer plus efficace si un partenariat entre la communauté et l'école venait renforcer la participation de membres de la communauté dans des activités de l'école et une plus grande participation des élèves à la vie communautaire. Les efforts de l'école pourraient aussi s'avérer plus productifs si les stratégies pédagogiques étaient planifiées en collaboration avec d'autres écoles se proposant des défis similaires. Une nouvelle entente fédérale/provinciale réunissant le gouvernement fédéral, le conseil des ministres de l'Éducation du Canada (auquel siègent tous les ministères de l'Éducation des provinces et des territoires) et la Fédération nationale des conseils scolaires francophones (qui représente l'ensemble des 31 conseils scolaires francophones de l'extérieur du Québec) pourrait aussi faciliter grandement l'élaboration de ressources pédagogiques communes aux écoles de langue française en contexte minoritaire. Une collaboration du Québec avec les conseils scolaires francophones pourrait favoriser, par exemple, la préparation d'un cours d'histoire sur la francophonie canadienne commun à toutes les provinces et aux territoires, dont le Québec.

Selon le modèle conceptuel proposé, toute politique linguistique qui n'influence pas le vécu langagier des membres de la minorité risque d'avoir peu d'effet sur la revitalisation ethnolinguistique de cette dernière. Plus les gouvernements et les chefs de file de la communauté pourront s'entendre sur des actions ayant des répercussions sur la vie communautaire et sur la socialisation langagière et culturelle des membres et plus le plan d'action se prêtera à des actions synergiques des partenaires, plus les efforts de revitalisation ethnolangagière se révéleront utiles et efficaces. En outre, plus le plan d'action englobera des

---

[59] Landry, R. et Rousselle, R., *Éducation et droits collectifs : Au-delà de l'article 23 de la Charte*, Moncton, Éditions de la Francophonie, 2003.

actions sur tout le continuum société/individu plus la revitalisation deviendra un objectif réalisable.

Récemment, le gouvernement fédéral lançait son Plan d'action pour les langues officielles[60] et proposait « un nouvel élan pour la dualité linguistique canadienne ». Il s'agit de l'effort le plus ambitieux de revitalisation ethnolangagière depuis la loi sur les langues officielles de 1988. Ce plan propose des interventions dans trois domaines ou axes prioritaires : l'éducation, le développement communautaire et la fonction publique, et vise à responsabiliser l'ensemble des ministères par un cadre d'imputabilité. Bien que le plan prévoie sur une forte consultation de la minorité et centre son orientation sur des défis prioritaires, il fragmente considérablement les interventions stratégiques ; c'est là, croyons-nous, son talon d'Achille. Ce faisant, il n'incite pas les partenaires à se concerter dans leurs efforts pour agir en synergie.

[60] Gouvernement du Canada, Le prochain acte : Un nouvel élan pour la dualité linguistique canadienne. Le plan d'action pour les langues officielles. Ottawa, Gouvernement du Canada, 2003.

Motivation langagière des élèves acadiens

Kenneth DEVEAU, Rodrigue LANDRY
et Réal ALLARD

Université Sainte-Anne, Canada
Institut canadien de recherche
sur les minorités linguistiques, Canada
Université de Moncton, Canada

I. Introduction

L'apprentissage de l'anglais est un besoin pratique quasi incontournable pour les jeunes Acadiens et Acadiennes. L'anglais est la langue la plus importante en Amérique du Nord, notamment comme langue des affaires. La connaissance de cette langue est donc cruciale pour faciliter la mobilité sociale. De plus, la culture anglo-américaine, réalité omniprésente dans leur vie quotidienne, exerce une très forte attraction sociale sur eux. La connaissance du français, en revanche, n'est plus essentielle pour leur mobilité sociale. Aussi l'apprentissage du français par la nouvelle génération devient-il de plus en plus le résultat d'un choix personnel de la part des parents et, éventuellement, des enfants eux-mêmes. Dans ce contexte, la motivation pour apprendre et employer le français et l'anglais s'avère un facteur déterminant pour comprendre le développement du bilinguisme.

Le présent article a pour objet d'examiner le développement du bilinguisme chez les jeunes Acadiens à la lumière d'une approche innovatrice par rapport à la motivation langagière. Après avoir exposé à grands traits les concepts de bilinguisme additif et de bilinguisme soustractif, nous élaborons une typologie de la motivation langagière[1] avant de

[1] Deci, E.L. et Ryan, R.M., *Intrinsic Motivation and Self-Determination in Human Behaviour*, New York, Plenum, 1985 ; Deci, E.L. et Ryan, R.M., « The "what" and "why" of goal pursuits : Human needs and the self determination of behavior », *Psychological Inquiry*, 11, 2000, p. 227-268.

présenter, pour finir, les résultats d'une étude empirique réalisée auprès d'élèves d'écoles secondaires acadiennes.

II. Le développement du bilinguisme

Les concepts de bilinguisme additif et de bilinguisme soustractif[2] fournissent une explication du bilinguisme et des conditions de son développement qui nous permet d'en comprendre à la fois les bienfaits et les risques. Le bilinguisme est dit soustractif quand la personne apprend une deuxième langue au détriment progressif de la première. Il est dit additif, quand elle apprend la deuxième langue sans que celle-ci nuise à l'apprentissage et au maintien de la première. L'apprentissage de la langue seconde chez les enfants des groupes dont la vitalité ethnolinguistique est faible favorise souvent le bilinguisme soustractif. En revanche, l'apprentissage d'une deuxième langue par les membres des groupes qui jouissent d'une vitalité ethnolinguistique forte est généralement de type additif. Par exemple, les élèves anglophones du Canada qui sont scolarisés dans des programmes d'immersion française (dans lesquels la scolarisation se fait en grande partie en français) apprennent le français sans nuire le moins du monde à leur apprentissage de l'anglais[3]. Quant aux élèves francophones qui vivent en milieu minoritaire, ils ont souvent tendance à apprendre l'anglais (langue de l'exogroupe majoritaire) aux dépens du français.

Quand ils ont proposé un modèle macroscopique du développement du bilinguisme, Landry et Allard[4] ont défini *lato sensu* le bilinguisme, lequel comprendrait, en plus de la compétence dans les deux langues, les dispositions générales, les attitudes, le développement identitaire et le comportement langagier relatif aux deux langues et aux deux communautés linguistiques. Par exemple, un Acadien dont le bilinguisme est additif aurait, en plus d'une compétence élevée en français et en anglais, des croyances et des attitudes positives envers les deux langues et les

---

2 Voir Lambert, W.E., « Culture and language as factors in learning and education », in Wolfgang, A. (ed.), *Education of Immigrant Students*, Toronto, Ontario Institute for Studies in Education, 1975, p. 55-83.

3 Voir par exemple Genesee, F., « French immersion in Canada », in Edwards, J. (ed.), *Language in Canada*, Cambridge, Cambridge University Press, 1998, p. 305-325.

4 Landry R. et Allard, R., « L'assimilation linguistique des francophones hors Québec, le défi de l'école française et le problème de l'unité nationale », *Éducation et francophonie*, 16, 1988, p. 38-53 ; Landry, R. et Allard, R., « Contact des langues et développement bilingue : Un modèle macroscopique », *The Canadian Modern Language Review/La Revue canadienne des langues vivantes*, 46, 1990, p. 527-553 ; Landry, R. et Allard, R., « Ethnolinguistic vitality and bilingual development of minority and majority group students », in Fase, W., Jaspaert, K. et Kroon, S. (eds.), *Maintenance and Loss of Minority Language*, Philadelphia, Benjamins, 1992, p. 223-252.

deux communautés, tout en maintenant une identité ethnolinguistique française forte et positive. Il ferait aussi un usage généralisé du français et de l'anglais dans plusieurs contextes différents. Les recherches de Landry et Allard montrent que le développement personnel du bilinguisme est en grande partie le résultat de la socialisation langagière vécue, laquelle est à son tour en grande partie le résultat de la vitalité ethnolinguistique des communautés en contact[5]. D'ailleurs, cette relation est tellement forte qu'elle serait le reflet d'un véritable déterminisme social[6].

Nous posons comme hypothèse que le développement du bilinguisme n'est pas entièrement le résultat de la vitalité ethnolinguistique. Des personnes peuvent fort bien ne pas se soumettre au déterminisme social et faire preuve d'autodétermination identitaire, même dans un contexte de très faible vitalité. Cette hypothèse à l'esprit, Landry, Allard, Deveau et Bourgeois[7] proposent un modèle théorique qui permet d'expliquer les conditions et le processus de la socialisation langagière associés au développement bilingue autodéterminé. Ce modèle se fonde sur trois grandes conceptualisations théoriques : la vitalité ethnolinguistique[8], la théorie de l'autodétermination[9] et la conscientisation sociale[10]. Nous approfondissons ici l'une d'elles, soit la théorie de l'autodétermination.

III. L'autodétermination

La théorie de l'autodétermination a pour prémisse qu'il est dans la nature des gens d'être les agents de leur comportement[11]. Cette disposition s'exprime par une propension naturelle à la croissance, à l'appren-

---

5 Voir l'article d'Allard, R., Landry, R. et Deveau, K., dans ce volume.

6 Landry, R. et Allard, R., « Vitalité ethnolinguistique : une perspective dans l'étude de la francophonie canadienne », in Erfurt, J. (dir.), *De la polyphonie à la symphonie : Méthodes, théories et faits de la recherche pluridisciplinaire sur le français au Canada*, Leipzig, Leipziger Universitätsverlag, 1996, p. 61-87.

7 Landry, R., Allard, R., Deveau, K. et Bourgeois, N., « Autodétermination du comportement langagier en milieu minoritaire : un modèle conceptuel », *Francophonies d'Amérique*, n° 20, 2005, p. 79-93.

8 Giles, H., Bourhis, R.Y. et Taylor, D.M., « Towards a theory of language in ethnic group relations », in Giles, H. (ed.), *Language, Ethnicity and Intergroup Relations*, New York, Academic Press, 1977, p. 307-348 ; Landry, R. et Allard, R., *op. cit.*, 1990, 1992.

9 Voir Deci, E., et Ryan, R., 1985, 1990 (note 2) ; Vallerand, R.J., « Towards a hierarchical model of intrinsic and extrinsic motivation », in Zanna, M.P. (ed.), *Advances in Experimental and Social Psychology*, Vol. 29, San Diego, Academic Press, 1997, p. 271-360.

10 Voir Freire, P., *Pédagogie des opprimés*, Paris, Maspero, 1983.

11 Voir Deci, E. et Ryan, R., *op. cit.*, 2000.

tissage ainsi qu'à l'intériorisation et à l'intégration des valeurs et des normes sociales qui motivent le comportement. De cette vision il découle que la motivation personnelle ne varie pas uniquement en fonction de sa quantité, mais aussi en fonction de sa qualité. Les partisans de cette théorie mettent de l'avant une typologie de la motivation qui varie suivant le degré d'autodétermination, autrement dit, en fonction de la proximité du moi de la régulation du comportement.

La théorie de Deci et Ryan décrit les conditions sociales et contextuelles qui facilitent l'intériorisation de la régulation et la motivation intrinsèque. Elle postule que l'humain, ayant des besoins aussi bien psychologiques que physiologiques, acquiert graduellement une motivation autodéterminée pour les comportements qui satisfont à ses besoins. Notamment, trois besoins psychologiques sont proposés : l'autonomie, la compétence et l'appartenance.

Le besoin d'autonomie correspond à la nécessité de percevoir un lieu de causalité interne[12] – en d'autres termes, d'avoir le sentiment d'être la source causale de ses actions ou d'agir à son gré. Les expériences de choix et les explications des raisons d'agir favorisent la satisfaction de ce besoin.

En revanche, l'utilisation de récompenses et l'infliction de punitions pour encourager des activités intéressantes ou personnellement valorisées sont susceptibles de nuire au développement de la motivation autodéterminée. Le besoin de compétence correspond à l'importance que l'on accorde au désir de se sentir utile, de se sentir en mesure d'influer sur son milieu[13]. Les expériences de défi optimal, de rétroactions positives et de succès ont pour effet de renforcer ce sentiment.

Le besoin d'appartenance correspond à l'obligation innée d'être en contact avec d'autres humains, d'être accepté, d'être compris, d'être soutenu et d'entretenir des liens affectifs positifs et sécurisants[14]. Ce besoin est nourri par des relations interpersonnelles significatives et par des rapports intimes et amicaux.

La figure 1 situe les types de motivation sur un continuum d'autodétermination. Le degré d'autodétermination, c'est-à-dire le degré de rapprochement entre le moi et la régulation du comportement, augmente de gauche à droite sur le continuum. La figure présente aussi le style de

---

[12] Voir De Charms, R., *Personal Causation*, New York, Academic Press, 1968.

[13] Voir White, R.W., « Motivation reconsidered : The concept of competence », *Psychological Review*, 66, 1959, p. 297-333.

[14] Voir Baumeister, R.F. et Leary, M.R., « The need to belong : Desire for interpersonal attachments as a fundamental human motivation », *Psychological Bulletin*, 117, 1995, p. 497-529.

régulation, la perception du lieu de causalité et les processus de régulation associés à chaque type de motivation.

Placée à l'extrémité droite du continuum, la motivation intrinsèque correspond à la manifestation prototype de la personne active. La source causale du comportement se trouve dans le moi de la personne. Il n'y a aucune raison de s'investir dans une activité qui soit séparable de l'activité elle-même. La personne agit en fonction de ses intérêts, pour le plaisir ou pour la satisfaction qu'elle retire de l'activité. Par exemple, l'élève qui apprend le français parce qu'il trouve cette activité intéressante ou stimulante agit par motivation intrinsèque. Cette forme de motivation émane de la personne elle-même et non d'une raison quelconque. Les conditions sociales et contextuelles ne peuvent pas être la « source causale » de celle-ci, elles peuvent seulement la renforcer ou bien la restreindre ou, à la limite, la contrecarrer. Elle a tendance à émerger dans les conditions qui favorisent les perceptions d'autonomie, de compétence et d'appartenance.

Placée à l'autre extrémité du continuum, l'amotivation correspond à l'absence totale de motivation. En contraste avec la motivation intrinsèque, cet état est associé au sentiment d'être impuissant et incompétent et à celui de ne pas avoir la maîtrise de son comportement et de ses résultats. L'élève qui sent qu'il ne peut pas réussir et qu'il n'a pas la maîtrise de son rendement fait preuve d'amotivation vis-à-vis de l'apprentissage du français.

Quatre types de motivation extrinsèque s'inscrivent dans l'étendue intermédiaire du continuum. Ils varient en fonction du degré d'autodétermination du style de régulation. Ces formes de motivation se distinguent de la motivation intrinsèque par l'existence d'une raison opérationnelle justifiant l'accomplissement de l'activité, qui est séparable de l'activité elle-même. Le comportement est donc entamé et maintenu pour une raison quelconque.

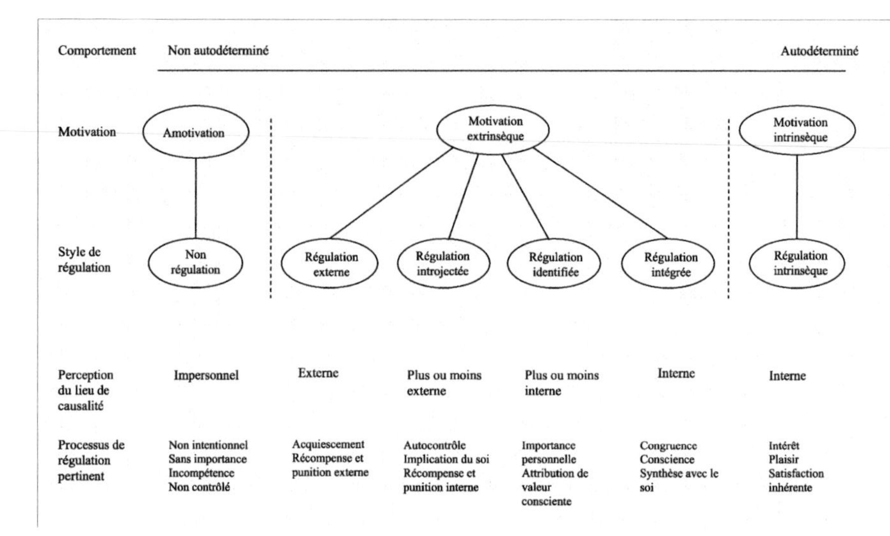

Figure 1. Le continuum de l'autodétermination, les types de motivation, le style de régulation, le lieu de contrôle et les processus de régulation [traduction de Ryan et Deci, 2000]

Dans le cas de la motivation extrinsèque avec régulation externe, la personne accepte la raison qui la justifie d'adopter le comportement, mais elle ne le valorise pas. Elle agit tout simplement soit pour recevoir une récompense soit pour éviter une punition. Se sentant suffisamment compétente pour pouvoir adopter le comportement requis, elle a le sentiment qu'elle exerce une certaine maîtrise sur les résultats, mais elle ne se perçoit pas comme la source causale du comportement. Au contraire, elle est dans une certaine mesure asservie à la récompense ou à la punition. Elle ne valorise pas le comportement comme tel. Parmi les exemples de cette forme de motivation, on trouve l'élève qui fait ses leçons pour éviter une retenue après les heures de classe ou encore celui qui fait ses devoirs pour que ses parents lui achètent la plus récente version d'un jeu vidéo.

La régulation introjectée correspond à la première phase d'intériorisation. Alors que la personne ne valorise pas le comportement requis, elle reconnaît qu'il est socialement important ou du moins important pour les personnes dont elle cherche à obtenir l'approbation et la bienveillance. Elle l'adopte donc pour bénéficier de la reconnaissance des autres et pour nourrir son sentiment d'appartenance. Souvent, cette forme de motivation est associée à une estime de soi contingente et à des problèmes de bien-être psychologique. L'élève qui s'efforce de bien réussir en français pour ne pas se sentir inférieur à ses pairs ou celui qui le fait pour que ses parents l'aiment fait preuve d'une régulation introjectée.

La régulation identifiée correspond à la prochaine étape de l'intériorisation de la motivation. La personne choisit de participer, tout en attribuant personnellement de l'importance à cette participation. Par exemple, le fait de choisir d'apprendre le français parce que cette activité permet d'accroître des compétences que l'on considère importantes en vue d'obtenir un emploi recherché est une régulation identifiée. Cette forme de motivation est associée aux perceptions d'autonomie et de compétence.

La régulation intégrée correspond à la dernière phase du processus d'intériorisation. La personne intègre en son moi la régulation du comportement. Elle établit une congruence entre cette activité et les autres aspects de son moi. L'activité et la raison de l'entreprendre deviennent alors parties intégrantes de son identité. Par exemple, la personne qui dit « J'apprends et je parle le français parce que je suis acadien » fait preuve de motivation extrinsèque avec régulation intégrée vis-à-vis de l'apprentissage et de l'emploi du français. Elle considère que la langue française fait partie intégrante de son identité.

Les formes identifiées et intégrées de la régulation ne sont pas intrinsèques dans le sens défini ci-dessus. Ce qui ne signifie pas qu'il s'agisse de deux formes de motivation atténuée. En fait, suivant les recherches de Koestner et Losier[15] et de Pelletier[16], la régulation interne peut constituer un outil plus efficace de prédiction de certains aspects du comportement que la motivation intrinsèque, comme dans le cas de la persistance du comportement dans des conditions difficiles. L'apprentissage du français en contexte de faible vitalité ethnolinguistique pourrait illustrer une condition difficile exigeant de la persistance.

Il est proposé que le processus d'intériorisation de la régulation du comportement dans des conditions qui suscitent les sentiments de compétence, d'autonomie et d'appartenance constitue une approche intéressante et innovatrice au développement identitaire. D'ailleurs, le modèle de Landry, Allard, Deveau et Bourgeois[17] en est largement inspiré.

---

[15] Koestner, R. et Losier, G.R., « Distinguishing three ways of being highly motivated : A closer look at introjection, identification and intrinsic motivation », in Deci, E. et Ryan, R. (eds.), *Handbook of Self-Determination Research*, Rochester, NY, University of Rochester Press, 2002, p. 101-121.

[16] Pelletier, L.G., « A motivational analysis of self-determination for pro-environment behaviors », in Deci, E. et Ryan, R. (eds.), *Handbook of Self-Determination Research*, Rochester, NY, University of Rochester Press, 2002, p. 205-232.

[17] Landry, R., Allard, R., Deveau et Bourgeois, N K., *op. cit.*, 2005.

Appliqué au milieu minoritaire acadien, il permet l'énoncé d'hypothèses spécifiques selon lesquelles la motivation langagière autodéterminée pour l'apprentissage du français (régulation interne et motivation intrinsèque) favorise la manifestation d'un désir accru d'intégrer la communauté ethnolinguistique, l'amélioration de la compétence en français, l'accroissement général de l'usage de cette langue et l'adoption de comportements ethnolangagiers engagés.

IV. L'autodétermination chez les élèves acadiens

Il convient maintenant d'esquisser le profil de la motivation langagière à l'égard de l'anglais et du français d'un échantillon d'élèves acadiens du Nouveau-Brunswick et de la Nouvelle-Écosse en fonction de la typologie de motivation susmentionnée, puis d'analyser les perceptions d'autonomie et de compétence de ces jeunes quant à l'apprentissage de ces deux langues ainsi que leur perception d'appartenance à l'égard des membres des deux communautés linguistiques.

A. Échantillon et méthode d'analyse

Nous avons effectué une enquête au printemps de 2003 auprès de 231 élèves de trois régions acadiennes de vitalité ethnolinguistique différente. La figure 2 montre en foncé chacune de ces régions sur une carte de l'Acadie. Cinquante des élèves habitent les régions de la baie Sainte-Marie et d'Argyle dans les comtés de Digby et de Yarmouth respectivement, lesquels sont situés dans le Sud-Ouest de la Nouvelle-Écosse. Les francophones représentent 27,7 % de la population totale de ces deux comtés[18]. Nous qualifions la vitalité ethnolinguistique des francophones de cette région de modérément faible. Quatre-vingt-trois élèves sont du Sud-Est du Nouveau-Brunswick, soit de Moncton et des régions environnantes. Ils vivent dans le comté de Westmorland, où les francophones représentent 42,3 % de la population et où la vitalité de la communauté francophone peut être qualifiée de modérée. Les 98 élèves restants vivent à Caraquet dans le comté de Gloucester, lequel est situé dans le Nord-Est du Nouveau-Brunswick. Les francophones représentent 84,2 % de la population de ce comté. La vitalité ethnolinguistique de cette communauté francophone peut être qualifiée de modérément forte. L'âge moyen est de 17,5 ans et 58,4 % sont des filles. Tous les participants à l'étude fréquentent une école de langue française.

---

[18] Voir Recensement de 2001, Profil des langues au Canada : l'anglais, le français et bien d'autres langues. Ottawa, Statistique Canada. En ligne à l'adresse www.statcan.ca.

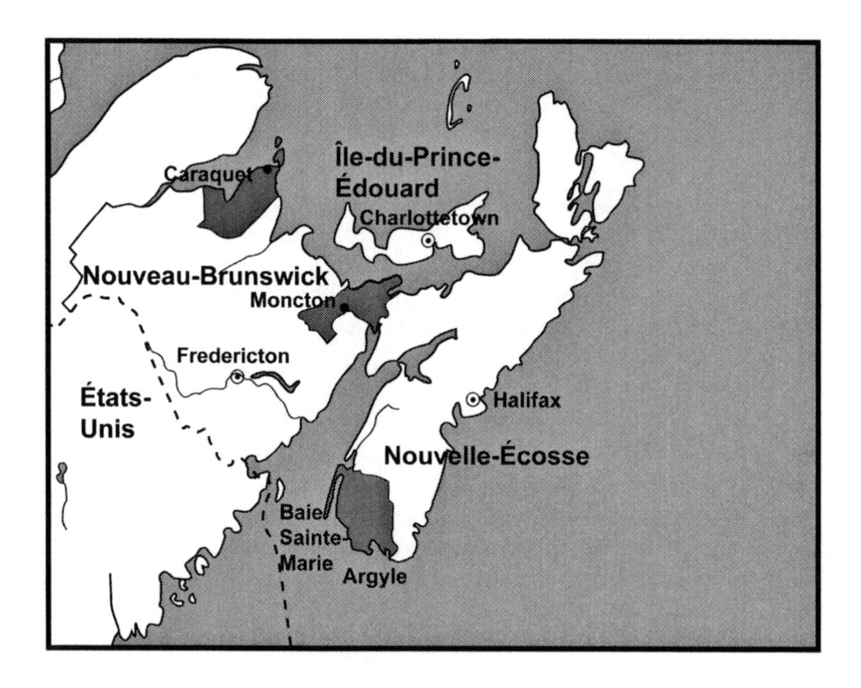

Figure 2. Carte de l'Acadie indiquant les régions (en foncé) où habitent les élèves qui ont participé à l'étude

Les réponses à trois questionnaires administrés deux fois chacun, une fois pour l'anglais et une fois pour le français, sont analysées. L'un mesure les six types de motivation présentés précédemment. Nous avons construit ce questionnaire en nous inspirant de l'Échelle de motivation en éducation[19]. Le répondant est appelé à indiquer, sur une échelle de neuf points, à quel degré une série de 26 énoncés correspond aux raisons qui l'incitent à apprendre et à employer le français et l'anglais ; 1 : « ne correspond pas du tout » ; 3 : « correspond peu » ; 5 : « correspond modérément » ; 7 : « correspond fortement » et 9 : « correspond entièrement ». Un questionnaire comprenant dix questions sonde les sentiments de compétence et d'autonomie à l'égard de l'apprentissage et de l'usage de l'anglais et du français[20]. Les sentiments d'appartenance

19 Voir Vallerand, R.J., Blais, M.R., Brière, N.M. et Pelletier, L.G., « Construction et validation de l'Échelle de motivation en éducation », *Revue canadienne des sciences du comportement/Canadian Journal of Behavioral Science*, 21, 1989, p. 323-349.

20 Voir Vallerand, R.J., Fortier, M.S. et Guay, F., « Self-determination and persistence in a real-life setting : Toward a motivational model of high school dropout », *Journal of Personality and Social Psychology*, 72, 1997, p. 1161-1176.

interpersonnelle des élèves par rapport aux anglophones et aux francophones sont mesurés à l'aide de questionnaires comprenant dix questions[21]. Les réponses à ces questions se répartissent sur une échelle d'accord de neuf points allant de 1 : « pas du tout d'accord » à 9 : « entièrement d'accord ».

L'appréciation des résultats prend en compte le type de motivation ou de sentiment, la langue et la vitalité ethnolinguistique. Des analyses de variance multivariées permettent de déterminer les différences qui atteignent le seuil de signification statistique ($p < 0,05$). Toutes les analyses ont été faites à l'aide du logiciel SPSS 11.

B. Résultats

1. Profil de la motivation

Le tableau 1 présente les scores moyens et les écarts types pour chacun des types de motivation concernant le français et l'anglais en fonction de la vitalité ethnolinguistique de la communauté francophone. Dans la colonne située à l'extrême droite figurent les scores moyens pour l'ensemble de l'échantillon sur les différents styles de motivation. Les scores moyens les plus élevés ont été obtenus sur des formes de motivation extrinsèque. Les régulations internes (identifiées et intégrées) correspondent fortement aux raisons que donnent les élèves pour apprendre et pour employer le français. S'agissant de l'anglais, les régulations externes (6,18) et identifiées (6,76) sont les plus fortes. Les scores moyens des élèves montrent que la motivation intrinsèque correspond seulement modérément aux raisons qui les incitent à apprendre et à employer l'anglais et le français. Les scores moyens montrent toutefois que l'amotivation et la régulation introjectée correspondent peu à leur motivation à l'égard de ces deux langues. L'analyse de la variance fait apparaître que ce sont ces différences distinguant les styles de motivation qui expliquent la proportion de variance la plus marquée dans les scores moyens, soit 54,7 %.

---

[21] Voir Richer, S. et Vallerand, R.J., « Construction et validation de l'Échelle du sentiment d'appartenance sociale », *Revue européenne de psychologie appliquée*, 48, 1998, p. 129-137.

Tableau 1. Profil de la motivation autodéterminée d'élèves acadiens à l'égard de l'apprentissage du français et de l'anglais, scores moyens et écarts types selon la vitalité ethnolinguistique

Style de motivation	Langue	Vitalité ethnolinguistique de la communauté francophone: Modérément faible		Modérée		Modérément forte		Total	
		M	*É.-t.*	*M*	*É.-t.*	*M*	*É.-t.*	*M*	*É.-t.*
Amotivation	Français	2,85	*1,69*	2,85	*2,06*	2,95	*2,17*	2,89	*2,03*
	Anglais	2,57	*1,61*	2,69	*2,24*	2,58	*2,10*	2,62	*2,05*
Régulation externe	Français	6,03	*1,24*	5,53	*1,77*	5,26	*1,81*	5,53	*1,70*
	Anglais	6,20	*1,32*	5,87	*1,65*	6,44	*1,76*	6,18	*1,64*
Régulation introjectée	Français	3,09	*1,50*	3,25	*1,81*	3,46	*1,90*	3,37	*1,78*
	Anglais	3,03	*1,50*	3,05	*1,97*	3,42	*1,97*	3,20	*1,88*
Régulation identifiée	Français	5,98	*1,58*	6,36	*1,76*	6,60	*1,71*	6,38	*1,71*
	Anglais	6,87	*1,38*	6,50	*1,82*	6,92	*1,79*	6,76	*1,73*
Régulation intégrée	Français	5,99	*1,79*	6,71	*1,92*	7,22	*1,56*	6,79	*1,80*
	Anglais	5,91	*1,65*	5,25	*2,23*	4,11	*1,95*	4,91	*2,12*
Motivation intrinsèque	Français	5,18	*1,59*	5,21	*2,12*	5,79	*2,00*	5,45	*1,98*
	Anglais	5,51	*1,66*	5,41	*2,02*	5,33	*1,95*	5,40	*1,91*

L'analyse de la variance révèle que les différences constatées en fonction de la langue sont aussi statistiquement significatives, mais qu'elles expliquent relativement peu de variance (2,3 %). En revanche, l'interaction entre la langue et le style de la motivation explique une proportion relativement importante de la variance dans le profil, soit 14,2 %. Si nous considérons l'ensemble de l'échantillon, la différence la plus marquée en fonction de la langue concerne la régulation intégrée. Ce type de motivation correspond davantage à l'apprentissage et à l'emploi du français que de l'anglais. Par ailleurs, les régulations externes et identifiées pour l'anglais sont plus fortes que pour le français.

Abstraction faite de la langue et du type de la motivation, l'effet de la vitalité ethnolinguistique sur la motivation n'est guère statistiquement significatif. L'interaction entre la langue et la région s'avère statistiquement significative, mais elle explique relativement peu de variance, soit 3,6 %. L'effet combiné des trois variables, soit la langue, le style de motivation et la vitalité ethnolinguistique, explique cependant une proportion considérable de variance, soit 9 %. Pour le français, les scores moyens concernant les formes de motivation interne (régulation identifiée, régulation intégrée et motivation intrinsèque) augmentent en fonction de la vitalité ethnolinguistique. Le score moyen concernant la régulation introjectée envers le français, qui est partiellement intériorisée, augmente aussi légèrement en fonction de la vitalité ethnolinguistique, mais la régulation externe pour le français diminue en fonction de la vitalité ethnolinguistique. Pour l'anglais, les scores moyens concernant les régulations externes et identifiées sont modérément élevés au sein des trois groupes. Il importe de remarquer que la régulation intégrée pour l'anglais est plus élevée quand la vitalité ethnolinguistique est faible, au point que, dans la région à plus faible vitalité, elle est pratiquement aussi forte que pour le français. De plus, la motivation intrinsèque à l'égard de l'anglais est plus forte qu'à l'égard du français chez les jeunes de cette région.

2. *Degré de satisfaction des besoins psychologiques des élèves*

Le tableau 2 regroupe les résultats obtenus aussi bien pour les sentiments d'autonomie et de compétence par rapport à l'apprentissage et à l'usage du français et de l'anglais que pour le sentiment d'appartenance vis-à-vis des francophones et des anglophones au regard de la vitalité ethnolinguistique.

Tableau 2. Sentiments de compétence, d'autonomie et d'appartenance d'élèves acadiens par rapport à l'apprentissage et à l'utilisation du français et de l'anglais, scores moyens et écarts types selon la vitalité ethnolinguistique

		Vitalité ethnolinguistique de la communauté francophone							
Sentiments	Langue	Modérément faible		Modérée		Modérément forte		Total	
		M	*É.-t.*	*M*	*É.-t.*	*M*	*É.-t.*	*M*	*É.-t.*
Autonomie	Français	6,69	*1,70*	7,11	*1,67*	7,68	*1,42*	7,26	*1,62*
	Anglais	7,74	*1,41*	6,71	*1,86*	5,75	*1,96*	6,46	*1,93*
Compétence	Français	6,54	*1,40*	7,11	*1,68*	8,11	*1,06*	7,41	*1,52*
	Anglais	7,31	*1,15*	6,92	*1,62*	5,86	*1,97*	6,56	*1,80*
Appartenance	Français	6,59	*1,45*	6,73	*1,76*	7,67	*1,13*	7,10	*1,53*
	Anglais	6,71	*1,58*	6,30	*1,94*	4,93	*2,27*	5,81	*2,15*

S'agissant des résultats obtenus pour l'ensemble de l'échantillon, nous constatons qu'en général les répondants entretiennent des sentiments relativement élevés d'autonomie, de compétence et d'appartenance pour les deux langues, mais plus élevés envers le français qu'envers l'anglais. Cet effet est statistiquement significatif et explique 12,1 % de la variance. Les différences relatives aux types de sentiments sont aussi significatives, mais elles expliquent moins de la variance (7,2 %). Par rapport aux deux langues, le sentiment de compétence est légèrement plus élevé que le sentiment d'autonomie, lequel est légèrement plus élevé que le sentiment d'appartenance. Observons toutefois que la différence entre le score moyen le plus élevé et le score moyen le plus faible est plus marquée pour l'anglais que pour le français. Cette interaction entre la langue et le type de sentiment atteint le seuil de signification, mais elle explique relativement peu de variance (4,2 %).

L'effet de la vitalité ethnolinguistique et l'interaction entre le type de sentiment et la vitalité ethnolinguistique ne sont pas significatifs. Quant à l'effet combiné de la langue, du type de sentiment et de la vitalité ethnolinguistique, il se rapproche du seuil de signification sans l'atteindre ($p = 0{,}052$).

Mais l'interaction entre la langue et la vitalité ethnolinguistique est significative et explique un pourcentage élevé de variance, soit 29,9 %. Les jeunes de la région à plus faible vitalité ethnolinguistique entretiennent des sentiments d'autonomie et de compétence plus positifs à l'égard de l'apprentissage et de l'usage de l'anglais qu'à l'égard du français. Le sentiment d'appartenance vis-à-vis des anglophones semble être légèrement plus dominant qu'à l'égard des francophones. En revanche, les élèves des régions dans lesquelles la vitalité ethnolinguistique est modérée et modérément forte éprouvent des sentiments d'autonomie, de compétence et d'appartenance plus profonds à l'égard du français que de l'anglais. L'effet de la vitalité ethnolinguistique sur le sentiment de compétence semble être particulièrement significatif.

V. Discussion et conclusion

La théorie de l'autodétermination permet de dresser un portrait différencié du profil de la motivation langagière des jeunes Acadiens – en plus de réunir les conditions qui favorisent le développement des différentes formes de motivation. Les formes autodéterminées de motivation sont associées aux conditions sociales et contextuelles qui favorisent les sentiments de compétence, d'autonomie et d'appartenance. Cette démarche innovatrice pour l'étude de la motivation humaine permet de cibler davantage les approches pédagogiques adaptées aux contextes ethnolinguistiques minoritaires et aux besoins psychologiques des jeunes vivant dans ces contextes.

De façon générale, les résultats semblent montrer que, en contexte minoritaire (faible vitalité ethnolinguistique), le degré d'autodétermination de la motivation des personnes à l'égard de la langue maternelle est moins élevé qu'en milieu majoritaire (forte vitalité ethnolinguistique) et, inversement, que celui qui concerne la langue seconde est plus élevé qu'en milieu majoritaire. De plus, la relation est essentiellement la même pour la satisfaction des besoins psychologiques : plus la vitalité ethnolinguistique de l'endogroupe est forte, plus les personnes éprouvent des sentiments de compétence, d'autonomie et d'appartenance par rapport à leur langue maternelle et moins ils en éprouvent par rapport à leur langue seconde. Tout se passe comme si tant l'orientation générale pour l'autodétermination que le degré de satisfaction des besoins à l'égard de l'apprentissage et de l'emploi des langues demeuraient relativement uniformes chez les différents groupes de jeunes, alors que les dispositions pour la langue maternelle et pour la langue seconde variaient de façon inverse en fonction de la vitalité ethnolinguistique.

Plus spécifiquement, la motivation autodéterminée pour l'apprentissage et l'emploi du français et de l'anglais en Acadie varie de modérée à forte, à savoir entre 5 et 7 sur des échelles de 9 points, mais la forme de régulation peut varier selon la langue et la vitalité ethnolinguistique de la région. Globalement, la motivation pour l'apprentissage et l'emploi du français a tendance à être plus autodéterminée que quand il s'agit de l'anglais. Remarquons que cette tendance n'est pas uniforme. La motivation extrinsèque avec régulation intégrée pour l'apprentissage et l'usage de l'anglais est aussi forte que pour l'apprentissage et l'usage du français chez les élèves du Sud-Ouest de la Nouvelle-Écosse, région où la vitalité de la communauté francophone est modérément faible. En d'autres termes, ces derniers semblent dire que la langue anglaise correspond autant à leurs valeurs personnelles et fait autant partie de leur identité que la langue française. De plus, ils manifestent un degré de motivation intrinsèque plus élevé pour l'anglais que pour le français. Les résultats indiquent qu'ils se sentent plus autonomes et plus compétents dans l'apprentissage et l'usage de l'anglais que du français. Enfin, leur sentiment d'appartenance par rapport à la communauté anglophone est même légèrement plus élevé que par rapport à la communauté francophone.

Ces résultats confirment la prévalence du bilinguisme soustractif en contexte de faible vitalité ethnolinguistique. Mais s'agit-il d'un cas irréfutable de déterminisme social ? L'orientation de la motivation comme la forme que prend le bilinguisme dépendent-elles entièrement du milieu de vie ?

À première vue, on pourrait être porté à répondre par l'affirmative. Plus la vitalité ethnolinguistique d'une communauté est forte plus elle fournirait aux membres d'une communauté les conditions ambiantes nécessaires pour remplir les besoins psychologiques d'autonomie, de compétence et d'appartenance à la source de l'autodétermination de la motivation langagière. Mais plus la vitalité ethnolinguistique d'une communauté est faible plus ces besoins seraient satisfaits par les contacts et les relations entretenus avec les membres de la communauté majoritaire. L'autodétermination des motivations et des comportements langagiers se ramènerait-elle par conséquent au seul facteur de la vitalité ethnolinguistique ?

Le modèle du comportement langagier autodéterminé et engagé et le modèle macroscopique de revitalisation ethnolinguistique offrent une autre perspective[22]. Selon ces modèles, les vécus autonomisant et conscientisant peuvent varier indépendamment du vécu socialisant. Une communauté conscientisée peut se prendre en charge et, dans le cadre d'un projet de revitalisation d'envergure, se donner des conditions de sorte à transformer graduellement le déterminisme social en autodétermination. D'après une recherche récente[23], la qualité autonomisante du vécu langagier peut être aussi importante que la quantité des contacts vécus en langue maternelle dans le développement d'une identité ethnolinguistique forte et positive. De même, le vécu conscientisant s'avère constituer le meilleur prédicteur du comportement ethnolangagier engagé[24].

Notre recherche a montré, à tout le moins, qu'une communauté linguistique minoritaire se doit d'élaborer un plan de revitalisation qui comporte des mesures de renforcement des sentiments de compétence, d'autonomie et d'appartenance de ses membres. Des recherches futures pourraient avoir comme objectif de déterminer l'efficacité de différentes stratégies de revitalisation en répondant, par exemple, à la question de savoir si une pédagogie actualisante et communautarisante[25] dans les écoles de la minorité francophone, en avivant les sentiments d'autonomie, de compétence et d'appartenance, pourrait contribuer de la sorte à accroître la motivation autodéterminée pour apprendre et employer la langue française en contexte minoritaire.

---

22 Landry, R., Allard, R., Bourgeois, N. et Deveau, K., *op. cit.*, 2005 ; Landry, R., Allard, R. et Deveau, K., dans le chapitre 2 du présent volume.

23 Deveau, K., Landry, R. et Allard, R., « Au-delà de l'autodéfinition : composantes distinctes de l'identité ethnolinguistique », *Francophonies d'Amérique*, n° 20, 2005, p. 79-93.

24 Landry, R., Allard, R., Deveau, K. et Bourgeois, N., *Self Determination and the Psycholinguistic Development of Linguistic Minorities*, Communication présentée à la Second International Conference on Self-Determination Theory, Ottawa (Canada), 2004.

25 Landry, R., « Pour une pédagogie actualisante et communautarisante en milieu minoritaire francophone », in Allard, R. (dir.), *Actes du Colloque pancanadien sur la recherche en éducation en milieu francophone minoritaire : Bilan et prospectives*, 2003. En ligne à l'adresse http://www.acelf.ca/publi/crde/articles/10-landry.html.

Une innovation organisationnelle acadienne pour les minorités francophones en milieu urbain

Le Centre scolaire-communautaire en Acadie du Nouveau-Brunswick et son essaimage ailleurs au Canada

Greg ALLAIN

Université de Moncton, Canada

Nous voulons traiter dans ce texte d'une innovation sociale récente en Acadie du Nouveau-Brunswick, soit le concept de centre scolaire-communautaire, développé au milieu des années 1970, incarné une première fois dans la capitale Fredericton en 1978, puis à Saint-Jean et à Miramichi au milieu des années 1980, et qui a essaimé depuis ailleurs au Canada, où l'on en compte présentement une vingtaine, avec d'autres en développement[1].

Une certaine conception traditionnelle de l'Acadie mettait l'accent sur la foncière malchance historique de cette petite société au destin tragique, n'ayant réussi à survivre miraculeusement jusqu'à maintenant que grâce à un mélange de résignation et de détermination : le fameux mythe d'Évangéline reflète bien cette représentation[2]. Pourtant, en cette année suivant le 400e anniversaire de l'Acadie en 2004, les exemples abondent depuis les débuts de stratégies de résistance[3], de débrouillar-

---

1 Poirier, B., LeBlanc, C. et Thériault, P.-É., *Les phares communautaires et scolaires du Canada*, Fredericton, Centre communautaire Sainte-Anne, 2003.

2 Voir sur cette question l'intéressante analyse de Viau, R., *Les visages d'Évangéline : Du poème au mythe*, Beauport, Publications MNH, 1998.

3 Chouinard, O., « Les enjeux des résistances de la société acadienne : réflexions sur des demandes citoyennes en Acadie du Nouveau-Brunswick », *Francophonies d'Amérique*, n° 13, 2002, p. 67-77 ; Chiasson, G. et Thériault, J.-Y., « La construc-

dise et – oui – d'innovation. Au XVIIe siècle, les premiers Acadiens devinrent de prospères fermiers, ayant récupéré des terres fertiles à la baie de Fundy en asséchant les marais salés au moyen d'un ingénieux système de digues et d'aboîteaux. Avant le cataclysme de 1755, ils surent tirer leur épingle du jeu à la fois économiquement (grâce au commerce avec la Nouvelle-France et les colonies américaines du temps) et politiquement (par leur stratégie délibérée de neutralité). Après le « nettoyage ethnique avant la lettre » que fut la Déportation[4], ils entreprirent la lente réappropriation de nouveaux espaces géographiques dans des conditions extrêmement difficiles. Puis, dans la deuxième moitié du XIXe siècle, la période de la renaissance ou de la prise de conscience acadienne verra l'élite clérico-professionnelle doter la société acadienne, lors des grandes conventions nationales des années 1880, de symboles distinctifs comme le drapeau, la fête nationale et l'hymne national (qui distinguaient les Acadiens de leurs cousins canadiens au Québec) et d'une série d'institutions religieuses et éducatives (paroisses, couvents, écoles, collèges) qui allaient permettre le développement de la société acadienne à travers la reproduction de ses élites dirigeantes.

Finalement, plus près de nous (et je saute ici toute la première moitié du XXe siècle qui reste à étudier plus en profondeur car elle a certainement préparé plus qu'on ne croit la période récente), on connaît bien la nouvelle renaissance acadienne qui commence avec l'élection en 1960 de Louis Robichaud, le premier Premier ministre acadien élu au Nouveau-Brunswick et dont les gestes, notamment la création de l'Université de Moncton en 1963, la réforme Chances égales pour tous (en 1967) et la promulgation en 1969 de la loi sur les langues officielles du Nouveau-Brunswick qui en faisait la seule province officiellement bilingue au Canada, établiront les bases d'un développement sans précédent de la société acadienne, dans tous les domaines[5], à partir des années

tion d'un sujet acadien : résistance et marginalité », *Revue internationale d'études canadiennes*, 20, automne 1999, p. 81-99.

4 Basque, M., Barriau, N. et Côté, S., *L'Acadie de l'Atlantique*, Université de Moncton, Centre d'études acadiennes, 1999, p. 22.

5 Y compris au plan de l'entreprenariat (Allain, G., « "La nouvelle capitale acadienne" ? Les entrepreneurs acadiens et la croissance récente du Grand Moncton », *Francophonies d'Amérique*, Numéro spécial sur le 400e anniversaire de l'Acadie, Printemps 2005, n° 19, p. 19-43, et des arts (Chiasson, H., « Moncton et la renaissance culturelle acadienne », *Francophonies d'Amérique*, n° 16, 2003, p. 79-84). Fait intéressant à noter, les développements dans ces deux domaines ont connu leurs manifestations les plus spectaculaires (même s'ils ne s'y sont pas limités) non pas dans les régions acadiennes « de souche » mais dans la ville de Moncton, à majorité anglophone mais où se trouvent plusieurs des grandes organisations acadiennes : l'Université de Moncton, la société acadienne d'assurance Assomption Vie, le siège social pour la région atlantique de la société Radio-Canada.

1970, ce que plusieurs auteurs qualifieront d'entrée dans la modernité de l'Acadie du Nouveau-Brunswick[6].

I. L'innovation sociale et ses dimensions

Ayant contextualisé la situation au moyen de ce rapide arrière-plan historique, nous pouvons maintenant aborder notre thème d'une innovation sociale acadienne d'abord conçue et appliquée au cours de ces effervescentes années 1970. Mais qu'est-ce qu'une innovation sociale ? On entend beaucoup parler d'innovations technologiques, à l'ère de l'Internet, du téléphone cellulaire et de la caméra numérique. À vrai dire, les inventions technologiques ont toujours existé, aussi loin qu'on remonte dans l'histoire (et les premiers Acadiens y ont pris part, avec les techniques des disques et des aboîteaux, pour réclamer des terres à la mer et assurer l'irrigation des champs), mais ce n'est qu'au cours des dernières décennies qu'elles se sont multipliées à un rythme vertigineux, avec l'institutionnalisation et la commercialisation des sciences appliquées. Mais qu'est-ce qui caractérise l'innovation *sociale ?*

À Montréal, les chercheurs du CRISES (Le Centre de recherche sur les innovations sociales dans l'économie sociale, les entreprises et les syndicats) se sont penchés sur la question. Ils estiment que :

> De façon générale, l'innovation sociale est une réponse nouvelle à une situation sociale jugée insatisfaisante [...] [Elle] vise le mieux-être des individus et/ou des collectivités[7].

Et de plus,

---

[6] Allain, G., McKee-Allain, I. et Thériault, J.-Y., « La société acadienne : lectures et conjonctures », in Daigle, J., *L'Acadie des Maritimes : Études thématiques des débuts à nos jours*, Université de Moncton, Chaire d'études acadiennes, 1993, p. 341-85 ; Allain, G. et McKee-Allain, I., « Acadian Society in 2002 : Modernity, Identity and Pluralism », *Journal of Indo-Canadian Studies*, Vol. 2, n° 2, July, 2002, p. 37-48 ; Allain, G. et McKee-Allain, I., « La société acadienne en l'an 2000 : identité, pluralité et réseaux », in Magord, A. (dir.), avec la collaboration de Basque, M. et Giroux, A., *L'Acadie plurielle : Dynamiques identitaires collectives et développement au sein des réalités acadiennes*, Institut d'études acadiennes et québécoises de l'Université de Poitiers, Centre d'études acadiennes de l'Université de Moncton, 2003, p. 535-65 ; Thériault, J.-Y., « Le moment Robichaud et la politique en Acadie », in *L'ère Louis J. Robichaud, 1960-1970*, Institut canadien de recherche sur le développement régional, 2001, p. 39-54.

[7] Cloutier, J., *Qu'est-ce que l'innovation sociale ?*, Montréal, Centre de recherches sur les innovations sociales, 2003.

> [C'est] une pratique qui permet d'apporter un questionnement nouveau, une réponse nouvelle ou de prendre en charge différemment un besoin social existant ou émergent[8].

Par ailleurs, il est important de noter le caractère éminemment *collectif* du processus. Comme le dit Petitclerc,

> la conception du projet innovateur ne se fait pas « dans le vide », encore moins pour les innovations sociales que pour les innovations technologiques [...] la recherche actuelle tend de plus en plus à situer la conception des innovations au niveau des interactions sociales et, notamment, des réseaux sociaux[9].

Le sociologue Benoît Lévesque poursuit en ajoutant que :

> Les innovations sociales [...] sont des processus sociaux et des processus d'apprentissage caractérisés par l'interaction et l'échange d'informations et de savoir d'une grande variété d'acteurs indépendants[10].

Nous verrons que c'est tout à fait le cas dans l'exemple que nous analyserons ici. Finalement, soulignons que l'innovation sociale n'est pas nécessairement novatrice, au sens d'une invention ou d'une découverte, mais qu'elle peut plutôt se situer en discontinuité par rapport aux pratiques habituelles mises en œuvre dans un milieu donné pour résoudre un problème particulier : l'important, c'est le caractère hors norme de l'innovation ; comme le dit Cloutier (2003), l'idée n'est « pas nécessairement de faire nouveau, mais de faire autrement, de proposer une alternative ». L'innovation peut alors consister en une réorganisation ou une reconfiguration d'éléments déjà existants. Ce qui distingue l'innovation sociale, donc, ce n'est pas tant la nouveauté radicale que le fait qu'elle

> produit de meilleurs résultats que les pratiques existantes, parce qu'elle constitue une solution *adaptée* au problème, et ce en l'absence d'autres alternatives efficaces[11].

Nous rejoignons ici précisément le thème du colloque tenu à Poitiers en juin 2004 : Innovation et Adaptation.

---

8 Cloutier, J., *op. cit.*

9 Petitclerc, M., *Rapport sur les innovations sociales et les transformations sociales*, Montréal, Centre de recherche sur les innovations sociales, 2003.

10 Lévesque, B., *Les impacts des parcs scientifiques à travers la contribution des innovations sociales et des sciences sociales et humaines*, Montréal, Centre de recherche sur les innovations sociales, 2002.

11 *Ibid.*

II. Le contexte général d'émergence du concept de centre scolaire-communautaire

L'Acadie du Nouveau-Brunswick, comme on sait, fait figure d'exception parmi les francophonies canadiennes minoritaires. En effet, elle se signale par le volume de sa population de langue maternelle française (au nombre de 240 000 personnes)[12], mais surtout par son poids relatif au sein de la population néo-brunswickoise dont elle constitue le tiers (33,2 %) des effectifs[13]. Par ailleurs, la plus forte proportion des Acadiens et des Acadiennes (88 %) vit dans les trois grandes régions francophones que sont le Nord-Est, le Nord-Ouest et le Sud-Est de la province. Tout cela fait en sorte que c'est chez les Acadiens du Nouveau-Brunswick que l'on trouve notamment[14] :

- la plus forte proportion de gens ayant le français comme langue d'usage (30,3 %) ;
- le plus haut taux de continuité linguistique (89,5 %) ;
- le meilleur indice de transmission intergénérationnelle selon la langue (96 % en 1996) ;
- la plus forte proportion d'utilisation du français au travail (92,3 %) ;
- le plus bas taux d'exogamie (14,8 %) ;
- le taux d'assimilation le moins élevé (10,5 %) ;
- la plus basse incidence de vieillissement.

Au-delà de ces caractéristiques démolinguistiques, il faut signaler l'accroissement de la capacité organisationnelle et de la complétude institutionnelle[15], suite à la continuation des réformes Robichaud par son successeur conservateur Richard Hatfield au cours des années 1970, avec entre autres l'établissement de la dualité au sein du ministère de

---

12 Les Franco-Ontariens sont plus nombreux en chiffres absolus (509 000), mais ils ne représentent que 4,5 % de la population de l'Ontario. Dans les autres provinces canadiennes, la proportion de francophones varie entre 0,5 % (à Terre-Neuve-et-Labrador) et 4,4 % (à l'Île-du-Prince-Édouard).

13 Tous les chiffres sont tirés du recensement du Canada de 2001.

14 Landry, R. et Rousselle, S., *Éducation et droits collectifs : Au-delà de l'article 23 de la Charte*, Moncton, Les Éditions de la Francophonie, 2003, p. 52-67. Ces statistiques, sauf avis contraire, proviennent du recensement de 2001.

15 Breton, R., « Les institutions et les réseaux d'organisation des communautés ethnoculturelles », in *État de la recherche sur les communautés francophones hors Québec*, 1984, p. 4-20 ; Breton, R., « La communauté ethnique, communauté politique », *Sociologie et sociétés*, vol. XV, n° 2, 1983, p. 23-37 ; Breton, R., « Institutional Completeness of Ethnic Communities and the Personal Relations of Immigrants », *American Journal of Sociology*, 70, juillet 1964, p. 193-205.

l'Éducation à la fin des années 1970 et la mise sur pied des conseils scolaires de langue minoritaire au début des années 1980, sans oublier la loi 88 de 1981 sur l'égalité des deux communautés linguistiques[16]. Il faut également souligner l'effervescence associative et la mise sur pied de grands réseaux dans divers secteurs au cours des années 1980[17].

Pourtant, si l'on va au-delà des données agrégées, on voit apparaître *deux Acadies* du Nouveau-Brunswick. L'économiste Maurice Beaudin a en effet décrit en détail la réalité des régions souches du Nord et de l'Est de la province[18], avec une population relativement homogène linguistiquement et vivant en milieu rural ou de petite ville, mais affligée par une socio-économie souvent fragile, caractérisée par des emplois saisonniers, dans des industries du secteur primaire, une scolarité plus faible, un taux de chômage élevé et de bas revenus. Par contre, dans les trois grandes villes du sud de la province, où les Acadiens représentent une petite minorité (surtout à Fredericton et à Saint-Jean, où ils comptent respectivement pour 7,3 %[19] et 4,7 % de la population urbaine)[20], ils jouissent d'une socio-économie beaucoup plus favorable, avec une large

---

[16] Qui sera enchâssée dans la Constitution canadienne en 1993 suite à de nombreuses pressions, échelonnées sur plusieurs années, des principaux organismes « nationaux » acadiens, comme la Société des Acadiens et des Acadiennes du Nouveau-Brunswick (SAANB) et la Société nationale de l'Acadie (SNA). Le raisonnement derrière cette revendication était qu'une loi provinciale pouvait être abrogée plus facilement qu'un article de la Constitution canadienne. Pour parer aux coups et éviter qu'un futur gouvernement du Nouveau-Brunswick ne décide d'abroger la loi 88, on entreprit donc de la faire placer « sous la protection » de la Constitution, ce qui a fini par être obtenu.

[17] Allain, G., « Fragmentation ou vitalité ? Les nouveaux réseaux associatifs dans l'Acadie du Nouveau-Brunswick », in Cazabon B. (dir.), *Pour un espace de recherche au Canada français : discours, objets et méthodes*, Ottawa, Presses de l'Université d'Ottawa, 1996, p. 93-125 ; Allain, G., « La société acadienne en réseaux : trois études de cas dans les domaines du sport, des affaires et de l'Acadie mondiale », *La Revue de l'Université de Moncton*, Numéro hors série, 2001, p. 191-205 ; Allain, G., « Fragmentation ou vitalité ? Regard sociologique sur l'Acadie actuelle et ses réseaux associatifs », in Langlois S. et Létourneau J. (dir.), *Aspects de la nouvelle francophonie canadienne*, Collection culture française d'Amérique, Québec, Les Presses de l'Université Laval, 2004a, p. 231-54.

[18] Beaudin, M., « Les Acadiens des Maritimes et l'économie », in Thériault, J.-Y. (dir.), *Francophonies minoritaires au Canada : L'état des lieux*, Moncton, Les Éditions d'Acadie, 1999, p. 239-64.

[19] Si l'on considère l'ensemble de la région environnant Fredericton desservie par le Centre communautaire Sainte-Anne, alors la proportion des francophones monte à 7,9 % (voir Allain, G. et Basque, M., *Une présence qui s'affirme : la communauté acadienne et francophone de Fredericton, Nouveau-Brunswick*, Moncton, Les Éditions de la Francophonie, 2003).

[20] La proportion de francophones du Grand Moncton équivaut pour sa part à celle des Acadiens par rapport à la population provinciale, soit 33 %.

prédominance d'emplois à temps plein et mieux rémunérés en moyenne que les anglophones[21], avec une faible incidence de chômage. Le désavantage principal réside ici dans le statut minoritaire des francophones au sein de ces trois grands ensembles urbains[22].

C'est précisément ce statut de minoritaire, ainsi que la composition socio-économique particulière de la communauté francophone, qui explique le besoin spécial qui s'est imposé chez les Acadiens de Fredericton et la solution inédite qu'ils allaient trouver au début des années 1970.

III. Le contexte immédiat ayant donné naissance au concept de centre scolaire-communautaire

Dès le début des années 1960, les Acadiens et les Acadiennes de Fredericton, qui commençaient à se faire plus nombreux dans la capitale depuis l'avènement du gouvernement Robichaud, firent des pressions pour avoir des classes en français. Nous avons décrit ailleurs[23] les luttes et les péripéties entourant le dossier de l'école française à Fredericton. Qu'il suffise de rappeler que, devant les refus répétés du conseil scolaire anglophone n° 26, les Acadiens décidèrent d'ouvrir en 1965 une école française privée, l'école Sainte-Anne, avec l'aide de collecte de fonds et de dons de matériel scolaire[24], qui dut s'accommoder de locaux très modestes au début et dont l'état de délabrement imposa plusieurs démé-

---

21 Beaudin, M., « Les Acadiens des Maritimes et l'économie », in Thériault, J.-Y. (dir.), *Francophonies minoritaires au Canada : L'état des lieux*, Moncton, Les Éditions d'Acadie, 1999, p. 239-64.

22 À l'échelle d'une province comptant 740 000 habitants en 2001. La population de la région métropolitaine de Saint-Jean se chiffrait en 2001 à 123 000 habitants, celles des agglomérations de recensement de Moncton et de Fredericton, à 118 000 et à 81 500, respectivement.

23 Allain, G., « Les études de communauté en milieu francophone urbain minoritaire : les cas de Saint-Jean et de Fredericton », *Francophonies d'Amérique*, n° 16, automne 2003, p. 45-65 ; Allain, G. et Basque, M., *Une présence qui s'affirme : la communauté acadienne et francophone de Fredericton, Nouveau-Brunswick*, Moncton, Les Éditions de la Francophonie, 2003, p. 163-73.

24 Mentionnons l'appui financier de la Société nationale des Acadiens, du ministère des Affaires culturelles du Québec et du Conseil de la vie française en Amérique, en plus de dons en espèces comme des pupitres du ministère de l'Éducation du Québec et des livres du consulat de France (Poirier, B. et Thériault, F., *Les dix premières années : le Centre communautaire Sainte-Anne, 1978-1988*, Fredericton, Le Centre communautaire Sainte-Anne, 1988 ; Chiasson, R., « Activités menant à la fondation de l'École primaire bilingue de Fredericton, N.-B. », document adressé à la directrice du conseil scolaire n° 51, 30 avril 1990 ; Allain, G. et Basque, M., *Une présence qui s'affirme : la communauté acadienne et francophone de Fredericton, Nouveau-Brunswick*, Moncton, Les Éditions de la Francophonie, 2003).

nagements (l'ancienne caserne militaire qu'ils occuperont à compter de 1967 n'était pas chauffée et était infestée de souris et de rats...), jusqu'à ce que les anglophones consentent enfin en 1971 à leur laisser utiliser une école élémentaire appelée l'école Montgomery, dont ils refusèrent cependant que le nom soit changé en celui d'école Sainte-Anne.

La crise scolaire de 1972 allait précipiter les choses. Le conseil scolaire anglophone refusait toujours le nom français de l'école et s'ingérait dans sa gestion interne. Qui plus est, on était confronté à un sérieux problème d'espace : en plus du fait que l'école Montgomery manquait de certaines facilités (il n'y avait pas de cafétéria, par exemple, et le gymnase était minuscule), c'était en fait une école élémentaire (de la première à la septième année) convertie pour accueillir les élèves francophones de la première à la neuvième année. Mais les inscriptions augmentaient (de pair avec l'augmentation du nombre d'Acadiens à Fredericton) : par exemple, elles passaient de 171 en 1971-1972 à 229 en 1972-1973, une hausse de 34 %. Il n'y a pas de place pour les finissants de neuvième année (l'équivalent dans le système français de la troisième), qui iront en dixième en septembre 1972. Après de longues et pénibles négociations avec le conseil scolaire anglophone, qui commença par proposer que les francophones aillent terminer leurs études secondaires... en anglais dans une école anglophone, ce dernier acceptait enfin que les jeunes francophones fassent leur dixième année en français à la polyvalente anglophone de Fredericton High, où ils durent subir pendant plusieurs mois une marginalisation évidente.

Devant cette situation, les forces vives de la communauté se mobilisent. Les parents, réunis en assemblée générale du foyer-école Sainte-Anne, décident de mettre sur pied un comité pour « établir des stratégies pour assurer l'enseignement en français aux jeunes francophones de la capitale à tous les niveaux scolaires »[25]. Le Cercle français, l'organisme de défense des droits des francophones de Fredericton fondé en 1958, crée à son tour le Comité de l'avenir en avril 1972 et multiplie les démarches pour trouver des solutions. On envisage diverses options : ajouter des classes mobiles, créer un district scolaire autonome, se rattacher à un conseil scolaire francophone déjà existant, réclamer plus d'autonomie à l'intérieur du district scolaire anglophone n° 26[26]. En novembre 1972, après de nombreuses lettres sans réponse au conseil scolaire 26, on organise une conférence de presse pour faire état de la crise scolaire chez les francophones et de la non-collaboration des

---

[25] Clavette, D., *École Sainte-Anne, une histoire à raconter : La petite histoire de l'école Sainte-Anne, 1965-2003*, Fredericton, 2003, p. 32.

[26] *Ibid.*, p. 35.

anglophones. Le lendemain, un comité *ad hoc* est créé pour examiner les alternatives possibles : il se compose de fonctionnaires et d'hommes politiques francophones. C'est au sein de ce comité qu'émergera le concept de centre scolaire-communautaire.

Il faut ajouter qu'en 1968, trois ans après l'ouverture de l'école française, le Cercle français avait identifié un autre besoin important au sein de la communauté acadienne de la capitale : celui d'un lieu de rendez-vous pour les activités socioculturelles du groupe. On créa un Comité du centre culturel pour explorer les possibilités en ce sens mais, en l'absence de moyens financiers, ce projet piétinait. En attendant, les activités sociales et les réunions communautaires se tenaient dans les locaux exigus de l'école Montgomery.

Le développement du concept de centre scolaire-communautaire ne résulte pas dans ce contexte de considérations théoriques d'ordre organisationnel ou administratif, mais de la conjugaison des deux besoins de base de la communauté acadienne pour une nouvelle école offrant les cours de la première à la douzième année, d'une part, et d'un centre culturel pour tenir les activités socioculturelles et communautaires de l'autre. À la rigueur, on aurait pu finir par convaincre le gouvernement du Nouveau-Brunswick de la nécessité de construire une école plus grande. Mais cela aurait pu prendre plusieurs années et, d'ailleurs, il n'y avait pas de fonds pour établir un centre culturel.

Le génie du petit groupe d'acteurs sociaux impliqués dans ces discussions de haut niveau fut de combiner les deux projets en un seul et d'y associer le gouvernement fédéral qui, lui, avait de l'argent. Pas pour l'école, puisqu'au Canada la juridiction pour l'éducation relève des provinces. Mais pour le volet communautaire, oui, et c'est ainsi que le gouvernement canadien, très favorable au projet innovateur, consentit à prendre en charge le tiers des coûts du complexe évalués à plusieurs millions de dollars à l'époque, en plus de contribuer par la suite pour une somme d'environ 100 000 dollars par an pour les programmes d'animation communautaire du centre.

Le groupe ajouta un dernier ingrédient au projet, et ici il fallait bien des fonctionnaires pour y penser : comme la province était officiellement bilingue depuis 1969, il fallait évidemment offrir un milieu de vie convenable en français dans la capitale pour y attirer des francophones des diverses régions afin d'occuper des postes au sein de la fonction publique en pleine croissance[27]. Mais il fallait aussi assurer une forma-

---

[27] Rappelons que le nombre de fonctionnaires au Nouveau-Brunswick a plus que doublé pendant les années 1960, passant de moins de 3 000 (2 908) en 1960 à près de 7 000 (6 770) en 1970. En 1980, on en comptait 9 000, et en 1990, 11 100 (Bouchard, P. et

tion en français à un certain nombre de fonctionnaires anglophones (tant du côté provincial que fédéral, d'ailleurs) voulant devenir éligibles pour des postes bilingues. D'où l'idée d'incorporer au complexe envisagé une troisième composante, soit une école de langues destinée à la fonction publique : à cet effet également, des fonds gouvernementaux étaient disponibles.

Au plan matériel, l'idée du centre scolaire-communautaire présentait plusieurs avantages : il permettait de partager, entre l'école et le centre, plusieurs espaces communs tels la bibliothèque, le gymnase, l'amphithéâtre, la galerie d'art, la cafétéria. Au plan social, il offrait un point d'ancrage à la communauté plus solide et plus cohésif qu'une école et un centre culturel établis séparément. À une communauté dispersée géographiquement dans la région de la capitale, il fournissait un lieu central et hautement visible, incarnant physiquement, avec ses facilités modernes, le fruit de bien des années de lutte.

On connaît la suite : le 15 janvier 1973, le Comité de l'avenir soumet au Premier ministre un mémoire présentant l'argumentation en faveur d'un centre scolaire-communautaire et, en avril, l'idée d'un cofinancement fédéral-provincial est acceptée. Un architecte prépare les plans et, le 21 janvier 1974, le secrétaire d'État fédéral Hugh Faulkner et le Premier ministre provincial Richard Hatfield annoncent conjointement l'entente de financement pour le Centre.

Évidemment, il y a parfois loin de la coupe aux lèvres, et divers facteurs, dont l'opposition farouche de plusieurs groupes anglophones[28], retardera la construction de plusieurs années. Ce n'est qu'en janvier 1978 que le Centre communautaire ouvrira ses portes, surtout pour le

---

Vézina, S., « Modernisation de l'administration publique au Nouveau-Brunswick, démocratie et bureaucratie : le modèle de Louis J. Robichaud », in *L'ère Louis J. Robichaud, 1960-1970*, Institut canadien de recherche sur le développement régional, 2001, 64). En vertu du faible niveau de déconcentration territoriale au Nouveau-Brunswick, la grande majorité de ces fonctionnaires sont en poste dans la capitale, Fredericton.

[28] Divers groupes anglophones, dont le conseil municipal, se sont en effet opposés de façon virulente au Centre et à l'emplacement d'abord choisi le long du fleuve Saint-Jean, sur les lieux mêmes du village historique acadien de la Pointe Sainte-Anne. Le nouvel emplacement, plus escarpé, requit un réajustement majeur des plans architecturaux initiaux. Des élections générales en 1974 ralentirent aussi le processus ; par ailleurs, l'escalade des coûts avec le temps fit en sorte que des coupures d'espaces durent être faites, ce qui entraîna de nouvelles modifications aux plans (Allain, G. et Basque, M., *Une présence qui s'affirme : la communauté acadienne et francophone de Fredericton, Nouveau-Brunswick*, Moncton, Les Éditions de la Francophonie, 2003, p. 169-70).

volet scolaire dans les premiers mois ; l'ouverture officielle aura lieu en juin de cette année.

Trois conclusions en une

Depuis son ouverture en 1978, le Centre communautaire Sainte-Anne est devenu le point de ralliement incontournable de la communauté francophone de Fredericton. L'école Sainte-Anne avait en 2003-2004 tout près de mille élèves (992 de la maternelle à la douzième année) et une soixantaine d'enseignants : que de chemin parcouru depuis la petite école de 1965, avec son unique enseignante et ses 22 élèves ! En plus, il s'agit d'une école de grande qualité, avec une direction et des enseignants qui mettent résolument l'accent sur l'excellence : une forte proportion de ses finissants poursuit des études post-secondaires (et notamment universitaires pour 60 % d'entre eux) et, en 2003, l'école Sainte-Anne était classée première parmi les polyvalentes francophones de la province[29].

Du côté communautaire, des milliers de personnes participent chaque année au large éventail de services et d'activités familiales et socioculturelles présentées au Centre. Une trentaine d'organismes gravitent autour du centre, avec leurs bénévoles et leurs activités. Signalons qu'une radio communautaire s'est ajoutée en 1997 à la panoplie d'outils d'expression et de communication à la disposition de la communauté acadienne de Fredericton : c'est un bel exemple de complétude institutionnelle[30].

Si l'histoire finissait là, ce serait un bel exemple de réussite locale. Mais il y a plus : après s'être enraciné avec succès dans la capitale néo-brunswickoise, la formule du Centre scolaire-communautaire allait essaimer, d'abord dans la province, à Saint-Jean en 1984 et à Miramichi en 1986, puis ailleurs dans les provinces de l'Atlantique[31]. Les six

---

[29] Il s'agit d'un classement selon plusieurs indicateurs de rendement opéré par le Atlantic Institute for Market Studies dans un rapport publié en mars 2003. Voir Audas, R. et Cirtwill, C., *Grading Our Future : Atlantic Canada's High Schools' Accountability and Performance in Context*, Halifax, Atlantic Institute for Market Studies, 2003, ainsi que l'article dans le bulletin communautaire *L'Info-Lien*, vol. 14, n° 14, avril 2003, p. 3.

[30] Allain, G., 2003, *op. cit.* ; Allain, G. et Basque, M., 2003, *op. cit.*

[31] Après le Centre scolaire-communautaire Samuel-de-Champlain à Saint-Jean en 1984 et le Carrefour Beausoleil à Miramichi en 1986, il y aura successivement le Carrefour du Grand Havre à Halifax-Dartmouth en Nouvelle-Écosse en 1991, le Carrefour l'Isle-Saint-Jean à Charlottetown à l'Île-du-Prince-Édouard également en 1991 et le Centre scolaire-communautaire de La Grand'Terre, à Terre-Neuve et Labrador en 1995. Trois autres centres s'ajouteront par la suite, à Sydney, Nouvelle-Écosse, à Summerside, Île-du-Prince-Édouard et à St. John's, Terre-Neuve et Labrador.

premiers centres sont donc établis dans l'Est du Canada. De 1995 à 2004, quinze nouveaux complexes seront mis sur pied, dont trois en Ontario et dix dans les provinces de l'Ouest. Il existe présentement vingt-trois centres au Canada, et des démarches actives sont en cours pour la création de deux autres centres, à Pembrooke en Ontario et Lethbridge en Alberta[32].

C'est donc là une innovation sociale acadienne qui a fait des petits, comme on dit, et dont la réussite a inspiré son adoption partout où l'on retrouve des francophonies minoritaires au Canada : on peut en ce sens parler de succès véritablement national. En effet, on peut estimer qu'il s'agissait là d'une idée géniale : pour contrer l'assimilation des minorités francophones à travers le pays, particulièrement celles situées en milieu urbain, et leur donner les outils pour se développer et manifester leur vitalité communautaire[33], il ne suffisait pas d'une école ni d'un centre culturel distinct, mais il fallait réunir ces deux types d'organisation au sein d'un même complexe, sous le même toit, afin de renforcer la cohésion du groupe et de susciter des synergies créatrices. En pratique, cela suppose bien sûr une bonne volonté et une vision commune[34] entre la direction scolaire et la direction communautaire pour faire fonctionner le tout. À certains endroits, à certaines périodes, ce ne fut pas évident, mais généralement un consensus s'établit afin d'assurer la bonne marche des deux composantes principales[35].

Mais comme nous l'avons vu, les motivations du groupe de parents, de fonctionnaires et de politiciens qui étaient à l'origine du concept à

---

32 Poirier, B., LeBlanc, C. et Thériault, P.-É., *Les phares communautaires et scolaires du Canada*, Fredericton, Centre communautaire Sainte-Anne, 2003.

33 Pour une analyse de la vitalité communautaire au sein de minorités acadiennes en milieu urbain, voir Allain, G., « Les conditions de la vitalité socioculturelle chez les minorités francophones en milieu urbain : deux cas en Acadie du Nouveau-Brunswick », *Francophonies d'Amérique*, n° 20, 2005, p. 133-145.

34 Bisson, R., *Étude sur les conditions de succès des centres scolaires et communautaires : Rapport final*, Ottawa, Patrimoine canadien, 2003.

35 En termes administratifs, il existe plusieurs modèles de gestion à l'échelle du pays : Delorme, R. et Hébert, Y., « Une analyse critique de sept modèles de gestion de centres scolaires communautaires », in Duquette, G. et Riopel, P. (dir.), *L'éducation en milieu minoritaire et la formation des maîtres en Acadie et dans les communautés francophones du Canada*, Sudbury, Presses de l'Université Laurentienne, 1998, p. 201-30, recensent par exemple sept modèles différents de gestion des centres scolaires communautaires au Canada. À Fredericton, une loi spéciale a créé une corporation de la couronne responsable de la gestion du Centre. À Saint-Jean, c'est une corporation à but non lucratif qui gère le tout, l'Association régionale de la communauté francophone de Saint-Jean (Allain, G., « La communauté francophone de Saint-Jean, Nouveau-Brunswick : De la survivance à l'affirmation », *Francophonies d'Amérique*, n° 14, automne 2002, p. 47-48).

l'automne de 1972 étaient plutôt terre à terre : leur but n'était pas de créer un modèle organisationnel qui allait s'appliquer à l'échelle du Canada mais de répondre à deux besoins importants de leur communauté dans un contexte de ressources financières rares. La solution qu'ils ont trouvée ne devait rien à des analyses organisationnelles sophistiquées, mais à une compréhension lucide de leur situation et des possibilités concrètes de financement provenant des deux paliers de gouvernement. Une bonne dose de pragmatisme les orienta vers l'innovation choisie, un amalgame inédit de deux types d'organisation existant tous deux séparément depuis longtemps, l'école et le centre culturel[36].

On peut se demander en terminant jusqu'à quel point les conditions ayant présidé à l'éclosion de cette innovation sociale se retrouvent ailleurs. À première vue, la situation à Fredericton est assez particulière. Il y a d'abord ce que j'ai appelé ailleurs « l'effet capitale » (Allain, 2003) : Fredericton étant la capitale du Nouveau-Brunswick, les principaux acteurs sociaux impliqués sont des professionnels, des fonctionnaires pour la plupart œuvrant dans la fonction publique provinciale. Par ailleurs, à cause des réformes du gouvernement Robichaud au cours des années 1960, le nombre de fonctionnaires était en nette croissance et, à cause du statut bilingue de la province officialisé par la loi sur les langues officielles de 1969, le nombre de fonctionnaires francophones augmentait sensiblement, en provenance avec leurs familles des régions acadiennes de la province, ce qui contribuait à l'accroissement de la communauté francophone de Fredericton, passée de 1 500 membres en 1961 à près de 3 000 en 1976[37]. Le gouvernement provincial se devait donc d'embaucher des fonctionnaires francophones des diverses régions pour remplir ses obligations au chapitre de la loi sur les langues officielles. Mais s'il voulait les attirer et les retenir, dans la ville majoritairement anglophone et même loyaliste de Fredericton, il devait leur assurer un milieu de vie où ils pourraient, c'est beaucoup dire !, vivre en français, ou à tout le moins bénéficier d'un minimum d'infrastructures scolaires et communautaires.

En plus, le Premier ministre de l'époque, Richard Hatfield, était un francophile sensible aux revendications acadiennes : grâce au vote

---

[36] Voir par exemple l'analyse des centres culturels en Ontario de Farmer, D., *Artisans de la modernité : les centres culturels en Ontario français*, Ottawa, Presses de l'Université d'Ottawa, 1996.

[37] En 1981, elle se chiffrera à 3 500, en 1996 à 5 220 et en 2001 à 5 900. Si nous ajoutons les environs immédiats incluant la base militaire de Gagetown et la ville d'Oromocto, où se trouvent un certain nombre de soldats québécois, alors le total est plutôt de 8 000. Le critère retenu est celui des personnes de langue maternelle française, l'indicateur le plus souvent utilisé au niveau démolinguistique.

acadien qu'il courtisait, il put se maintenir au pouvoir pendant dix-sept ans (1970-1987)[38] ! Mais au-delà des avantages électoraux qu'il pouvait en tirer, Hatfield sut faire preuve de courage politique dans le dossier du Centre scolaire-communautaire, qu'il mena en dépit de l'opposition de certains de ses ministres et d'une bonne partie de la population anglophone de Fredericton. C'est ainsi qu'il intervint de façon décisive en mars 1974 où il va défendre l'idée du centre lors d'une réunion du conseil municipal opposé au projet, devant une foule anglophone hostile et survoltée[39]. Ce sont là plusieurs facteurs que l'on ne retrouverait pas forcément ailleurs, notamment « l'effet capitale » de la seule province bilingue au pays et la présence d'un Premier ministre sympathisant. Ceci dit, des innovations sociales pourraient germer (c'est peut-être d'ailleurs déjà fait, ou en train de se faire) dans d'autres communautés, où des groupes de leaders impliqués sont à la recherche de solutions à des besoins ou à des problèmes collectifs. Cela pourrait se produire par exemple à Halifax, à Toronto, à Winnipeg, à Calgary, à Edmonton ou à Vancouver, c'est-à-dire partout où des communautés francophones minoritaires affrontent des défis et luttent pour se doter d'outils non seulement pour survivre mais pour s'épanouir et s'affirmer. D'ailleurs, selon une politologue acadienne, le simple fait de réclamer, d'obtenir et de faire fonctionner un centre scolaire-communautaire, pour une communauté minoritaire, constitue un geste politique[40] !

[38] Sur le personnage très spécial qu'était Richard Hatfield, voir l'intéressante biographie de Cormier, M. et Michaud, A., *Un dernier train pour Hartland*, Montréal, Éditions Libre Expression, 1991.

[39] Rappelons que plusieurs groupes anglophones s'opposaient farouchement au projet : outre le conseil municipal et le conseil scolaire, il y avait le quotidien *The Daily Gleaner*, The English Speaking League, The Fredericton Heritage Trust, The Fredericton Council of Women, et la réserve amérindienne de Saint Mary's (voir là-dessus Allain, G., « Les études de communauté en milieu francophone urbain minoritaire : les cas de Saint-Jean et de Fredericton », *Francophonies d'Amérique*, n° 16, automne, p. 45-65, 2003).

[40] Pilote, A., « L'analyse politique des centres scolaires et communautaires en milieu francophone minoritaire », *Éducation et francophonie*, vol. 27, n° 1, printemps 1999.

L'éducation à la citoyenneté démocratique dans une perspective planétaire et la formation à l'enseignement

Catalina FERRER

Université de Moncton, Canada

Les exigences de la modernité interpellent l'éducation de bien des façons, tout particulièrement en ce qui a trait à la nécessité d'éduquer la jeunesse aux droits humains et à la paix ainsi qu'à l'exercice responsable de sa citoyenneté.

Bien que l'éducation ne puisse à elle seule contribuer à l'avènement d'une société capable de faire face aux problèmes de l'heure, elle peut de par sa nature exercer son activité au cœur même du changement. Voilà alors posé de ce fait le problème de la formation initiale et continue. Si l'on voit la nécessité que le personnel enseignant devienne agent de changement, la logique voudrait que la mission et les programmes des facultés d'éducation abondent dans le même sens.

C'est le défi que nous avons accepté de relever à la Faculté des sciences de l'éducation de l'Université de Moncton, Canada. Pour ce faire, en 1997, nous nous sommes donné comme mission de contribuer à l'avènement d'une société de paix fondée sur la justice et le respect des droits de la personne et des peuples. Puis, nous avons réformé les programmes de formation initiale et articulé notre philosophie autour d'une vision commune qui comprenait les principales approches adoptées à la faculté. La conception de la pédagogie qui en découle, qualifiée d'actualisante, intègre huit volets interdépendants, chacun pouvant aussi constituer une pédagogie distincte. Ces volets ont pour titres : intégration et réflexion ; unicité ; inclusion ; coopération ; accueil et appartenance ; conscientisation et engagement ; participation et autonomie ; maîtrise de l'apprentissage et dépassement de soi[1].

[1] Landry, R., Ferrer, C. et Vienneau, R. (dir.), « La pédagogie actualisante », in *Éducation et francophonie*, vol. XXX, n° 2, automne 2002, http://www.acelf.ca.

La pédagogie actualisante a été conçue en fonction de l'enseignement en milieu scolaire ; par voie de conséquence, elle s'applique à la formation à l'enseignement. Elle a été pensée comme une démarche fondée sur des réalités locales qui favorise l'ouverture aux enjeux planétaires. Puisque la population acadienne et francophone de l'Atlantique est une minorité linguistique, cette pédagogie prend naturellement en compte la situation particulière du milieu minoritaire dans lequel elle est appelée à s'implanter.

Le présent article expose les grandes lignes du volet de la conscientisation et de l'engagement que nous avons concrétisé dans un modèle intitulé l'Éducation à la citoyenneté démocratique dans une perspective planétaire (ÉCDPP). Le modèle a été mis à l'essai principalement dans le cadre de trois cours de la formation initiale : depuis une vingtaine d'années dans le cours optionnel « Éducation pour les droits humains et la paix[2] » et, depuis une dizaine d'années, dans les cours obligatoires « Fondements de l'éducation dans une perspective planétaire » et « Séminaire de synthèse ». Au deuxième cycle des études supérieures, le modèle fait l'objet du cours « Éducation à la citoyenneté » et au niveau du doctorat, il est présenté dans le cours « Éducation et minorités II ».

Nous ne décrivons ici ni un modèle achevé ni des vérités absolues, mais un cadre en construction permanente. Nous y réfléchissons aussi bien avec nos étudiants et nos étudiantes qu'avec nos collègues de plusieurs universités, animés que nous sommes par une même conviction : celle de travailler, avec les humanistes du monde entier, pour une cause juste et porteuse d'espoir.

I. Cadre conceptuel du modèle

A. *Bref historique*

Les origines du modèle remontent aux années 1980 alors qu'à la Faculté nous commencions à œuvrer dans les domaines de l'éducation à l'égalité des sexes[3] et de l'éducation pour les droits de la personne et la paix[4]. Plus tard, de concert avec un regroupement d'universités du

[2] Ferrer, C., « Vers un modèle d'intégration de l'éducation dans une perspective planétaire dans la formation des enseignantes et des enseignants », *L'éducation dans une perspective planétaire* ; Ferrer, C. (dir.), *Revue des sciences de l'éducation*, Numéro thématique, vol. XXIII, n° 1, 1997, p. 17-48.

[3] Rainville, S. et Ferrer, C., *Vers un nouveau paradigme*, Fredericton, AEFNB, 1984.

[4] Ferrer, C., Rainville, S. et Gamble, J., « Les droits humains et la paix : une question d'éducation », *Égalité*, n° 27, 1990, p. 79-114.

Québec dans le contexte du projet EDUPLAN[5], nous avons élaboré un cadre plus englobant : celui de l'éducation dans une perspective planétaire, que nos collègues anglophones appellent « *global education*[6] ». Cette approche intègre les courants éducatifs engagés par rapport au sort de l'humanité qui sont apparus tout particulièrement dans la deuxième moitié du XXe siècle : l'éducation pour les droits de la personne et la paix, l'éducation pour l'égalité entre les sexes, l'éducation interculturelle, l'éducation au développement ainsi qu'à la solidarité locale et internationale de même que l'éducation relative à l'environnement. Ces courants sont interdépendants, tant sur le plan de l'utopie et des valeurs qui les animent que sur celui des problématiques qu'ils abordent et de la pédagogie qu'ils préconisent.

Le questionnement sur la nécessité d'une approche englobant ces courants s'est approfondi à l'occasion de nombreuses séances de perfectionnement que nous avons données dans les années 1980 aux membres des corps enseignants du Québec et des provinces atlantiques. Bon nombre d'enseignants et d'enseignantes nous ont fait part de leur frustration d'être constamment appelés à intégrer, dans un programme déjà chargé, diverses « nouvelles éducations », si valables qu'elles fussent. D'autres avouaient leur difficulté à saisir la différence pratique entre des activités proposées par l'un ou l'autre de ces courants. Bref, le désir de répondre au besoin émanant de la pratique, uni à la réflexion théorique à laquelle nous participions, nous a amenés à mettre au point cette approche de l'éducation dans une perspective planétaire.

Constatant que le concept restait vague, nous l'avons élargi dans le cadre « Projet d'éducation à la citoyenneté démocratique de l'Atlantique » et parlons désormais d'éducation à la citoyenneté démocratique dans une perspective planétaire (ÉCDPP)[7]. Il va de soi que ce concept a ses propres limites et que la réflexion doit se poursuivre sur le sujet.

---

[5] Ferrer, C., « Vers un modèle d'intégration de l'éducation dans une perspective planétaire dans la formation des enseignantes et des enseignants », *L'éducation dans une perspective planétaire*, Ferrer, C. (dir.), *Revue des sciences de l'éducation*, Numéro thématique, vol. XXIII, n° 1, 1997, p. 17-48.

[6] Pike, G. et Selby, D., *Global Teacher, Global Learner*, Londres, Hodder and Stoughton, 1988.

[7] Ferrer, C. et Allard, R., « La pédagogie de la conscientisation et de l'engagement : une éducation à la citoyenneté démocratique », in *La pédagogie actualisante*, Landry, R., Ferrer, C., et Vienneau, R. (dir.), *Éducation et francophonie*, vol. XXX, n° 2, Automne. http://www.acelf.ca.

B. Conception de l'ÉCDPP

L'ÉCDPP est une approche holistique qui a pour but de favoriser le développement d'une personne épanouie, consciente de soi et du monde, ancrée dans son identité culturelle et animée d'un sentiment d'appartenance à l'humanité qui lui permet de s'engager en tant que citoyen ou citoyenne responsable et solidaire. Sur le plan social, elle favorise la construction d'une citoyenneté démocratique dans un monde de paix basé sur la justice, la liberté et le respect des droits de la personne ; une société pluraliste assurant la participation active des citoyens et des citoyennes, l'ouverture au patrimoine culturel et artistique de l'humanité, la compréhension et la solidarité locales et internationales, de même qu'un développement socio-économique propre à tenir pour essentielles la qualité de vie des individus et la protection de l'environnement naturel.

Autrement dit, l'ÉCDPP est conçue dans une perspective qui, bien que planétaire, est enracinée dans le local. On le voit, cette utopie vise des objectifs de toute une vie qui dépassent le projet d'éducation, mais, comme le dit Galeano[8], « l'utopie sert à cheminer ». La question d'ordre pédagogique consiste donc à savoir comment s'outiller pour cheminer vers l'atteinte d'objectifs aussi ambitieux. Les spécialistes[9] qualifient de transversal le caractère des objectifs visés, étant donné que leur orientation vers le développement personnel et le comportement moral et social des individus transcende le cadre d'une discipline. Étant transversaux, ils sont appelés à imprégner tout le programme des cours d'une façon différente de faire et de penser qui concerne autant la personne qui enseigne que celle qui apprend. Il s'agit d'un cheminement dans lequel, selon Freire[10], « Tous deux deviennent sujets dans le processus où ils progressent ensemble ».

C. Les concepts

La démocratie est conçue ici comme une œuvre d'art qui, pour reprendre l'idée de Maturana[11], se créant collectivement dans le quotidien, est toujours en devenir. Elle ne se construit pas sur la passivité des

---

8 Galeano, E., *Las palabras andantes*, Madrid, Siglo XXI, 1993.

9 Magendzo, A., Donoso, P. et Rodas, M.T., *Los objetivos transversales de la educación*, Santiago, Chile, Editorial Universitaria, 1997b ; Osorio, J., « La educación para los derechos humanos, su transversalidad e incorporación en los proyectos educativos », *La Piragua*, n° 11, Santiago, Chile, 1995.

10 Freire, P., *Pédagogie des opprimés*, Paris, Maspero, 1980.

11 Maturana, H., *La democracia es una obra de arte*, Bogota, Magisterio, 1991.

citoyens et des citoyennes. Au contraire, elle se bâtit à l'aide de personnes qui assument la responsabilité de la transformer pour l'améliorer[12].

Ainsi conçue, elle requiert que nous dépassions le modèle purement formel qui caractérise nos démocraties néolibérales[13] par le renforcement de la société civile et la création d'espaces de conversation, de débat sur la vie en commun et d'élaboration collective de décisions. Elle exige l'existence de médias libres et critiques.

Le concept de *citoyenneté* est complexe, en constante évolution et s'enrichit de conceptions différentes qui suscitent des débats[14]. Dans sa conception moderne, elle désigne le statut d'appartenance de la personne à une nation auquel sont attachés des droits civils, politiques et sociaux garantis par l'État et des devoirs, définis dans le cadre d'un espace civique commun.

Notre conception va au-delà de la reconnaissance des droits et des devoirs et se situe dans la perspective plus large de la construction d'une démocratie pluraliste et participative qui recouvre un potentiel important de relations entre les individus[15].

En d'autres mots, dans les rapports interpersonnels, tout ne relève pas du domaine de ce qui peut être exigé. Nous avons besoin, dit Cortina, d'affection, d'amitié, d'appui, de consolation et d'espoir dans les moments difficiles, bref, de gestes accomplis « gratuitement » et non par devoir.

Disons avec Osorio[16], que la citoyenneté peut être comprise comme : un statut juridique, les personnes étant titulaires de droits et assumant les responsabilités qui s'y rattachent en vertu de la constitution ; une condition sociale de la qualité de la démocratie qui fait appel à la participation des citoyens et des citoyennes capables d'intervenir dans le débat public

---

12 Mayor, F., « Discours d'ouverture », Congrès international de l'Unesco sur l'éducation aux droits de l'Homme et à la démocratie, Montréal, 1993.

13 Touraine, A., *Pourrons-nous vivre ensemble ? Égaux et différents*, Paris, Fangard, 1997.

14 Audigier, F., *Concepts de base et compétences clés de l'éducation à la citoyenneté démocratique*, http://culture.coe.int/postsummit/citoyennete/concepts/frap99-53.htm, 2000 ; Pagé, M., Ouellet, F. et Cortesao, L., *L'éducation à la citoyenneté*, Montréal, CRP, 2001.

15 Osorio, J., « Educación ciudadana y escuelas para la democracia », *Seminario en educación para la democracia*, Santiago, Chile, Ministerio de la educación, 1999 ; Cortina, A., *La ética de la sociedad civil*, Madrid, Anaya, 1994 ; Audigier, F., *Concepts de base et compétences clés de l'éducation à la citoyenneté démocratique*, http://culture.coe.int/postsummit/ citoyennete/concepts/frap99-53.htm, 2000.

16 Osorio, J., « Educación ciudadana y escuelas para la democracia », *Seminario en educación para la democracia*, Santiago, Chile, Ministerio de la educación, 1999.

et d'agir selon un cadre éthique commun ; un phénomène culturel et communicationnel qui a trait à la capacité de s'organiser, de communiquer et de se comprendre, de résoudre des conflits et des dilemmes d'éthique publique à partir de fondements qui donnent un sens à la citoyenneté morale ; une mémoire critique de la souffrance humaine à travers l'histoire et une solidarité avec les problèmes sociaux de l'heure. Bref, cette conception de la citoyenneté tient compte à la fois de la personne en tant que citoyenne ou citoyen et de la citoyenneté en tant qu'espace public commun.

Pour ce qui est de *l'éducation à la citoyenneté démocratique dans une perspective planétaire*, disons que l'un des débats sur la citoyenneté porte précisément sur la pertinence de la concevoir dans une optique internationale.

Nous postulons que, bien que la citoyenneté doive se construire dans le quotidien, dans un espace donné, elle ne peut se limiter à une vision locale de la réalité sociale. Le monde moderne étant interdépendant, les actions locales ont souvent une répercussion mondiale et *vice versa*. Disons avec Audigier[17] que « se réunir sous l'emblème d'une perspective planétaire, c'est affirmer que rien de ce qui arrive aux autres ailleurs ne saurait nous laisser étrangers ». Ce qui signifie que nous avons des responsabilités communes comme citoyens et citoyennes de la planète.

Selon Perrenoud, « le défi est celui de développer une double citoyenneté : apprendre à se concevoir et à agir comme citoyens de la Terre, sans cesser d'appartenir à des communautés plus restreintes, en restant conscients des interdépendances multiples entre le local et le global[18] ». Pour sa part, Bourdieu montre que la nécessité de développer en chaque citoyen et citoyenne les dispositions internationalistes constitue désormais une condition préalable à la mise en œuvre des stratégies de résistance au modèle néolibéral dominant[19].

D. L'importance de l'ÉCDPP

La nécessité de l'ÉCDPP découle de la réalité du monde actuel, de plus en plus complexe et interdépendant, avons-nous signalé. Les exigences de la modernité font appel au monde de l'éducation, l'invitant à

---

[17] Audigier, F., *Concepts de base et compétences clés de l'éducation à la citoyenneté démocratique*, http://culture.coe.int/postsummit/citoyennete/concepts/frap99-53.htm, 2000.

[18] Perrenoud, P., *Pour une vision moins naïve et moins marginale de l'éducation à la citoyenneté*, http//www.unige.ch/fapse//SSE/teachers/perrenoud/php|_main/php_2000 /2000_24.html, 2000.

[19] Bourdieu, P., *Donner un sens à l'union. Pour un mouvement social européen*, wysiwyg ://17/http://www.monde-diplomatique.fr/1999/06/BOURDIEU/12158, 1999.

s'unir aux forces vives de la transformation sociale qui cherchent à construire une citoyenneté démocratique et solidaire plutôt qu'à se plier aux exigences du modèle néolibéral et tomber ainsi, dit Petrella, dans les pièges qui la menacent relativement aux valeurs individualistes de la consommation et de la marchandisation[20].

Construire cette culture citoyenne – culture de la paix (Unesco, 1984) – exige que l'on choisisse ensemble les valeurs communes qui donnent sens au projet collectif, que l'on approfondisse la nature des liens qui unissent les êtres humains, tout en respectant leur diversité, et que l'on tisse des solidarités internationales pour relever les défis communs. À ce sujet, le Forum social mondial (2001) déclare que seule la mondialisation de la solidarité peut faire face aux problèmes planétaires qui ne font que s'aggraver dans le contexte de la mondialisation néolibérale.

C'est pourquoi l'ÉCDPP favorise la compréhension des principaux problèmes de l'heure sur les plans intrapersonnel, interpersonnel, social et environnemental. Elle invite à comprendre, entre autres, que, sur le plan intrapersonnel, nous sommes témoins, du moins en Occident, de la prédominance du mode « avoir » d'existence[21], caractérisé par l'individualisme et le désir de l'argent, de la consommation et de la puissance. Sur le plan interpersonnel et intergroupe, la violence et les diverses formes d'exclusion sont partout présentes. Malgré les progrès réalisés dans le domaine de la communication, l'incompréhension demeure générale, constate Morin[22]. Sur le plan social, nous sommes devant le triomphe du capitalisme le plus extrême, avec tout ce qu'il génère de violence et d'injustice sociale[23]. Rappelons la barbarie et l'ampleur des guerres modernes, la misère et l'exploitation d'une partie de l'humanité, dont l'exploitation des enfants – particulièrement les filles – par le travail, la prostitution et la pornographie. Ziegler qualifie de génocide silencieux[24] le fait que chaque jour des milliers de personnes meurent de faim, alors que les recours existent pour les nourrir et que des entreprises d'alimentation inventent des produits destinés à la minorité possédant le pouvoir[25]. Nous assistons à la mondialisation de la pauvreté, souligne Chossudovsky[26], et elle s'accompagne en contrepartie d'une

---

20 Petrella, R., *Les cinq pièges de l'éducation*. Montréal, Fides, 2000.

21 Fromm, E., *Avoir ou être ?*, Paris, Laffont, 1978.

22 Morin, E., *Les sept savoirs nécessaires à l'éducation du futur*, Paris, Seuil, 2000.

23 Touraine, A., « Entrevue », *El País*, Madrid, 14 juillet, 2001.

24 Ziegler, J., « Entrevue », *El mundo*, Madrid, 16 octobre 2001.

25 Cortina, A., *La ética de la sociedad civil*, Madrid, Anaya, 1994.

26 Chossudovsky, M., *La mondialisation de la pauvreté*, Montréal, Écosociété, 1998.

surconsommation au sein de la minorité privilégiée. La crise écologique qui menace notre planète est sans précédent. Aussi devient-il urgent de comprendre qu'il est primordial de faire en sorte qu'une vie proprement humaine soit toujours possible sur la terre[27].

Par ailleurs, l'ÉCDPP se justifie par la nécessité d'éduquer les médias en raison de la place qu'ils occupent dans la formation des jeunes, du moins en Occident, orientant ainsi la construction de leur représentation du monde, et en raison également des effets négatifs possibles de la surinformation et de la désinformation. S'il est vrai que les médias présentent une quantité et une variété considérables de problèmes, il est aussi vrai qu'ils en passent sous silence de nombreux autres, qu'ils ne fournissent pas souvent les instruments nécessaires à l'analyse de ces problèmes et, finalement, qu'ils présentent rarement la diversité des actions solidaires menées par la société civile visant à les résoudre. Ajoutons à cela l'influence de la publicité sur les consciences. Mattelart constate que « la publicité envahit la vie quotidienne et, mine de rien, elle dicte la norme, détermine la loi ; partout elle s'établit de la sorte comme religion totale de ce nouvel âge du libéralisme[28] ».

De surcroît, la population ignore souvent la forme de filtrage de l'information et les intérêts politiques et économiques qui le commandent. La situation contribue à l'ignorance généralisée de la puissance de la manipulation des affects et de la manipulation cognitive qu'exercent certains médias[29].

Pour les pédagogues, la gageure consiste à former des citoyens et des citoyennes à la fois conscients que la présence de médias libres et critiques est essentielle à la vie démocratique, convaincus de la nécessité de s'informer à partir d'une variété de sources et capables d'éviter la manipulation par l'analyse critique des informations reçues. Autrement dit, l'information médiatique étant construite, il s'agit d'apprendre à la déconstruire et à réfléchir aux mécanismes de fonctionnement des médias ainsi qu'à sa propre attitude comme récepteur ou réceptrice.

---

[27] Jonas, H., *Le principe responsabilité : Une éthique pour la civilisation technologique*, Paris, Cerf, 1997.

[28] Mattelart, A. et Palmer, M., « Sous la pression publicitaire », *Manière de voir*, 1992, p. 14, 81.

[29] Chomsky, N., « The manufacture of consent », in Peck, J. (ed.), *The Chomsky Reader*, New York, Pantheon Books, 1986, p. 121-136 ; Chomsky, N., *Les dessous de la politique de l'Oncle Sam*, Montréal, Écosociété, 1996.

II. Contenus et pédagogie de la conscientisation et de l'engagement

Oh, toi qui marches, il n'y a pas de chemin,
le chemin se fait en marchant.
(Antonio Machado)

La pédagogie de la conscientisation et de l'engagement se veut une démarche active, critique et autonome ; elle n'a rien de prescriptif. Elle s'oppose par conséquent à tout dogmatisme en la matière. En tant que pédagogie holistique, elle s'inscrit dans le paradigme de la complexité – complexité des réalités humaines et sociales[30] –, complexité pédagogique également. L'éducation étant art, science et philosophie, il n'y a pas une façon unique et uniforme de mettre en application l'ÉCDPP. Bien au contraire, elle doit être adaptée au contexte et aux personnes.

Le modèle effectue l'étude des contenus en étroite interaction avec la pédagogie. Dans notre perspective, il ne suffit pas d'étudier des contenus « progressistes » pour que la personne les fasse siens de façon significative et, comme le fait voir Snyders[31], les comprenne d'un point de vue critique. Il devient nécessaire alors d'intervenir de façon à créer les conditions propres à la compréhension critique.

Voilà alors posés de ce fait les liens d'interdépendance existant entre les contenus et les conditions de cette pédagogie qui vise l'acquisition de connaissances (sur soi, sur ses relations avec autrui et sur le monde) ; de compétences éthiques et sociales (compréhension et reconnaissance d'autrui, coopération, dialogue, participation et responsabilité) et, enfin, du sens de la justice, de la générosité, de l'ouverture à la diversité et de la solidarité.

Pour ce qui est de l'évaluation des apprentissages, vu le caractère personnel des objectifs visés, nous accordons aux étudiantes et aux étudiants la responsabilité d'évaluer leur propre cheminement de conscientisation et d'engagement. Pour notre part, nous évaluons leurs connaissances et leur habileté à réfléchir de façon critique.

En nous fondant principalement sur Freire (1980), Shor (1992), Osorio (1999), Magendzo et autres (1997b), Snyders (1975) et Morin (2000), nous avons circonscrit les caractéristiques pédagogiques propres à la conscientisation et à l'engagement. On pourrait parler de pédagogies

[30] Morin, E., *Les sept savoirs nécessaires à l'éducation du futur*, Paris, Seuil, 2000.

[31] Snyders, G., *Où vont les pédagogies non directives ?*, Paris, PUF, 1973.

multiples, chacune formant une partie de la toile de fond de toutes les autres dans le processus circulaire mis en branle.

A. Intégralité de la personne et de l'approche

L'ÉCDPP prend appui sur le postulat que l'être humain constitue un tout unique et que le savoir se construit dans un processus d'interaction constante entre les dimensions affective, cognitive, spirituelle, éthique et physique de la personne.

Elle fait appel ainsi à des stratégies qui puisent à de nombreuses sources : délibération, analyse métacognitive, analyse de contenus ; études de cas, entrevues ; réflexion éthique (clarification de valeurs, résolution des dilemmes, auto-évaluation, introspection) ; techniques d'écoute active et d'empathie, de gestion des émotions et d'expression créatrice (jeux de rôles, utilisation de poèmes, de chansons, d'œuvres d'art, d'allégories, de mythes, de proverbes) ; évocation de figures de proue de l'histoire en tant que sources d'inspiration.

La démarche cognitivo-affective que nous proposons se ramène à un processus qui se déroule non pas par étapes séquentielles mais en spirale. Pour emprunter la métaphore de Greig, Pike et Selby[32], ce processus se tisse comme une toile d'araignée, chaque ébranlement d'une partie de la toile produisant un effet sur l'ensemble. À certains moments, il se produit un déclic, une rupture provoquée par un incident critique qui sert d'amorce au processus réflexif.

Autrement dit, l'intervention visant à produire un déséquilibre, une dissonance cognitive ou affective, doit tenir compte des résistances de la personne, de son niveau de conscience de soi et de la réalité ainsi que de son degré d'engagement. Quand on est en cheminement, on avance, on résiste, on s'arrête, on recule, puis on repart sous l'influence d'un ensemble complexe de facteurs. Le respect de cette démarche personnelle imprègne tout le processus.

Cette pédagogie de l'intégralité tient compte du caractère complexe des réalités. C'est pourquoi elle favorise la compréhension de la double facette de la réalité : problèmes et richesses sur les plans intrapersonnel, interpersonnel, social et environnemental.

Analyser la réalité en se limitant au plan social, par exemple, risque de conduire à une compréhension incomplète parce qu'on néglige l'importance de l'interaction qui existe entre l'individu, le groupe et la société. On court le même risque en se limitant à étudier les problèmes

---

[32] Greig, S., Pike, G. et Selby, D., *Earthrights, Education as if the Planet Really Mattered*, Londres, Kogan Page, 1987.

sans prendre en compte les richesses ou forces sociales. Dans un certain sens, ce serait verser dans le sensationnalisme, la désinformation et la simplification que l'on reproche à bon nombre de médias.

En revanche, l'étude de la réalité tant individuelle, interpersonnelle que sociale par le double examen des richesses et des problèmes permet de mieux saisir la globalité et la complexité de la réalité et peut en outre être porteuse d'espoir et fournir des modèles qui favorisent la réflexion et l'engagement.

Comme le montre Taylor, à juste titre, « La modernité se caractérise autant par sa grandeur que par sa misère. Seul un point de vue qui embrasse l'une et l'autre pourrait nous donner cette vision juste de notre époque dont nous avons besoin pour relever ses plus grands défis »[33].

B. Compréhension objective et intersubjective

Cette pédagogie de la complexité tient compte de deux niveaux de compréhension, dont parle Morin[34] : la compréhension objective des choses abstraites ou matérielles qui passe par l'intelligibilité et par l'explication ; la compréhension intersubjective qui dépasse l'explication et nécessite une connaissance de Sujet à Sujet.

À cette fin, l'une des stratégies privilégiées est l'invitation au voyage intérieur, qui selon l'image de Galeano doit se faire « à partir des entrailles jusqu'à la tête et non pas en sens inverse[35] ». Ce voyage intérieur passe par la remise en question de ses certitudes (ce que l'on sait, ce que l'on croit), par l'analyse de la portée de la subjectivité de la perception humaine, par l'analyse métacognitive de son propre processus de pensée, par l'exploration de ses mécanismes inconscients, telles la projection et la négation.

Il consiste également à entrer en contact avec ses émotions : les écouter et saisir leur influence sur sa façon d'agir et de raisonner, apprendre à les gérer dans la mesure du possible, notamment la jalousie et la colère. On le sait, l'être humain est capable tout autant d'altruisme, de solidarité et d'amour que de violence et d'égoïsme. En ce sens, Audigier précise :

> Il est essentiel de mettre la question du mal et de la violence au centre de l'éducation à la citoyenneté. Violence et mal ne sont pas des épiphénomènes que l'on pourrait éradiquer par une seule éducation de la conviction. Je par-

---

33 Taylor, Ch., *Grandeur et misère de la modernité*, Québec, Bellarmin, 1992.

34 Morin, E., *Les sept savoirs nécessaires à l'éducation du futur*, Paris, Seuil, 2000.

35 Galeano, E., *El descubrimiento de América que todavía no fue*, Caracas, Alfadil, 1991.

tirais plutôt d'une affirmation de la violence comme composante permanente de toute société, de toute culture, de toute personne[36].

Ce voyage intérieur suppose aussi, de la part du sujet, une réflexion sur sa capacité d'être empathique. Cette réflexion peut porter par exemple sur notre tendance à juger rapidement autrui sans nous soucier d'être à l'écoute de tous les aspects dits et non dits de son message, c'est-à-dire sans chercher à comprendre son point de vue et la qualité affective de son vécu en prenant du recul par rapport à notre propre jugement, à notre subjectivité et à notre tendance à l'autojustification.

Ce processus complexe rend nécessaire la prise en compte des obstacles à la compréhension : les obstacles extrinsèques liés aux conditions socio-économiques, éducatives, culturelles et politiques et les obstacles intrinsèques cognitifs et affectifs, que nous avons classés pour fin d'étude en trois catégories étroitement liées. Il s'agit des obstacles intérieurs relatifs au manque de connaissances pertinentes ; des obstacles liés au fonctionnement de la psyché humaine comme la subjectivité de la perception ; des obstacles appris dans le processus de socialisation, dont des dispositions affectives adverses à la réflexion critique telle la peur et des obstacles épistémologiques liés au mode de raisonnement comme la tendance à généraliser, à simplifier, à faire des analyses dichotomiques et à ignorer les obstacles eux-mêmes qui entravent la connaissance[37].

Le défi à relever consiste à favoriser la compréhension de ces obstacles, source d'incompréhension, et à les contrer en adoptant, entre autres, une attitude de modestie devant les limites de sa propre capacité de percevoir et d'interpréter qu'impose notamment la subjectivité de la perception.

C. Ancrage dans le vécu et reconnaissance d'autrui

Si nous voulons que la personne s'approprie des contenus de façon significative, il convient d'aborder leur étude à partir de la réalité locale et du vécu personnel. Par ailleurs, parce que cette réalité près du vécu est davantage significative pour la personne, son étude pourra constituer,

---

[36] Audigier, F., « Éducation à la citoyenneté dans une perspective planétaire : le cas de la formation du personnel enseignant », Rencontre des Chaires Unesco en éducation, Montréal, Projet des Universités de l'Est du Canada, 2001.

[37] Ferrer, C. et Allard, R., « La pédagogie de la conscientisation et de l'engagement : une éducation à la citoyenneté démocratique », in *La pédagogie actualisante*, Landry, R., Ferrer, C., et Vienneau, R. (dir.), *Éducation et francophonie*, vol. XXX, n° 2, automne 2002. http://www.acelf.ca.

en dernière analyse, une source de motivation à l'engagement communautaire.

Une précision s'impose : partir du vécu ne signifie pas s'en tenir à l'expérience[38]. Il s'agit plutôt, en prenant appui sur le vécu, d'outiller la personne de telle sorte à lui faire mieux comprendre d'autres réalités. C'est pourquoi cette pédagogie du vécu vise en complément l'ouverture à l'Autre et la diversité de l'humanité.

Nombreux sont les spécialistes qui, comme Magendzo (1997a) et Touraine (1997), signalent que la reconnaissance de l'Autre en tant que Sujet est une condition de la construction de la citoyenneté démocratique moderne.

Dans ce contexte, le défi pédagogique est d'éduquer à l'altérité. Cela nécessite un travail d'ouverture à nos différences comme à nos ressemblances. Il s'agit donc de proscrire une intervention centrée sur l'effacement de nos différences, de ce qui est unique à chaque être humain, et d'éviter l'action contraire, qui serait celle d'enfermer l'Autre dans sa différence, dans son particularisme.

Enfin, la reconnaissance de l'Autre nécessite un travail sur soi, sur sa propre subjectivité. Pour Abdallah-Pretceille, contrairement à la croyance commune, « le plus difficile n'est pas d'apprendre à voir l'autre, mais d'apprendre à jeter sur soi ou sur son groupe un regard extérieur et distancié[39] ». L'incapacité à se décentrer par rapport à soi-même et à sa culture pour se placer du point de vue d'autrui et admettre d'autres perspectives est, selon l'auteure, un obstacle majeur aux relations réciproques.

Afin d'amorcer la réflexion à ce sujet à partir du vécu, nous proposons l'étude de la médisance. Nous postulons que l'étude des comportements aussi généralisés dans notre culture peut favoriser la compréhension cognitive et empathique de notre tendance à juger l'Autre en fonction de notre seul schème de référence.

D. Dialogue, problématisation, résolution des conflits

Le dialogue constitue en quelque sorte la clé de voûte de cette pédagogie. Il est au cœur de toutes nos démarches pédagogiques. Dans les termes de Freire, le

> dialogue est cette rencontre des hommes par l'intermédiaire du monde, pour le comprendre, l'exprimer et le transformer. Si le dialogue est la rencontre

---

[38] Freire, P., in CEAAL, *Paulo Freire en Buenos Aires – Entretien*, Santiago, Chile, 1985.

[39] Abdallah-Pretceille, M., *Vers une pédagogie interculturelle*, Paris, Anthropos, 1996.

des hommes en vue d'un plus-être, il ne peut s'établir dans le désespoir. Pour dialoguer, l'amour du monde et des êtres humains est nécessaire. Il faut avoir confiance dans les êtres humains et croire à leur pouvoir de construire et de reconstruire, de créer et de recréer[40].

Problématiser signifie développer la capacité de poser des problèmes liés à soi-même, à son milieu de vie et au monde[41]. Problématiser signifie ainsi développer une pédagogie de la question[42] qui permet d'apprendre à poser les questions fondamentales sur le sens à donner à la vie, sur nos rapports en tant qu'humains partageant la même planète, sur la signification profonde de nos gestes, de nos choix.

À titre d'illustration, disons qu'au plan intrapersonnel nous favorisons la compréhension de soi à partir de l'analyse critique de son propre processus de socialisation. Le processus de « désocialisation » ou de déconstruction dont il s'agit suppose la prise de conscience de l'origine de ses valeurs, de ses opinions et de ses représentations tout comme des nombreux stéréotypes et préjugés qui, bien souvent, sont intégrés de façon inconsciente. Il suppose leur remise en question et force la prise de conscience du fait que l'on construit sa vision du monde au sein de sa culture.

Sur le plan interpersonnel, nous favorisons la compréhension de ses propres rapports interpersonnels à partir de l'analyse critique de la manière de résoudre ses conflits. Nous partons du postulat que les conflits sont inhérents à la vie et qu'ils peuvent constituer une source de croissance si leur règlement s'opère de façon non violente. Le défi consiste à tenir compte de cette complexité des relations humaines et à favoriser la résolution des conflits par le dialogue et la coopération[43].

Sur le plan social, nous favorisons la réflexion sur les contradictions et les tensions propres à la vie en société. On délibérera par exemple sur la complexité des conflits sociaux de l'heure ; sur la diversité humaine et la place qu'elle occupe dans la conception occidentale des droits de la personne, basée sur ce qui nous unit comme êtres humains plutôt que sur ce qui nous distingue ; sur la nécessité de faire une relecture de l'histoire

---

40 Freire, P., *Pédagogie des opprimés*, Paris, Maspero, 1980.

41 Freire, P., *La educación como práctica de la libertad*, Madrid, Siglo XXI, 1969 ; Shor, I., *Empowering Education : Critical Teaching for Social Change*, Chicago, University of Chicago Press, 1992.

42 Freire, P., in CEAAL, *Paulo Freire en Buenos Aires – Entretien*, Santiago, Chile, 1985.

43 Gamble, J., « Pour une pédagogie de la coopération », in *La pédagogie actualisante*, Landry, R., Ferrer, C. et Vienneau, R. (dir.), *Éducation et francophonie*, vol. XXX, n° 2, automne 2002. http://www.acelf.ca.

telle qu'elle est officiellement racontée. Le silence étant un discours en soi, la relecture de l'histoire exige, dit Saramago (2000), que l'on nomme les problèmes, les crimes, les génocides, que l'on reconstitue les faits historiques dans leur complexité en donnant la parole aux groupes mêmes qu'on a fait taire. Cet exercice de questionnement favorise autant la récupération de la mémoire collective que le développement du sens critique devant la crédibilité des sources d'information « prestigieuses ».

Au regard du contexte scolaire, nous favorisons l'analyse du cursus caché, notamment les préjugés et les stéréotypes transmis, à notre insu, et les réalités « invisibilisées ». Selon Snyders, c'est avant tout par le non-dit que l'école est au service du régime établi[44].

À titre d'illustration de notre modalité d'intervention, nous présentons l'une des thématiques étudiées, celle du milieu acadien minoritaire.

E. Brève illustration de notre modalité d'intervention en relation avec la problématique du milieu acadien minoritaire

Minoritaires dans les provinces de l'Atlantique, les communautés acadiennes font face à de nombreux défis pour assurer leur épanouissement. Les rapports de force entre celles-ci et la majorité anglophone font qu'une proportion importante des membres de ces minorités s'assimile à la communauté anglophone.

Dans ce contexte, notre préoccupation consiste à savoir comment la pédagogie de la conscientisation et de l'engagement, conçue dans une perspective planétaire, peut répondre aux besoins d'épanouissement de la communauté acadienne. Savoir, par exemple, comment motiver à l'engagement dans la lutte pour conserver les droits linguistiques et culturels acquis, tout en évitant un discours qui risque d'être interprété comme une invitation au repli sur soi ou comme un sentiment de fierté xénophobe. L'objectif consiste ainsi à susciter chez les étudiantes et les étudiants l'éveil d'un sens d'appartenance à l'humanité tout en favorisant la compréhension de leur situation en tant que membres d'une minorité linguistique et le sens d'engagement envers leur communauté. Démarche complexe qui suscite de nombreuses tensions et difficultés, dont celle de la construction de soi comme Sujet et de la reconnaissance de l'autre comme Sujet. Comment déterminer par exemple les limites de l'ouverture à autrui ? Quand celle-ci se transforme-t-elle en risque d'assimilation et dans quel contexte ?

[44] Snyders, G., *Pédagogie progressiste*, Paris, PUF, 1975.

À cette fin, nous entamons la réflexion sur le double processus d'affirmation de sa culture (centration, ancrage) et de « décentration » ou prise de distance par rapport à celle-ci afin de s'ouvrir à autrui[45].

Pour ce qui est du premier processus, en guise d'introduction, nous réfléchissons sur l'héritage reçu des générations précédentes et celui que nous aimerions laisser à notre tour aux générations futures. Cela nous permet d'entamer l'étude de la double caractéristique de la réalité locale : d'une part, les problèmes particuliers de la minorité acadienne, qui, malgré le progrès géant réalisé depuis la révolution tranquille amorcée au Nouveau-Brunswick dans les années 1960 par le Premier ministre de l'époque, Louis J. Robichaud, vit encore la menace constante d'assimilation ; d'autre part, les richesses du milieu, dont la force et la ténacité démontrées par le peuple acadien dans le maintien de sa culture et de sa langue. Cette réflexion est susceptible d'aviver la motivation à l'engagement dans sa communauté et vis-à-vis de la promotion de la vitalité de sa langue et de sa culture.

L'une des activités proposées à cet effet est l'analyse du documentaire « *L'Acadie, l'Acadie* » de Pierre Perreault, qui traite de l'occupation de l'Université de Moncton en 1968 ainsi que du rapport de domination qu'exerçait la majorité anglophone à cette époque. Fortement symbolique, ce film est source de débats sur la nécessité de continuer à s'affirmer en ce début du XXIe siècle.

Afin d'approfondir l'analyse, nous étudions la portée des recherches faites dans le milieu en ce qui a trait au processus conduisant à l'insécurité linguistique[46] et en ce qui a trait à la perte de la langue et de l'identité acadienne ainsi qu'au désengagement communautaire[47].

La discussion s'engage dans diverses directions : l'influence de l'insécurité linguistique sur leur capacité d'exprimer leur point de vue et de débattre en classe, par exemple ; le rôle de l'éducation en milieu francophone minoritaire dans le développement de compétences langagières fortes en français et de croyances reflétant la valorisation du français ; le désir de s'intégrer à la communauté francophone ; l'apparte-

---

45 Abdallah-Pretceille, M., *Vers une pédagogie interculturelle*, Paris, Anthropos, 1996 ; Cohen-Émerique, M., « Le choc culturel », *Antipodes*, Bruxelles, Éditions D'Iteco, 1999.

46 Boudreau, A. et Dubois, L., « Insécurité linguistique et diglossie : étude comparative de deux régions de l'Acadie du Nouveau-Brunswick », *Revue de l'Université de Moncton*, vol. 25, n° 1-2, 1992, p. 3-22.

47 Allard, R. et Landry, R., « Étude des croyances envers la vitalité ethnolinguistique et le comportement langagier des francophones en milieu minoritaire », in Théberge, R. et Lafontant, J. (dir.), *Demain la francophonie en milieu minoritaire*, Winnipeg, Collège universitaire de Saint-Boniface, 1987, p. 14-41.

nance à celle-ci et une forte identité francophone, tout en favorisant le développement des compétences en anglais et des attitudes de respect pour la communauté anglophone majoritaire.

Quant au processus de « décentration » ou de remise en question de sa culture, nous réfléchissons sur les bénéfices qu'il peut apporter à une prise de conscience de soi (de ses représentations, de ses valeurs et de son propre processus de socialisation et d'enracinement socioculturel) ainsi qu'à la reconnaissance d'autrui.

Sur ce point, nous distinguons entre l'ouverture à la culture anglophone dominante et l'ouverture aux autres cultures locales et internationales. Il faut prendre en compte que, dans le cas des rapports de domination, la perspective de l'ouverture à l'Autre n'est pas la même selon qu'elle est regardée du point de vue du majoritaire ou de celui du minoritaire. Dans le cas du milieu acadien du sud-est de notre province, par exemple, l'immersion dans la culture anglophone dominante est telle que la perspective d'analyse doit mettre l'accent sur les dangers d'assimilation et d'acculturation qui résultent précisément de la trop grande ouverture à la culture dominante. Cette situation locale se voit amplifiée par le phénomène de la domination de la culture anglo-saxonne de par le monde.

Dans ce contexte, nous réfléchissons sur le racisme[48], la xénophobie et l'ethnocentrisme et nous distinguons entre ces divers comportements à la lumière de l'affirmation de Simon :

> Ce n'est pas tant l'ethnocentrisme (absence de décentration par rapport à un « je » collectif) qu'il faut vaincre que l'ethnisme, c'est-à-dire une intolérance socioculturelle. L'ethnocentrisme semble bien être constitutif de tout groupe ethnique en tant que tel, jouant un rôle très positif de maintien de sa cohésion interne, de la solidité de ses membres, assurant donc la survie même du groupe[49].

Pour ce qui est de l'ouverture aux autres francophones du Canada, nous invitons les étudiantes et les étudiants à réfléchir sur les rapports existant entre ces groupes et sur la nécessité d'affirmer son identité sans tomber dans un nationalisme étroit ou une forme quelconque de xénophobie à l'égard de l'un ou de l'autre d'entre eux.

Nous faisons des liens également avec la situation des autochtones de la région, en tant que peuple minoritaire, luttant eux aussi pour leur dignité et la survie de leur langue et de leur culture. Le défi consiste à

---

[48] Thériault, J.-Y., « Différence, xénophobie et racisme en Acadie », *Égalité*, n° 37, 1995.

[49] Simon in Abdallah-Pretceille, M., *Vers une pédagogie interculturelle*, Paris, Anthropos, 1996.

prendre appui sur leur propre réalité de minoritaires pour favoriser la compréhension de l'oppression dont ces peuples sont victimes depuis l'arrivée des Européens en terre d'Amérique ainsi que de la légitimité de leur résistance.

Ce processus exige une relecture de l'histoire officielle. Le témoignage de Mille Augustine, première autochtone à être admise au Barreau du Nouveau-Brunswick, est éloquent à ce sujet : « Imaginez un peu, vous allez à l'école et on vous apprend que vous êtes des sauvages, que votre peuple a tué des bons Blancs qui étaient venus sur vos terres pour vous sauver. C'est ainsi qu'on finit par apprendre à se haïr soi-même et à détester son peuple »[50].

Finalement, nous accordons la priorité à la réflexion sur le rôle de l'école dans la promotion de la culture et de la vitalité linguistique en se demandant, par exemple, comment concevoir un programme scolaire qui tienne compte de la culture locale des élèves, pour leur permettre de développer leur propre identité et de s'ouvrir à d'autres cultures.

III. En guise de conclusion : quelques apports et limites du modèle

S'agissant de certains apports, il convient de préciser que les auto-évaluations réalisées par les étudiantes et les étudiants dans le cadre de nos cours indiquent à l'unanimité que la formation en ÉCDPP a été fondamentale dans leur processus de développement personnel et professionnel. Parmi les acquis significatifs mentionnés, on trouve :

La prise de conscience déstabilisatrice

- de l'effet de la subjectivité de leur perception dans leurs relations interpersonnelles ;
- de leur tendance à juger l'Autre et à faire de la médisance ;
- de leur ignorance de la réalité sociale locale et internationale ;
- de leurs préjugés à l'égard d'autres peuples, notamment des autochtones de la région, des francophones du pays et des gens dudit « tiers monde » ;
- de leur passivité devant les médias et de la nécessité de faire une analyse critique des informations reçues.

---

[50] Augustine, M. « Le point de vue d'une juriste autochtone sur la situation des Amérindiens », in Ferrer, C. (dir.), *L'éducation dans une perspective planétaire*, *Revue des sciences de l'éducation*, Numéro thématique, vol. XXIII, n° 1, Montréal, 1997, p. 161-167.

Le développement de la capacité

- d'exercer une pensée critique ;
- de remettre en question leur processus de socialisation ;
- de dialoguer, d'écouter, de débattre ;
- de comprendre leur situation de membres d'une minorité linguistique ;
- de faire preuve d'ouverture sur le monde ;
- de se sensibiliser aux injustices ;
- de développer un sens éthique de la responsabilité sociale ;
- de se motiver à leur engagement, notamment en fonction du rôle futur en enseignement.

Bref, à leurs dires, cette approche a changé en quelque sorte leur vie en ouvrant des fenêtres et en faisant apparaître le meilleur en eux-mêmes. Le chemin d'espoir est ouvert, mais le parcours s'accompagne d'un sentiment d'inquiétude devant l'immensité de la tâche à accomplir. C'est ce qui les amène à exprimer leur frustration de ne pas avoir commencé plus tôt cette formation.

S'agissant des limites, retenons les considérations suivantes :

L'objectif du modèle visant à repenser la formation à l'enseignement en fonction des exigences éthiques de la modernité constitue une limite en soi : celle de la capacité de l'Université de répondre aux exigences complexes de ce monde globalisé.

La conception holistique du modèle comporte des risques, dont celui de la dilution dans un ensemble aussi vague que plein de bonnes intentions.

Bien que les sociétés démocratiques prônent les valeurs démocratiques, elles ne les respectent pas nécessairement aux différents paliers de l'organisation sociale. Le décalage entre le discours et la réalité sociale n'est pas sans entraves pour cette pédagogie qui a besoin de modèles cohérents pour inspirer le cheminement vers la réalisation des objectifs visés.

La démarche de promotion des valeurs de l'ÉCDPP risque de créer un certain dogmatisme chez l'éducatrice ou l'éducateur animé par ces valeurs et par le sentiment d'urgence devant la situation actuelle.

La conscientisation critique, bien qu'intimement liée à l'engagement, ne mène pas *de facto* à l'engagement social ; les circonstances, tant extérieures qu'intérieures, font en sorte que les gens agissent parfois de façon incompatible avec leurs valeurs et leurs idées.

Comment savoir si des efforts sérieux suffiront pour résoudre les graves problèmes sociaux et environnementaux qui nous affligent depuis que nous sommes devenus, selon Jonas[51], dangereux non seulement pour nous-mêmes mais pour la biosphère tout entière ?

Contentons-nous de dire avec Chomsky que « Nous pouvons être sûrs, cependant, que l'absence de tels efforts signifiera le désastre[52] ».

Le débat reste ouvert et, sur le plan pédagogique, le défi est d'inviter les étudiantes et les étudiants à croire qu'un autre monde est à la fois possible et nécessaire et qu'il convient en conséquence de poursuivre leur propre démarche de conscientisation et d'engagement et d'inciter à leur tour leurs élèves à s'engager dans cette voie utopique porteuse d'espoir.

Empruntons le mot de la fin à Federico Mayor, directeur de l'Unesco, qui disait dans sa *Lettre aux générations futures* :

> Semer encore, semer toujours, sans penser à la récolte. Nombreuses seront les graines qui ne germeront pas, mais il est un fruit que tu ne pourras jamais récolter : c'est celui de la graine que tu n'as pas plantée[53].

---

[51] Jonas, H., *Le principe responsabilité : Une éthique pour la civilisation technologique*, Paris, Cerf, 1997.

[52] Chomsky, N., *Les dessous de la politique de l'Oncle Sam*, Montréal, Écosociété, 1996.

[53] Mayor, F., *Lettre aux générations futures*, Paris, UNESCO, 2000.

RECHERCHE APPLIQUÉE ET ADAPTATION FACE AU DÉFI DES MUTATIONS STRUCTURELLES EN MILIEU MINORITAIRE

Introduction

Omer CHOUINARD

Université de Moncton, Canada

Les recherches appliquées dans le contexte des mutations structurelles à l'échelle planétaire posent aux sociétés le défi de l'adaptation, de l'anticipation voire de la prospective. En ce sens, ces mutations nous convient de plus en plus à des approches innovatrices et interdisciplinaires. En témoignent des publications portant sur des thèmes tels que : les nouveaux modes de gouvernance impliquant la société civile[1], les apprentissages réalisés dans le cadre d'approches participatives de la gestion des ressources[2], l'utilité des pratiques locales et traditionnelles dans la gestion des ressources[3], la compréhension des transformations dans les systèmes humains et naturels[4] et enfin des risques environnementaux et sociaux encourus par les sociétés contemporaines[5].

Face au défi des mutations structurelles, les recherches appliquées qui font partie de cette section portent sur l'adaptation à des changements provenant de l'extérieur, dans des milieux minoritaires. Elles se situent d'entrée de jeu dans la mouvance des approches interdisciplinaires, telles que les recherches à l'échelle planétaire mentionnées préalablement. Les mutations structurelles dont il s'agit sont autant des mutations biophysiques provoquées par des facteurs environnementaux que

---

1 Lovan, R., Murray, M. et Shaffer, R., *Participatory Governance : Planning, Conflict Mediation and Public Decision-Making in Civil Society*, Burlington, VT, Ashgate Publishing, 2004.

2 Mitchell, B., *Resource and Environmental Management in Canada : Addressing Conflict and Uncertainty*, 3rd ed., Toronto, Oxford University Press, 2004.

3 Manseau, M. (dir.), *Savoir traditionnel et scientifique en environnement*, Institut pour la surveillance et la recherche environnementale, Happy Valley – Goose Bay, Labrador, Newfoundland, 1998.

4 Gunderson, L.H. et Holling, C.S., *Panarchy : Understanding Transformations in Human and Natural Systems*, London, Island Press, 2002.

5 Beck, U. et Beck-Gernsheim, E., *Individualization, Institutionnalized Individualism and its Social and Political Consequences*, London, Sage, 2002.

des mutations socio-économiques entraînées par des changements de l'économie mondiale, soit la Nouvelle Économie. Les recherches en milieux minoritaires font de plus en plus mention d'adaptation mais aussi d'innovation sociale et communautaire. Par adaptation nous entendons des ajustements aux systèmes écologique, social et économique pour répondre à des stress ou des changements provenant de l'extérieur[6]. Les innovations sociales, par ailleurs, interpellent les utilisateurs et les usagers : pour réussir, elles nécessitent la participation, dans une perspective de transformations sociales démocratiques, de tous ceux qui vont s'en saisir[7].

Dans un premier article, Vanderlinden et Chouinard nous montrent que l'Université de Moncton, par des projets de recherche-action en études de l'environnement, joue un rôle d'accompagnement des communautés rurales côtières qui connaissent des changements importants et rapides. Les chercheurs tentent de situer l'Université par rapport au système complexe des communautés côtières. Ils en dégagent au moins deux observations : 1) au départ, l'Université n'a pas d'influence sur le système « communauté côtière » et ensuite elle interagit directement avec ce système, mais y demeure extérieure ; 2) l'Université, en tant qu'institution génératrice de savoirs, introduit de nouvelles informations qui enrichissent le « système société », ce qui complexifie la dynamique d'adaptation des communautés côtières mais contribue aussi à la réduction de leurs incertitudes, en augmentant les liens avec leur environnement.

Les deux articles suivants de Chouinard (*et al.*) et Vanderlinden (*et al.*) posent la nécessité de l'adaptation des communautés côtières à des chocs qui sont d'origines anthropiques soit : 1) l'augmentation du niveau de la mer (causant érosion et inondation des zones côtières), qui pose des défis au plan des nouvelles formes de gouvernance des territoires côtiers ; 2) les impacts des activités humaines sur les écosystèmes côtiers et humains, qui demandent que les ressources océanes soient gérées dans une perspective écosystémique et non plus par espèces de poisson. La première étude démontre que la gestion partenariale des gouvernements avec les représentants des communautés côtières vulnérables nécessite une nouvelle culture de négociation. En effet, les repré-

---

[6] Smith, J.B., Klein, R.J.T. et Huq, S., *Climate Change, Adaptive Capacity and Development*, London, Imperial College Press, 2003.

[7] Callon, M., « Innovations, marchés économiques et démocratie politique », in Colloque : Innovation et transformation sociale, Conférence d'ouverture, Centre de recherche sur les innovations sociales (CRISES), 11 et 12 novembre 2004, Montréal, UQAM, http://www.crises.uqam.ca/pages/fr/colloque.programme+Callon+innovation+sociale.

sentants des communautés demandent qu'on tienne compte des acteurs locaux qui vivent dans les zones côtières vulnérables afin d'assurer leur sécurité au moment des ondes de tempêtes, ce qui entraînera des arrangements institutionnels inédits. Dans la seconde étude, on constate que les exigences d'une approche intégrée (voire systémique), exigée par la loi sur les océans de 1997, nécessitent une communication accrue entre les différentes divisions du ministère des Pêches et Océans, ce qui ne semble pas s'être concrétisé jusqu'à présent. Les auteurs en concluent que la gestion intégrée implique un changement de culture, un changement de paradigme dans l'ensemble du ministère mais aussi l'application du principe de subsidiarité. Ce principe implique que les bureaux locaux (bureaux de secteurs) soient responsables de l'application de la gestion intégrée.

L'étude suivante nous fait part des enjeux de la migration des communautés rurales acadiennes tant vers les villes des provinces maritimes. Langlois et Gilbert, spécialistes des conditions de vie des minorités francophones et acadiennes au département de géographie de l'Université d'Ottawa, nous tracent un portrait de la migration des populations acadiennes des trois provinces maritimes soit le Nouveau-Brunswick, la Nouvelle-Écosse et l'Île-du-Prince-Édouard. Les auteurs, au moyen de l'outil appelé « indice de l'inscription territoriale » des Acadiens et des francophones des Maritimes, démontrent que près des quatre cinquièmes de cette population vit encore dans les milieux à forte concentration francophone. Toutefois, ils soulignent que ces populations quittent ces territoires au profit des zones urbaines plus anglophones. Ceci les amène à conclure que, si la tendance se maintient, les conséquences seront « plutôt nocives sur la vitalité communautaire des Acadiens ».

Enfin, deux études et non les moindres portent sur les effets de la mondialisation et de la nouvelle économie au Nouveau-Brunswick. Une première de Seguin, Poissant, Forgues et Robinson nous brosse un tableau original de la nouvelle économie sociale et du rôle des femmes au Nouveau-Brunswick. La seconde nous montre les conditions de travail auxquelles sont soumis les travailleurs et travailleuses d'un centre d'appels à Moncton, Nouveau-Brunswick.

La première étude sur l'économie sociale (santé et bien-être) au Nouveau-Brunswick montre que dans cette province, contrairement au Québec, province voisine, un modèle néolibéral prévaut. Ce modèle « ne s'appuie pas sur une forme de solidarité citoyenne, mais bien sur une forme de solidarité traditionnelle qui vient pallier aux ratés du marché ». Les auteurs montrent qu'au Nouveau-Brunswick, au sein des entreprises d'économie sociale étudiées, aujourd'hui les femmes « seraient les principales actrices », pour assurer « ce qu'elles garantissaient, hier, au sein de la famille »... Les auteurs montrent également que les acteurs des entreprises d'économie sociale n'intègrent que peu, ou pas, la préoccupation de participation citoyenne de la communauté. Ces entreprises ne reçoivent pas ou très peu de soutien de la part des pouvoirs publics. Ces secteurs de production de services aux enfants, aux personnes âgées et aux malades sembleraient, selon les auteurs, constituer un attrait particulier pour les femmes et contribuer ainsi « à la construction de la société et à la solidification du lien social ».

La deuxième étude, celle du professeur Labrie de l'Ontario Institute of Superior Education, se concentre sur l'analyse des pratiques de travail et des pratiques langagières dans un centre d'appels situé aussi à Moncton. Les travailleurs de ce centre d'appels effectuent les réservations pour une chaîne internationale d'hôtels de luxe. Comme le souligne le professeur Labrie, le Nouveau-Brunswick a misé sur les nouvelles technologies et sur le bilinguisme pour transformer son économie au cours des années 1990, avec pour résultat que plusieurs milliers d'Acadiens et d'Acadiennes travaillent aujourd'hui dans des centres d'appels. Au moyen d'une analyse de données ethnographiques, sociolinguistiques et discursives, l'auteur explique l'incidence de la mondialisation et de la nouvelle économie sur les pratiques langagières par le biais des pratiques de travail. Il montre comment ces employés, rémunérés quinze fois moins que leurs clients, se servent de leurs ressources langagières afin de réaliser le travail de négociation nécessaire à la réussite de leurs interactions, devant mener à la réalisation de profits pour l'entreprise. L'auteur met en évidence la rareté voire l'absence de programmes de formation bilingue et d'outils de travail en français, ce qui l'amène à dire que le bilinguisme est conçu par l'employeur comme une qualité innée et non pas comme une expertise professionnelle.

Enjeux de la gouvernance environnementale locale dans les communautés côtières du Sud-Est du Nouveau-Brunswick

Omer CHOUINARD, Kenel DÉLUSCA,
Murielle TRAMBLAY et Jean-Paul VANDERLINDEN

Université de Moncton, Canada

I. Introduction

Selon Naomi Oreskes de la revue *Science*[1], le fait que les activités humaines aient exercé un impact sur le réchauffement de la surface de la terre crée un consensus parmi les scientifiques. La Commission géologique du Canada[2] affirme que « le changement climatique à l'échelle du globe est un changement redouté étant donné qu'il comporte de nombreuses inconnues ». Parmi les modifications géologiques, « celles qui nous sont les plus connues sont l'eau et le vent qui agissent sur la surface de la Terre en érodant (délogeant) les matériaux à un endroit pour les déposer à un autre ». Ainsi, « comme le climat joue un rôle important dans le déroulement de ces processus, les changements climatiques se traduiront par des modifications de la nature et de l'intensité de ceux-ci ». Au Canada, sur la côte atlantique, et plus particulièrement dans le sud du golfe du Saint-Laurent, le phénomène des ondes de tempêtes devrait donc s'accélérer au cours du XXIe siècle, provoquant érosion et inondations.

---

[1] Oreskes, N., « The Scientific Consensus on Climate Change », *Science*, Vol. 306, 3/12/2004, 10.1126/science.1103618, 2004, http://www.sciencemag.org, p. 1686.

[2] Shaw, J., Taylor R.B., Forbes, D.L., Ruz, M.-H. et Solomon, S., *Sensitivity of the Coast of Canada to Sea-Level Rise*, Geological Survey of Canada, Bulletin 505, 1998.

Les régions côtières du nord et de l'est du Nouveau-Brunswick se révèlent sérieusement exposées aux impacts des changements climatiques. En premier lieu, la transgression marine (élévation du niveau de la mer) représente le facteur sous-jacent principal de l'érosion globale des côtes. Ces régions, et particulièrement celles s'étendant de la baie de Miramichi jusqu'au pont de la Confédération dans le sud du golfe du Saint-Laurent, sont constituées en grande partie de sols plats, sablonneux ou argileux et de falaises de grès. Elles s'avèrent donc déjà très vulnérables à l'érosion de la mer et des marées. Or le phénomène de subsidence et les effets des changements climatiques risquent d'aggraver la situation. En effet, depuis une décennie, des études[3] démontrent que l'écorce des terres côtières du sud du golfe du Saint-Laurent s'enfonce à un rythme de près de dix à trente centimètres par siècle. De surcroît, les ondes de tempêtes, entraînant la combinaison de facteurs dommageables (érosion, inondation, accrétion de glace) pour les communautés côtières, bouleversent la relation de ces communautés avec le milieu marin dans leurs activités quotidiennes. Qui plus est, nous savons qu'il existe une relation inverse entre « le volume d'eau contenu dans les glaciers et celui contenu dans les océans (par exemple un réchauffement du climat réduira la taille des glaciers et les eaux de la fonte aboutiront à la mer)[4] ». Ceci amène ces scientifiques à prédire une augmentation approximative de soixante centimètres pour l'année 2100. Si ce phénomène n'est pas nouveau, c'est l'augmentation de la fréquence de ces événements extrêmes (associés au réchauffement global) qui est à redouter. Maintenant que les études convergent (Oreskes, 2004), en tant que scientifiques, nous avons le devoir d'agir.

Avant les années 1960, le littoral côtier était laissé en friche par les populations locales des côtes du sud du golfe du Saint-Laurent. Cependant, depuis une quarantaine d'années, soit depuis le milieu des années 1960, l'attrait exercé par ces territoires sur les populations urbaines s'est amplifié, occasionnant une augmentation des constructions côtières à proximité de la mer. Depuis le début des années 1990, on parle même d'une véritable ruée vers le bord de mer. De plus, depuis le milieu des années 1970 de nombreux travaux d'adaptation ont été entrepris par les résidents côtiers du territoire du sud-est du Nouveau-Brunswick situé entre la baie de Miramichi et le pont de la Confédération dans le sud du golfe du Saint-Laurent.

---

[3] Shaw, J. et Forbes, D.L., « The post-glacial relative sea-level lowstand in Newfoundland », *Canadian Journal of Earth Sciences*, 32, 1995, p. 1308-1330.

[4] Everell, M.D., « Préface », in Shaw, J., Taylor, R.B., Forbes, D.L., Ruz, M.-H. et Solomon, S., *Sensitivity of the Coast of Canada to Sea-Level Rise*, Geological Survey of Canada, Bulletin 505, 1998.

Ainsi, le gouvernement de la province du Nouveau-Brunwick, après avoir rédigé en 1996 une ébauche de politique de protection des zones côtières visant à « protéger l'intégrité de la zone côtière », a changé de cap en 2002 pour s'attaquer de façon prioritaire à « réduire le risque de menaces pour la sécurité personnelle causées par les ondes de tempêtes[5] ».

Les travaux sur l'implication des preneurs de décisions des communautés locales ainsi que des associations de la société civile dans la gestion des ressources sont chose courante dans la littérature scientifique[6]. Il en est de même de la contribution du savoir local à l'aménagement du territoire[7]. Qui plus est, la littérature sur l'importance et la valeur de la zone côtière est abondante et riche[8]. Toutefois, l'impact des changements climatiques et l'augmentation du niveau de la mer donnent encore plus d'importance à la recherche sur la protection des zones côtières ainsi qu'aux capacités d'adaptation des communautés côtières au phénomène d'érosion et d'inondation des territoires côtiers vulnérables[9].

---

5 Nouveau-Brunswick, *Politique de protection des zones côtières pour le Nouveau-Brunswick*, Fredericton, Environnement et gouvernements locaux, Canada, 15, 2002.

6 Dorcey, A.H.J., « Sustainability Governance : Surfing the Waves of Transformation », in Mitchell, B. (ed.), *Resource and Environmental Management in Canada*, Toronto, Oxford University Press, 2004, p. 528-554 ; Lovan, R.W., Murray, M. et Shaffer, R., « Interactive Public Decision-Making in Civil Society », in Lovan, R.W., Murray, M. et Shaffer, R. (eds.), *Participatory Governance : Planning, Conflict Mediation and Public Decision-Making in Civil Society*, Burlington, VT, Ashgate, 2004, p. 241-252.

7 Berkes, F. et Folke, C., « Back to the Future : Ecosystems Dynamics », in Gunderson, L.H. et Holling, C.S. (eds.), *Panarchy : Understanding Transformations in Human and Natural Systems*, London, Island Press, 2002, p. 121-146 ; Diduck, A., « Incorporating Participatory Approaches and Social Learning », in Mitchell, B. (ed.), *Resource and Environmental Management in Canada*, Toronto, Oxford University Press, 2004, p. 497-527 ; Ninacs, W.A., « Le pouvoir dans la participation au développement local », in Tremblay, M., Tremblay, P.-A. et Tremblay, S., *Développement local, économie sociale et démocratie*, Sainte-Foy (Québec), PUQ, 2002, p. 15-40.

8 Beatley, T., Brower, D.J. et Schwab, A.K, *An Introduction to Coastal Zone Management*, 2nd ed., London, Island Press, 2002.

9 Smit, B. et Pilifosova, O., « From Adaptation to Adaptive Capacity and Vulnerability Reduction », in Smith, J.B., Klein, R.J.T. et Huq, S. (eds.), *Climate Change, Adaptive Capacity and Development*, London, ICP Press, 2003, p. 9-28.

II. Objectif et méthodologie

Cette étude interdisciplinaire constitue le volet socio-économique d'une recherche scientifique portant sur *l'augmentation du niveau de la mer* dans le Sud-Est du Nouveau-Brunswick, sous la direction d'Environnement Canada (2003-2006). D'autres ministères fédéraux canadiens y participent, en particulier le ministère des Ressources naturelles du Canada et Pêches et Océans Canada. La province du Nouveau-Brunswick et des chercheurs d'universités canadiennes, en partenariat avec des représentants des communautés locales, contribuent également à ce projet. Notre étude vise la compréhension des perceptions de groupes représentatifs quant aux activités du littoral côtier ainsi que de leurs pratiques d'adaptation au phénomène de l'augmentation du niveau de la mer en lien avec les changements climatiques. Cette compréhension se veut un point de départ de recherche de gouvernance territoriale du littoral côtier par la société civile du Sud-Est du Nouveau-Brunswick.

Tel qu'en témoigne le rapport de recherche livré en 2004[10] à Pêches et Océans Canada, la consultation a été effectuée auprès de leaders de divers groupes représentatifs du territoire visé, et ce au moyen d'entrevues semi-structurées[11] portant sur leur perception des effets des changements climatiques sur le littoral côtier et de leurs pratiques d'adaptation. Les résultats de ces enquêtes sont ensuite validés au moyen de groupes de discussion[12]. Dans le but de permettre aux acteurs locaux de s'approprier les résultats de l'étude, nous discutons aussi du lien entre savoir local et savoir scientifique. Enfin, nous nous interrogeons sur les défis de la gouvernance territoriale dans le cadre de l'anticipation des événements extrêmes sur le littoral côtier et sur les pratiques d'adaptation des personnes vivant dans ces communautés aux ondes de tempêtes.

---

[10] Délusca, K., Tramblay, M. et Chouinard, O., *Toward a Sustainable Local Governance Approach to Face the Effects of Sea Level Rise in the South-Eastern Part of New Brunswick*, Ottawa, Department of Fisheries and Oceans Canada, 2004.

[11] Savoie-Zajc, L., « L'entrevue semi-dirigée », in Gauthier, B., *Recherche sociale : de la problématique à la collecte de données*, 4e éd., Sainte-Foy, PUQ, 2003, p. 296-316.

[12] Geoffrion, P., « Le groupe de discussion », in Gauthier, B., *Recherche sociale : de la problématique à la collecte de données*, 4e éd., Sainte-Foy, PUQ, 2003, p. 333-356.

Dans le but de comprendre leurs perceptions[13], les chercheurs du volet socio-économique[14] en lien avec le volet adaptation[15] ont entrepris une enquête auprès de vingt-sept représentants de groupes (municipalité, commission d'aménagement, groupe de développement durable, groupe touristique, groupe de bassin versant, groupe d'aînés, groupe de pêcheurs, groupe d'autorité portuaire, parc national, ainsi que des entrepreneurs, des hommes d'affaires provenant de Community Business Development Corporation – CBDC) ayant leurs installations ou encore leur résidence à moins d'un kilomètre de la côte. Dans le contexte des stratégies d'adaptation, il nous est apparu important d'ancrer le processus de recherche dans les communautés. Ce faisant nous sommes entrés en contact avec les groupes de différentes cultures du territoire du Sud-Est du Nouveau-Brunswick incluant les bandes Mi'kmaq ainsi que les communautés acadiennes et anglophones. Il s'agissait de comprendre ce que ces leaders perçoivent des effets des changements climatiques, en particulier de l'élévation du niveau de la mer, et ce qu'ils font ou perçoivent des pratiques d'adaptation au changement climatique sur le littoral côtier. Ceci constitue pour nous un premier pas vers la compréhension de l'aménagement du territoire du littoral côtier par les groupes qui y vivent.

L'échantillonnage a été effectué selon une méthode non probabiliste, couramment appelée « échantillonnage en boule-de-neige[16] ». Le choix de cette méthode était relié à la nature de l'étude et à ses objectifs. En effet, son but était de découvrir la perception qu'ont les populations côtières des effets des changements climatiques et du phénomène de subsidence. Toujours selon Beaud (2003), lorsqu'on vise à répondre à des questions hypothétiques, dans le cadre d'une étude exploratoire, il n'est pas justifié de construire un échantillon représentatif parce que le

---

[13] Par perception nous entendons le premier niveau d'appréhension de la réalité par une personne (CESR, Synthèse, VII, 2004) alors que représentation fait appel à une construction sociale de groupe ou d'un collectif. Selon Jodelet, D., « elle est une forme de connaissance socialement élaborée et partagée ayant une visée pratique et concourant à la construction d'une réalité commune à un ensemble social ». http://www.serpsy.org/formation_debat/mariodile_5.html.

[14] Le volet socio-économique du projet sur l'augmentation du niveau de la mer est dirigé par Kelly Murphy d'Environnement Canada, Halifax, Canada.

[15] Le volet adaptation est dirigé par la professeure Sue Nichols de la University of New Brunswick, Fredericton, Canada. « L'adaptation au changement climatique fait allusion aux ajustements des systèmes écologiques, sociaux et économiques en réponse au stimulus présent ou attendu ainsi qu'à leurs effets ou impacts » (Smith, J.B., Klein, R.J.T. et Huq, S., *Climate Change, Adaptive Capacity and Development*, London, IPC Press, 2003).

[16] Beaud, J.-P., « L'échantillonnage », in Gauthier, B. (dir.), *Recherche sociale : de la problématique à la collecte de données*, 4e éd., Sainte-Foy, PUQ, 2003, p. 221-242.

plus important n'est pas la précision mais plutôt la découverte de la logique des acteurs. La limite de l'échantillon en boule-de-neige s'établit en fonction de la saturation des catégories de l'étude, c'est-à-dire lorsqu'à l'ajout de nouvelles personnes il n'y a plus de nouvelles informations qui émergent. Chacune des entrevues semi-dirigées auprès des vingt-sept participants à l'enquête durait de quarante à soixante minutes.

Afin de valider les résultats de cette cueillette d'informations sur l'augmentation du niveau de la mer causée par les changements climatiques et le phénomène de subsidence, l'enquête terrain comprend, en plus des entrevues semi-dirigées, trois groupes de discussion. Trente-deux personnes provenant des communautés du littoral s'étendant de Shemogue à Saint-Louis de Kent, soit environ 200 kilomètres, y ont participé. Le nombre de participants à ces groupes a varié de neuf à treize personnes. Il s'agissait de personnes déjà interviewées dans les entrevues semi-dirigées et de nouvelles personnes représentatives de la communauté.

III. Perception de l'augmentation du niveau de la mer sur le littoral côtier

Des analyses des entrevues et des groupes de discussion, six catégories de perceptions de l'augmentation du niveau de la mer dans le Sud-Est du Nouveau-Brunswick furent identifiées : 1) l'érosion visible et inexorable ; 2) la mer plaisir/destructrice/polluée ; 3) les variations climatiques extrêmes, incertaines et constantes ; 4) résister, accepter/se résigner, se déplacer ; 5) l'économie côtière changeante – responsabilité ; 6) rôle et position du gouvernement et des communautés.

A. L'érosion visible et inexorable

Généralement, tous les participants reconnaissent qu'il y a une perte d'habitat. Divers groupes mentionnent une érosion incroyable des sols : « il y a une perte de terrain et de sol qui est irremplaçable » [...] « la glace et l'érosion détruisent les plages ». La perte pourrait varier selon la vulnérabilité des territoires d'un demi-mètre à un mètre par année. Par ailleurs, les participants à l'étude remarquent qu'exceptionnellement il y a création d'îlots et de chenaux causés par le transport de sédiments, et formation de nouveaux habitats pour d'autres espèces de mollusques ou de crustacés : « nous avons maintenant de nouveaux bancs de palourdes dans l'estuaire de la rivière de Richibouctou » [...] « nous avons trouvé des "lady crabs" que nous n'avions jamais observés auparavant dans le détroit de Northumberland ». Il fut aussi mentionné qu'autrefois, c'est-à-dire avant les années 1960, les chalets étaient bâtis sur des caps de roche solide et qu'aujourd'hui on construisait partout et même sur des endroits vulnérables. La majorité des personnes interviewées ont noté que, si l'érosion pendant les tempêtes n'est pas un phénomène nouveau, les tempêtes et les événements extrêmes sont aujourd'hui plus fréquents : « on a l'impression qu'il se produit un événement météorologique destructeur et important à chaque année ». Ici, l'attitude est d'accepter et de s'adapter aux changements de la nature.

B. La mer plaisir/destructrice/polluée

La fréquentation des plages mais surtout la construction de chalets et de résidences permanentes en bordure du littoral côtier furent signalées de façon insistante par les participants à l'étude comme étant un phénomène nouveau de même qu'une activité économique importante des dix ou quinze dernières années. Ce phénomène fut aussi souligné comme un des facteurs de la création du stress côtier. Fut également mentionnée la perte des attraits physiques servant de protection naturelle, tels les dunes et les marais, ou encore de lourds dommages causés aux quais de pêche artisanale pendant les ondes de tempêtes. À bien des endroits fréquentés par les touristes, les participants à l'enquête ont signalé un problème de disponibilité d'eau potable. En effet, dans certains territoires, la demande en eau potable serait multipliée par deux durant les mois d'été étant donné la forte présence de visiteurs. La prolifération de chalets saisonniers ou la transformation de ces derniers en résidences permanentes sur le littoral est, selon certains, une des causes de l'augmentation de la pollution sur le littoral côtier. L'attitude est de souhaiter un compromis entre les attraits naturels et la présence de visiteurs et de vacanciers stimulée par la promotion commerciale.

C. Les variations climatiques extrêmes, incertaines et constantes

Il y a des incertitudes et un certain scepticisme sur les causes réelles de ces changements et les personnes interviewées disent avoir besoin davantage d'information afin de prédire et d'anticiper les effets des changements climatiques sur le littoral. Tel que mentionné par une personne interviewée à l'hiver 2004 : « Depuis l'année 2000, j'ai noté trois tempêtes majeures et une en particulier accompagnée de glace, ce qui a entraîné des inondations et de l'érosion dans les terres basses ». Il y a donc pour certaines personnes interviewées une question de complexité dans le phénomène de changements climatiques : « La tempête du 21 janvier 2000 a affecté toute la région du Sud-Est du Nouveau-Brunswick alors que la tempête d'octobre 2000 a seulement affecté certaines communautés locales ».

La menace de disparition de certaines espèces et la surexploitation des ressources naturelles ont également été mentionnées par des participants à l'enquête. Par exemple, on a fait référence à la présence importante de homards femelles sur la côte suite à la forte tempête de décembre 2003 : « la diversité biologique est menacée par ces événements [...] c'est un problème d'effets cumulatifs ». Est-ce que les variations climatiques de la température ont davantage d'effets négatifs sur les ressources naturelles ? Les réponses à cette question montrent des avis partagés quant aux causes et à l'ampleur des prédictions de risques associés aux changements climatiques. Bref, il n'y a pas de consensus sur cette question. Deux personnes interrogées ont suggéré que la tempête extrême du 29 octobre 2000 était tout simplement un accident. L'attitude est de proposer des lois, des règlements ou des mesures alternatives dans la construction d'infrastructures.

D. Résister, accepter/se résigner, se déplacer...

Le premier réflexe des participants est de résister et de réparer les dommages causés par un événement extrême. Ils ont peur de perdre leurs chalets. Le coût des propriétés près du littoral côtier est très élevé aujourd'hui comparativement aux années 1960 et 1970. Les équipements collectifs (quai), les infrastructures touristiques (sentier, passerelle, plage) ou les propriétés individuelles (chalet, belvédère) sont devenus des objets sentimentaux : « C'est dommage, on nous a légué cet héritage et nous devons le protéger, l'entretenir et le réparer ». Afin de protéger leurs biens, certains mentionnent l'utilisation de structures et de matériaux tels les gabions, des murs de roches, de ciment ou de bois. Par contre, d'autres soutiennent qu'on a développé de nouvelles technologies qui permettent de rebâtir des infrastructures, créant ainsi de véritables stratégies d'adaptation en vue d'une meilleure sécurité. Certains se résignent et pensent que « nous avons à vivre avec la mer ». « Il n'y a absolument rien qu'on peut faire », alors que d'autres mentionnent qu'à certains endroits le prix des propriétés a commencé à chuter. Aussi, ils considèrent que les compagnies d'assurances ne font rien pour eux. Pour certains, il y a un urgent besoin d'un système d'information météorologique adéquat afin de prévenir les désastres dans les communautés côtières. L'attitude est plutôt de réparer les dégâts.

E. L'économie côtière changeante – responsabilité

Tous les participants reconnaissent que l'économie est changeante. Alors que certains villages sont passés de l'activité de la pêche à l'activité touristique, d'autres ont entamé des activités aquacoles d'ensemencement comme activité complémentaire à l'activité de la pêche. Tous reconnaissent qu'à l'avenir il y aura beaucoup moins de pêcheurs. Quelques personnes interviewées ont mentionné que l'introduction de la technologie a contribué à la surpêche et à la destruction des habitats. Certains considèrent que l'économie locale des communautés côtières est vulnérable et qu'elle est en proie à une situation dépressive. Si quelques-uns considèrent que la saison touristique sera plus longue, d'autres pensent que la saison touristique restera identique. Cependant, la majorité croit que « les conditions climatiques pour avoir une saison touristique plus longue sont déjà là ».

Tous considèrent que l'attrait du littoral a entraîné une migration de l'intérieur vers les communautés côtières. Par exemple, de chalets saisonniers on passe à des résidences permanentes en augmentant la superficie de quatre à cinq fois. Plusieurs participants pensent qu'il y a surcapitalisation de l'immobilier sur le littoral côtier, entraînant ainsi une exclusion des résidents des communautés locales. Cependant, ils sont ambivalents face au facteur responsable de ce changement : est-ce le changement de climats ou l'attrait du territoire par le marché immobilier ? L'attitude est plutôt l'incertitude face à l'avenir, un sentiment d'inquiétude voire d'impuissance pour certains.

F. Rôle et position du gouvernement et des communautés

Les municipalités ainsi que les commissions de planification et d'aménagement du territoire considèrent que la loi de la province du Nouveau-Brunswick sur l'urbanisme qui n'a pas été retouchée depuis 1973 est désuète et inadéquate. Il en va de même de la politique de protection des zones côtières pour le Nouveau-Brunswick qui est en chantier depuis le début des années 1990 et qui n'a pas encore été adoptée en 2005. Les participants ont mentionné majoritairement qu'il n'y avait pas de règlements permettant de contrôler le développement sur le littoral côtier : selon les personnes interrogées, des tensions émergent entre les résidents des communautés côtières détenteurs du savoir local[17] et le savoir des experts qui proviennent de l'extérieur de la région. Ceci entraîne une situation où les résidents agissent individuellement pour protéger leur côte, leur propriété et leurs investissements sans égard aux habitats naturels et à l'environnement : il y a une absence d'uniformisation et de codes de procédure et les interviewés notent d'autres facteurs tels la mauvaise gestion des côtes ainsi qu'un manque de volonté politique.

---

17 Selon Roots, F., « Inclusion of Different Knowledge Systems in Research », in Manseau, M. (dir.), *Terra Borealis, Traditional and Western Scientific Environmental Knowledge, Institute for Environmental Monitoring*, Workshop Proceedings, Northwest River, Labrador, 10 et 11 septembre 1997, 1998, p. 42-49, le savoir local valorise l'expérience individuelle dans un esprit collectif et favorise l'intégration et la compréhension de la réalité des problèmes.

À ce sujet les participants expriment un désir de solidarité communautaire, de coopération, d'entraide et des services d'assistance gouvernementale pour s'attaquer aux effets des changements climatiques et aux événements atmosphériques extrêmes. En fait, bon nombre de personnes comprennent l'importance d'une approche concertée et intégrée pour une politique côtière. Elles s'interrogent sur la possibilité de modifier la loi fédérale sur les mesures d'urgence afin de s'assurer de couvrir non seulement la réparation des infrastructures après une onde de tempête, par exemple, mais aussi des nouveaux enjeux allant au-delà des infrastructures, telle l'atteinte à la sécurité et au bien-être causée par les événements climatiques extrêmes. Les municipalités auraient des plans d'urgence pour faire face aux événements extrêmes mais on note que ce ne sont que des plans à court terme. Les districts de services locaux (DSL)[18] n'auraient pas de plan d'urgence à moins qu'un comité de bénévoles ne décide sur une base volontaire d'en mettre un sur pied.

IV. Contribution du savoir local à la démarche de la recherche

D'abord, on ne peut dégager de consensus des consultations avec les représentants de divers groupes du Sud-Est du Nouveau-Brunswick sur les impacts de l'élévation du niveau de la mer. La majorité des participants à l'étude considère que le phénomène des changements climatiques est complexe et que les groupes seuls ne peuvent en arriver à des mesures d'adaptation appropriées (Thys, 2003), d'où un sentiment d'inquiétude… La nature qualitative des entrevues nous donne un éventail des attitudes et des préoccupations des participants. On peut en dégager que la menace des changements climatiques est perçue comme réelle, inquiétante et évidente, même si les participants ne peuvent pas prédire la nature de cette menace. Par exemple, ils savent que les dommages peuvent être considérables. Également, ils croient que la construction près des côtes et sur le littoral va à l'encontre d'un développement durable et sécuritaire des communautés côtières du Sud-Est du Nouveau-Brunswick. En termes d'approche prudente, les mesures d'adaptation doivent être prises en coopération avec les communautés. Aussi il demeure important de lier le savoir local, celui des experts locaux, au savoir des experts scientifiques provenant de l'extérieur. Les communautés veulent savoir et sont en droit de savoir ce qu'on prévoit et qui est susceptible d'arriver. Tel que mentionné antérieurement, les

[18] Les DSL n'ont qu'une personne nommée par la province du Nouveau-Brunswick. Cette personne travaille sur appel avec les communautés locales et ce sur une base volontaire et sans disposer d'aucun pouvoir.

activités que les citoyens ont déjà assumées pour répondre aux changements qui se produisent le long des côtes suggèrent des stratégies potentielles et réelles (par exemple de nouvelles structures d'évacuation) pour l'adaptation aux effets des changements climatiques dans les communautés et pour leur anticipation[19]. Cependant, on note que des pratiques individuelles dans la construction d'infrastructures en vue de réduire les impacts des ondes de tempêtes, par exemple les gabions, les murs de ciment ou de bois, sont considérées par les interviewés comme étant carrément impropres et inacceptables et qu'elles devraient être déconseillées. Par contre, des représentants de groupes croient que des actions simples pour protéger les dunes contre l'envahissement des ondes de tempêtes, comme l'installation de clôtures, peuvent et doivent être prises. De même, ceux-ci croient que la construction de passages alternatifs, par mesure de sécurité, doit être prévue immédiatement afin de permettre la circulation des personnes, des biens et services lors d'événements extrêmes.

En conséquence, les représentants des groupes disent qu'ils ont besoin d'information pour mieux gérer le patrimoine du littoral côtier. Aussi, ils sont prêts à agir mais ils ont besoin de l'assistance immédiate des experts gouvernementaux et des entreprises qui disposent de savoirs techniques et scientifiques sur la dynamique des côtes pour que des mesures d'adaptation appropriées et efficaces soient prises. Pour les interviewés, le rôle des gouvernements est d'anticiper les effets de l'augmentation du niveau de la mer et de prévoir l'avenir et le bien-être des citoyens. Les citoyens ayant participé aux trois groupes de discussion croient que les gouvernements ont suffisamment d'informations à la suite des ondes de tempêtes de janvier et d'octobre 2000 pour agir et discuter de mesures d'adaptation avec les personnes et les groupes vivant dans les communautés côtières.

V. La participation des communautés au processus de gouvernance

Les personnes interrogées croient que tant les instances politiques que les divers groupes de la société civile[20] doivent participer à la gestion du patrimoine du littoral côtier. Ainsi en est-il des décideurs locaux,

---

19 Murphy, K., DeBaie, L., *Methodological Framework : Socio-Economic Dimensions of Climate Change Impacts and Adaptation in the Coastal Zone of South Eastern New Brunswick*, Halifax, Atlantic Region, Environment Canada, Draft 2, July 2004.

20 Watkins, D., Murphy, P. et Cunningham, J.V., *Organizing for Community Controlled Development : Renewing Civil Society*, University of Pittsburgh, Thousand Oaks : Sage Publications, 2003, 339 p.

municipalités, districts de services locaux, commissions de planification et d'aménagement d'une part, et d'autre part des différentes associations et organisations qui travaillent au niveau des bassins versants, des groupes écotouristiques, des groupes de développement durable, ainsi que des petits producteurs et entrepreneurs, comme les groupes de pêcheurs commerciaux, récréatifs, ainsi que les aquaculteurs qui ont des connaissances sur ce qui se passe sur leur territoire. Selon eux, la volonté de contribuer au maintien et à la protection du patrimoine côtier doit être davantage valorisée. Les groupements et associations représentatifs de la société civile veulent travailler en partenariat avec les instances gouvernementales et les entreprises au moment où la fréquence des événements d'ondes de tempêtes s'accélère. L'urgence est donc de vulgariser l'information scientifique et de la diffuser largement auprès des groupes représentatifs de la société civile. Il faut faire en sorte que l'information sur la vulnérabilité du littoral côtier fournie par les systèmes d'information géographique, les cartes topographiques et le Lidar soient diffusée afin que les groupes puissent s'approprier ces données pour être en mesure d'entreprendre avec les différents paliers de gouvernement et les entreprises expertes en la matière les travaux d'adaptation qui tiennent compte de la protection des habitats côtiers et du mieux-être des populations locales.

Ce sera grâce à la connexion entre les groupes, associations et parties prenantes des communautés, les scientifiques, les divers niveaux de gouvernement et les entreprises qu'une culture de négociation[21] pourra se développer en vue de prendre les mesures appropriées d'adaptation à l'augmentation du niveau de la mer qui soient en harmonie avec le développement territorial durable et viable. Cette demande de participation des groupes de la société civile à la gestion concertée du littoral côtier est un impératif si l'on veut conserver un écosystème côtier sain.

Conclusion

Les groupes interrogés sur le phénomène de l'augmentation du niveau de la mer dans le Sud-Est du Nouveau-Brunswick, même si les avis sont partagés et qu'il n'y a pas de consensus sur les effets des changements climatiques sur le littoral côtier, sont cependant conscients de leur capacité d'agir afin d'apporter leur contribution aux adaptations nécessaires pour la conservation des aspects naturels du littoral côtier. Bon nombre de groupes de ces communautés voient de plus en plus

[21] Conseil économique et social de Bretagne (CESR), *Pour une gestion concertée du littoral en Bretagne*, Rennes, CESR, 2004, p. 159-182 (en particulier chapitre 3 : « Grands principes d'actions et préconisations »).

l'urgence d'agir en partenariat avec les gouvernements et les entreprises concernés afin d'éviter les impacts négatifs des projets de construction d'habitation ou d'infrastructure impropres à un écosystème côtier sain et sécuritaire dans le contexte de l'accélération de la fréquence des ondes de tempêtes provoquées par les changements climatiques. Cependant, il incombe aux différents paliers gouvernementaux de saisir l'occasion de travailler de concert avec les parties prenantes des communautés côtières pour contribuer à recréer le lien de confiance et la cohésion sociale nécessaires pour la réalisation d'une telle entreprise. Finalement, cette volonté d'approche révèle l'enjeu démocratique pour une gouvernance territoriale locale du littoral côtier de cette région.

Gestion intégrée des zones côtières du nord et de l'est du Nouveau-Brunswick

Un programme de recherche au service de communautés dans un contexte d'adaptation et d'innovation

Jean-Paul VANDERLINDEN et Omer CHOUINARD

Université de Moncton, Canada

I. Introduction

Les zones côtières de l'est du Nouveau-Brunswick font face à une série de défis liés à l'adaptation à des conditions changeantes et à la pratique d'innovations tant techniques que sociales qui en découlent. Dans ce contexte, une dynamique d'accompagnement a vu le jour, dynamique où l'Université de Moncton peut être considérée comme une institution ressource pour les communautés. L'objet de cet article est de montrer comment cette dynamique d'accompagnement a été mise en œuvre dans le cadre des activités d'enseignement et de recherche du programme de la Maîtrise en études de l'environnement et d'intégrer cette démonstration dans une perspective systémique appliquée aux systèmes complexes. Après avoir brièvement évoqué les défis auxquels font face les communautés côtières de l'est du Nouveau-Brunswick, nous présentons l'Université de Moncton et le programme de la Maîtrise en études de l'environnement. Nous poursuivrons en résumant une série de projets de recherche-action qui illustrent le rôle que peut venir jouer une université dans l'accompagnement des communautés côtières connaissant des changements importants et rapides. À partir de ces études de cas, nous développerons notre argumentation à l'aide de la théorie des systèmes complexes de façon à permettre de dégager des pistes pour des recherches futures, pistes articulant une approche empirique et théorique.

II. Côte est du Nouveau-Brunswick : défis d'adaptation et d'innovation

La première série de défis d'adaptation est liée aux nouvelles formes d'utilisation de l'espace marin et de l'espace littoral.

Pour l'espace marin, les crises répétées des ressources halieutiques ont mené certaines associations de pêcheurs à envisager de passer progressivement de la pratique de la pêche à une pratique hybride entre la pêche et l'aquaculture, approche impliquant l'ensemencement de bancs naturels d'huîtres ou de pétoncles[1]. Ce changement de pratique a impliqué et implique une série de transformations liées à l'action collective, à l'obtention de capitaux et au foncier marin, favorisant une dynamique d'adaptation au changement de la ressource halieutique, impliquant une innovation technique (l'ensemencement), elle-même génératrice d'innovation sociale (redéfinition du foncier marin).

Pour l'espace littoral, le développement du tourisme est venu modifier l'utilisation de la bande littorale. Face aux pressions exercées par les développements touristiques, les communautés côtières ont dû redéfinir les priorités de développement, elles ont dû mettre en place de nouvelles formes de planification de l'utilisation de l'espace, confrontées à la nécessité de conserver leur identité tout en développant le tourisme. À nouveau, une nouvelle forme de développement économique induit la nécessité de mettre en place de nouvelles formes d'organisation sociale et génère une innovation sociale.

Pour l'interface littoral-espace marin, les pressions croissantes causées par l'industrialisation de la bande littorale, liées à l'augmentation de la densité bâtie en bord de mer, entraînent une réduction de la qualité de l'environnement marin et des marais salants, réduction ayant des impacts sur les possibilités d'utilisation de cet espace à des fins notamment aquacoles.

La seconde série de défis d'adaptation est liée à l'impact des changements climatiques. La nature de ce défi est présentée dans le présent volume par Chouinard *et al.*[2]. Il importe de souligner qu'à nouveau des changements exogènes appellent l'émergence de nouvelles pratiques de gouvernance et génèrent une innovation sociale.

---

[1] Vanderlinden, J.-P., Chouinard, O., Forgues, É. et Desjardins, P.-M., « Apprentissages mutuels et dynamiques communautaires autour d'un projet aquicole sur la côte est du Nouveau-Brunswick », in Amintas, A. *et al.* (dir.), *Les chantiers de l'économie sociale et solidaire*, Rennes, Presses universitaires de Rennes, 2005.

[2] Chouinard, O., Délusca, K., Tramblay, M. et Vanderlinden, J.-P., « Les enjeux de la gouvernance environnementale locale dans les communautés côtières du Sud-Est du Nouveau-Brunswick » (dans ce volume).

III. L'Université de Moncton et son programme de Maîtrise en études de l'environnement

Fondée en 1963, l'Université de Moncton a connu une croissance importante[3]. Plus récemment, un exercice de prospective a eu lieu (Richard *et al.*, 2001), exercice ayant mené à l'expression actualisée de la mission institutionnelle de l'Université de Moncton. Cette mission se lit :

> L'université de Moncton est une institution à trois constituantes exclusivement de langue française. Elle est reconnue en Acadie et dans la francophonie pour l'excellence de son enseignement et de sa recherche et sa contribution au développement de la société acadienne et universelle. Pour ce faire (a) elle fournit à la population acadienne et à la francophonie en général des programmes de formation de la plus haute qualité, (b) elle contribue, par ses activités de recherche à l'avancement des connaissances dans divers domaines du savoir, (c) elle participe au développement et à l'épanouissement de la société, grâce aux services à la collectivité offerts par les membres de la communauté universitaire.

Il s'agit donc d'une université qui, outre les composantes d'enseignement et de recherche « habituelles » pour une institution d'enseignement supérieur, a pour mission explicite de servir la société, servir étant entendu ici dans son acception la plus large comme en témoigne l'utilisation de « développement de la société acadienne » et « elle participe au développement et à l'épanouissement de la société ».

Le programme de Maîtrise en études de l'environnement a à cœur cette mission multidimensionnelle, l'ayant opérationnalisée à travers l'intégration d'enseignements et de recherches mettant l'accent sur les concepts d'utilité sociale, d'inscription dans les réalités locales. Ce programme est relativement novateur par son haut degré d'interdisciplinarité et par les exigences en termes de cours (apprentissage de savoir), de stage (apprentissage de savoir-être et de savoir-faire professionnel) et de thèse (apprentissage de savoir-faire scientifique). Ayant vu le jour en 1995, il a formé près de soixante étudiants qui œuvrent à présent au niveau des secteurs privés, associatifs et à différents paliers de gouvernement ou poursuivent des études doctorales.

Le programme de Maîtrise en études de l'environnement a développé, suite au besoin exprimé par les communautés côtières, une expertise unique dans le domaine de la gestion intégrée et de la mise en pratique

---

[3] Cormier, C., *L'université de Moncton : Historique*, Moncton, Centre d'études acadiennes, Université de Moncton, 1975 ; Richard, G., Couturier, R., Farral, J., Losier, D. et Leblanc-Ranville, S., *Rapport du groupe de travail sur les orientations futures de l'université de Moncton*, Moncton, Université de Moncton, 2001.

du développement durable. Vanderlinden *et al.* dans le présent volume décrivent plus précisément ce qu'est la gestion intégrée[4]. Il importe de souligner que cette expertise est mise à la disposition de la société acadienne littorale selon des formes multiples : recherches « pures » et recherches-actions menées par les membres de l'équipe de professeurs, étudiants réalisant leurs thèses de maîtrise, stages étudiants et ateliers.

IV. Liens Université de Moncton-société acadienne littorale : quatre exemples

Les exemples proposés ici font l'objet de descriptions plus détaillées dans ce volume[5] ainsi que dans Chouinard *et al.*[6], Vanderlinden[7], Vanderlinden *et al.*[8]. Nous décrirons plus longuement les exemples ne figurant pas dans le présent volume par souci de clarté.

Un premier projet, intitulé « Dynamiques de coopération, développement local et nouveaux droits de propriété : l'ensemencement de bancs de pétoncles dans la communauté côtière de Botsford[9] » a été généré suite à la demande d'une association professionnelle de pêcheurs côtiers, la Botsford Professional Fishermen Association (BPFA), et à la demande du ministère des Pêches et des Océans. Comme la majeure partie des pêcheurs côtiers de l'Est du Nouveau-Brunswick, les membres de la BPFA ont connu une phase de relative spécialisation en matière d'activité professionnelle, se spécialisant dans la pratique saisonnière d'une pêche côtière plurispécifique, ceci durant les décennies 1950-1970. Plus récemment, différents éléments, tels une crise de la

---

4 Vanderlinden, J.-P., Chouinard, O., Friolet, R. et Audet, M., « De la parole aux actes : le défi de la mise en œuvre de la gestion intégrée pour le bureau régional du Golfe de Pêches et Océans Canada » (dans ce volume).

5 Chouinard, O. *et al.*, *op. cit.* ; Vanderlinden, J.-P. *et al.*, *op. cit.*

6 Chouinard, O., Desjardins, P.-M., Forgues, É. et Vanderlinden, J.-P., « La gestion environnementale du bassin versant de la baie de Caraquet », in Gendron, C. et Vaillancourt, J.-G. (dir.), *Développement durable et participation publique : de la contestation écologiste aux défis de la gouvernance*, Montréal, Presses de l'Université de Montréal, 2003, p. 287-306.

7 Vanderlinden, J.-P., « Processus multipartite de collaboration et planification régionale du développement viable : une question d'échelle ? Comparaison du bassin versant de la rivière Bouctouche (Nouveau-Brunswick, Canada) et du bassin versant du sud du golfe du Saint-Laurent (Canada) », in Magord, A. (dir.), *L'Acadie plurielle*, Moncton, Centre d'études acadiennes, 2003, p. 963-974.

8 Vanderlinden, J.-P., Chouinard, O., Forgues, É. et Desjardins, P.-M., « Apprentissages mutuels et dynamiques communautaires autour d'un projet aquicole sur la côte est du Nouveau-Brunswick », in Amintas, A. *et al.* (dir.), *Les chantiers de l'économie sociale et solidaire*, Rennes, Presses universitaires de Rennes, 2005.

9 Voir Vanderlinden, J.-P. *et al.* 2005, *op. cit.*, p. 265-272.

ressource du poisson de fonds, un retrait partiel de certains des mécanismes de régulation par l'état fédéral, ainsi qu'une dépendance croissante sur la pêche d'une espèce, le homard, font que cette association de pêcheurs est à la recherche de stratégies de diversification économique pour ses membres. De façon à pouvoir mettre en œuvre ces stratégies de diversification, cette association fait appel à des formes de solidarité institutionnelles étatiques dont le mandat est notamment de corriger les disparités économiques régionales qui caractérisent le Canada. Une de ces stratégies a consisté en la mise en œuvre de l'ensemencement artificiel des bancs de pétoncles de façon à pratiquer une activité d'aquaculture extensive hybride de la pêche au sens strict et de l'aquaculture. Lors de la mise en œuvre de ce projet, l'équipe de recherche de la Maîtrise en études de l'environnement a été contactée pour contribuer à l'analyse des options institutionnelles permettant de gérer de façon viable les bancs ensemencés. La question des droits de propriété figurait au cœur des questions posées. Néanmoins, la recherche menée a montré que le succès d'une telle transition transcendait largement la question des droits de propriété et que la clé des succès potentiels tenait plutôt à la convergence en termes d'objectifs de ces objectifs des partenaires en présence (bailleurs de fonds, ministères compétents et association professionnelle). Le partage de ces résultats avec les membres de l'association professionnelle devra permettre un meilleur arrimage entre innovation technologique et innovation sociale.

Le second projet, qui a connu de nombreux avatars, est lié au développement touristique[10] dans la communauté côtière de Bouctouche. Cette communauté, dont la partie la plus densément peuplée, la ville de Bouctouche, compte 2 500 habitants, a connu entre 1996 et 1999 un essor touristique considérable (investissement en infrastructure touristique de plus de dix millions de dollars canadiens, doublement de la capacité d'hébergement, création de 150 emplois). Ce développement a été planifié en mettant l'accent sur le tourisme durable et l'écotourisme, faisant de Bouctouche un modèle reconnu de développement touristique viable (Bouctouche fut notamment finaliste des « Tourism for tomorrow awards » de British Airways). Ces réalisations et leur succès peuvent être attribués à une nouvelle forme de planification multisectorielle intégrée. La mise en place de cette dynamique de planification s'est faite avec l'appui actif de la Maîtrise en études de l'environnement. Cet appui a pris la forme de la mise à disposition de l'expertise des professeurs du programme et a permis la réalisation de sept thèses de maîtrise portant tant sur une meilleure compréhension de la géomorphologie littorale que

[10] Voir à ce sujet Vanderlinden, J.-P., 2003, *op. cit.*

sur l'écologie des espèces animales présentes et sur la mise en place de processus de suivi de la viabilité et de programmes d'éducation environnementale destinés à la communauté et aux visiteurs extérieurs.

Un troisième projet, dont la présentation fait l'objet de la contribution de Vanderlinden *et al.* à ce volume ainsi qu'aux travaux présentés dans Chouinard *et al.*[11], est lié à la gestion des interactions entre les activités de la bande littorale et l'environnement marin. Dans ce cadre-ci, l'accent est mis spécifiquement sur les dynamiques de gestion intégrée que ce soit pour la baie de Caraquet ou dans le cadre de la Stratégie sur les océans du Canada. Les résultats de recherche présentés par ailleurs dans le présent volume servent à appuyer tant une initiative locale de gestion intégrée que l'articulation régionale d'une initiative nationale.

Un quatrième projet, faisant l'objet de la présentation de Chouinard *et al.* (dans le présent volume), touche la question de l'adaptation des communautés côtières aux conséquences des changements climatiques. La diffusion sous forme d'ateliers publics tenus localement fait l'objet d'une demande importante des communautés côtières de l'Est du Nouveau-Brunswick.

Ces quatre projets illustrent la nature potentielle de l'implication communautaire d'une institution d'enseignement supérieur dans un contexte d'innovation sociale. Plus précisément, il s'agit d'innovation sociale liée à une nouvelle pratique de gouvernance impliquant un processus de planification multisectoriel au cœur duquel se trouve l'objectif du développement durable. En outre, chacune des dynamiques décrites est le produit de changements (suffisamment brusques pour que nous les qualifiions de « chocs ») dans le contexte que connaissent les communautés touchées. Le tableau ci-dessous résume la nature des chocs, la nature des dynamiques engendrées et l'appui que fournissent les projets de recherche présentés.

[11] Voir à ce sujet Vanderlinden J.-P., 2003, *op. cit.*

Tableau 1. Description sommaire des différents projets présentés et de leur contexte

Nature du choc ayant généré une demande pour de l'innovation sociale	*Nature de l'innovation sociale générée*	*Nature de l'intervention demandée à l'équipe de la maîtrise en études de l'environnement*	*Nature de l'appui effectivement fourni par l'équipe du programme de la maîtrise en études de l'environnement*
Passage de la pêche de capture pure à une dynamique d'ensemencement de bancs de pétoncles	Nouvelle dynamique de collaboration au sein d'une association professionnelle et entre cette association et différentes agences gouvernementales	Contribution à la définition de l'arrangement adéquat en termes de droits de propriétés sur les bancs ensemencés	Contribution à la compréhension de nature des défis que la dynamique d'innovation sociale génère tant en termes d'institutions que de réseaux sociaux et d'apprentissages mutuels
Développement rapide de l'industrie touristique	Mise en place de processus multisectoriels de collaboration pour la planification d'un développement touristique viable	Facilitation du processus de planification Promotion auprès des bailleurs de fonds	Facilitation du processus de planification Promotion auprès des bailleurs de fonds
Engouement des différents paliers de gouvernement pour la gestion intégrée	Mise en place de processus multisectoriels de collaboration pour la gestion des environnements marins et côtiers	Développement d'un plan de gestions intégrées pour un bassin versant Analyse des défis de la mise en œuvre de la gestion intégrée pour une agence gouvernementale	Développement d'un plan de gestions intégrées pour un bassin versant Analyse des défis de la mise en œuvre de la gestion intégrée pour une agence gouvernementale
Augmentation du niveau de la mer et de la fréquence des tempêtes dans un contexte de changements climatiques	Dynamique d'adaptation aux conséquences des changements climatiques faisant appel à une nouvelle forme de gouvernance de la zone côtière	Échange des informations entre les communautés locales et les chercheurs, échanges facilités par l'équipe du programme de la Maîtrise en études de l'environnement	Outre les ateliers, on assiste à une plus grande participation de la société civile au débat lié à l'adaptation aux conséquences des changements climatiques

A. Comprendre le lien entre Université et innovation sociale

À la lumière des projets et des dynamiques présentés ci-dessus, il pourrait être tentant d'affirmer qu'il existe un lien univoque entre innovation sociale et engagement du milieu universitaire auprès de communautés innovantes. Néanmoins, cela ferait fi de la nature complexe des dynamiques observées en les réduisant de façon arbitraire. Il semble important de préciser la nature de la complexité des phénomènes d'innovation décrits et ensuite de dégager les premiers éléments d'un cadre d'analyse permettant d'éclairer à l'avenir ce lien entre établissement d'enseignement supérieur et innovation sociale.

La nature complexe des phénomènes décrits tient à différentes dimensions. D'abord, nous sommes en présence de chocs se traduisant par des mécanismes locaux d'adaptation, mécanismes qui par définition, car ils sont locaux, s'affranchissent de tout contrôle univoque extérieur par une autorité centralisée, caractère nous permettant de confirmer la complexité de la dynamique analysée[12]. Ensuite, nous sommes en présence de systèmes caractérisés par des interactions variées tant à l'intérieur de la communauté qu'avec l'environnement extérieur ; les éléments sont fortement interdépendants et liés entre eux par de nombreuses boucles de rétroaction. Finalement, les dynamiques observées ont pour origine des chocs qui n'étaient pas planifiés par les différents agents du système observé, c'est-à-dire les dynamiques de réaction à l'imprévu. Il serait abusif de réduire les interactions entre université et société à des relations univoques simples, il serait de même abusif d'établir un lien de causalité entre engagement universitaire et innovation sociale selon un déterminisme simple.

Cela nous met dans la situation typique des chercheurs confrontés à la complexité en tant qu'objet d'étude : la nature même de la complexité, sa définition même pour certains (Thiétart, 2000), est qu'elle ne peut facilement être appréhendée. Il s'agit donc pour nous de proposer des pistes de recherches que nous illustrerons à l'aide des quatre projets décrits.

B. De la place qu'occupe l'Université dans le système complexe innovation sociale locale-adaptation

La première piste tient à la définition du système et de la place occupée par l'Université. Le lien important qu'entretient l'Université de Moncton avec les communautés acadiennes peut amener à penser que

[12] Thiétart, R.-A., *Management et complexité : Concepts et théories* (les Cahiers du centre de recherche DMSP, n° 282), Paris, Centre de recherche DMSP, Université de Paris Dauphine, 2000.

l'Université, dans les cas qui nous intéressent, est intégrée au système étudié. Néanmoins, les chocs entraînant les changements générateurs d'innovation sociale ont lieu spécifiquement au niveau des communautés. Il serait dès lors possible d'affirmer que l'Université de Moncton est un élément du contexte propre aux communautés. Une première question réside donc dans l'identification de la place qu'occupe réellement l'Université de Moncton par rapport au système complexe analysé : fait-elle partie du système complexe ou constitue-t-elle un élément de son contexte, de l'environnement avec lequel le système interagit ? Le premier projet décrit, celui touchant l'ensemencement de bancs de pétoncles, donne des éléments de réponse à cette question. En effet, le partenariat établi avec l'association de pêcheurs a dû être construit de toutes pièces. L'Université de Moncton a d'abord fait partie de l'environnement n'ayant pas d'influence avec le système « communauté côtière », pour ensuite en devenir un élément en interaction directe, importante, mais y demeurant extérieure. Il semble, à la lumière de ce projet, que l'analyse des liens entre Université et système innovant communautaire peut être effectuée en considérant que l'université est un élément contextuel et non une partie intégrante du système. Néanmoins, cette piste de recherche mérite d'être explorée de façon plus fouillée lors de recherches ultérieures. Il est en effet probable que la dualité, l'ubiquité, identifiée au début de la présente section soit le reflet du fait qu'alternativement ou en fonction de la nature des projets considérés l'Université puisse être partie du système et élément de son contexte.

C. Université et caractéristiques informationnelles du système complexe innovation sociale locale-adaptation

Une seconde piste de recherche est la contribution de l'université en matière de richesse informationnelle du système étudié. En effet, il s'agit là de la façon dont beaucoup se représentent l'Université au service de la société : institution génératrice de savoirs, l'Université met à la disposition de la société ces savoirs, venant ainsi enrichir le « système société » de nouvelles informations. Une telle piste génère différentes questions sur le rôle que peut venir jouer l'information apportée en terme de complexification de la dynamique d'adaptation.

Le second exemple, celui du développement touristique à Bouctouche, peut venir éclairer cette piste de recherche. En effet, tout au cours du processus, l'équipe de l'Université de Moncton a joué et joue encore le rôle de relais informationnel. Néanmoins, ce rôle transcende largement la transmission unidirectionnelle de savoir de l'Université vers les communautés. Non seulement l'Université de Moncton et le programme de la Maîtrise en études de l'environnement mettent leur savoir à la disposition de la communauté mais il existe aussi une dynamique où l'expérience de Bouctouche et le savoir local accumulé sont eux-mêmes publicisés via l'Université. On peut donc constater ici que la dynamique informationnelle se traduit par une complexification des liens entretenus par le système innovant avec son contexte. Ceci génère une autre question, à savoir si cette complexification n'est pas elle-même génératrice d'une augmentation des incertitudes liées au choc initial ayant généré la dynamique d'innovation.

D. Université et degré d'incertitude lié au système complexe innovation sociale locale-adaptation

La complexité des dynamiques étudiées conduit à la possibilité de propriétés émergentes nouvelles, imprévues et imprévisibles. En outre, cette complexité permet aux acteurs d'envisager un univers de scénarios plausibles quant à leurs actions ; de plus ces scénarios et leur formulation sont eux-mêmes liés à plausibilité attribuée par les acteurs à ces états futurs. Les dynamiques d'innovation analysées ici sont donc génératrices de hauts degrés d'incertitude, incertitude dans le contexte de laquelle les acteurs du système doivent pouvoir poser des choix. Une autre piste de recherche peut consister en l'évaluation du rôle que peut venir jouer une université dans la gestion de ces incertitudes. Ce rôle peut prendre la forme de l'analyse des probabilités associées aux états futurs jugés plausibles par les acteurs du système communauté innovante ou encore la forme de mécanismes destinés à appuyer ces communautés dans l'identification des choix les plus désirables.

Les projets de recherches-actions relatifs à la mise en œuvre de la gestion intégrée ainsi que celui lié aux changements climatiques semblent montrer qu'effectivement à travers une assistance de nature plus technique le rôle de l'Université peut être de réduire les incertitudes en accompagnant les communautés dans les décisions à prendre, dans les choix à poser. Il s'agit ici d'un paradoxe qui demandera une exploration plus soignée dans des recherches et une réflexion ultérieures. En effet, on observe simultanément une complexification du système due à l'intervention d'un nouvel acteur, l'établissement d'enseignement supérieur, une complexification du système due à l'augmentation des interactions avec son environnement et une diminution des incertitudes liées à son évolution en raison justement de la création de ces nouveaux liens.

E. Université de Moncton et propriétés émergentes du système complexe innovation sociale locale-adaptation

Finalement, et il s'agit probablement de la piste la plus fondamentale à explorer, s'il se confirme que l'on peut traiter les universités comme un élément particulier du contexte du système complexe que constituent les communautés innovant en réponse à un choc, s'il se confirme que les universités modifient de façon significative le contenu informationnel du système innovant, s'il se confirme en outre que le degré d'incertitude lié aux états futurs du système innovant est effectivement réduit, alors il est possible de penser que les propriétés émergentes des systèmes complexes en question soient modifiées par la participation d'une université à la dynamique d'innovation sociale. Moyennant des conditions à déterminer, il est possible que ces propriétés émergentes convergent même dans des situations *a priori* fort différentes. L'identification des propriétés émergentes les plus désirables et des conditions pour que les universités comme contexte mènent à ces propriétés jugées désirables constituerait alors un résultat unique pour la compréhension des liens entre Université et innovation sociale.

Conclusion

L'objectif que nous poursuivions dans le présent article était d'entamer une réflexion tant théorique qu'empirique sur la nature des liens que peut entretenir une institution d'enseignement supérieur avec des communautés faisant face à un choc extérieur générant une dynamique d'adaptation elle-même porteuse d'innovation sociale. La présentation sommaire de la façon dont ce lien a été mis en œuvre dans le cadre des activités du programme de la Maîtrise en études de l'environnement de l'Université de Moncton nous a permis d'entamer une réflexion sur la nécessité de transcender les approches réductrices ou simplificatrices pour l'analyse de ces liens. En outre, afin d'éviter les simplifications abusives, nous avons exploré, de façon certainement incomplète, l'éclairage particulier que peut donner l'approche systémique (appliquée aux systèmes complexes) sur la nature des dynamiques de collaboration entre Université et communautés socialement novatrices. Cette réflexion nous a permis de dégager trois axes de recherche qui nous semblent prioritaires : l'analyse de la place qu'occupent les universités dans les dynamiques dont il est question ici (les universités sont-elles partie du système ou contexte du système) ; l'analyse de l'apport informationnel des universités et celle de la complexification apportée par la participation des universités aux dynamiques d'innovation sociale ; l'analyse du rôle que les universités peuvent venir jouer afin de réduire les incertitudes inhérentes aux systèmes complexes d'innovation sociale adaptative.

Finalement, ces trois pistes de recherche permettront éventuellement de dégager la nature de la contribution des universités au niveau des propriétés émergentes des systèmes complexes d'innovation sociale.

De la parole aux actes

Le défi de la mise en œuvre de la gestion intégrée pour le bureau régional du Golfe de Pêches et Océans Canada[1]

Jean-Paul VANDERLINDEN, Omer CHOUINARD, Rachel FRIOLET et Mathieu AUDET

Université de Moncton, Canada

I. Introduction

Suite à l'adoption de la loi sur les océans en 1997, le ministère fédéral des Pêches et des Océans (MPO) a reçu pour mandat de mettre un œuvre une approche intégrée pour la gestion des environnements estuariens, côtiers et maritimes. La réalisation de ce mandat s'est déroulée et se déroule encore dans un contexte de changements importants, changements liés au caractère novateur de la loi qui implique en outre une série de transformations pour le ministère et ses bureaux régionaux. L'objet de cet article est de décrire les résultats d'une analyse du bureau régional du Golfe du MPO à la lumière de la mise en œuvre de la loi sur les océans. Une analyse thématique de différents textes liés à la loi sur les océans a d'abord été réalisée suivie d'entrevues semi-dirigées auprès de fonctionnaires du bureau régional du Golfe.

Après avoir présenté la littérature portant sur la gestion intégrée puis la loi sur les océans ainsi que les textes en découlant, nous mettrons l'accent sur une analyse thématique effectuée sur ces textes. Ensuite, le bureau régional du Golfe du MPO est présenté avant de décrire la méthode utilisée et les résultats obtenus.

[1] Les auteurs remercient le ministère des Pêches et Océans, bureau régional du Golfe, pour le soutien financier apporté à la réalisation de la présente recherche.

II. De la gestion intégrée

Le concept de la gestion intégrée de la zone côtière (GIZC) a été formalisé lors de la conférence des Nations unies sur l'environnement et le développement de Rio en 1992[2]. Ce concept, assez récent, est très différent des tentatives précédentes afin d'assurer la gestion des zones côtières. La GIZC est une approche beaucoup plus complète qui tient compte de tous les secteurs d'activités qui affectent la zone côtière et ses ressources et qui considère les aspects sociaux, économiques et environnementaux. Le but principal de la GIZC est d'augmenter la qualité de vie des communautés qui dépendent des ressources côtières pour leur survie tout en maintenant la diversité biologique et la productivité des écosystèmes côtiers[3].

L'intérêt marqué envers la GIZC vient de la reconnaissance internationale des inquiétudes envers les impacts des activités humaines sur les écosystèmes côtiers et humains et envers les effets à long terme sur la santé humaine et les ressources[4]. Les zones côtières sont les endroits les plus productifs au monde, extrêmement importants pour la production mondiale de nourriture[5].

Selon Kalaora et Charles[6], la gestion intégrée fait référence à la coopération qui doit exister entre des acteurs multiples tirant leurs ressources d'un même milieu naturel. Conséquemment, la GIZC est un cadre de gestion uniforme permettant une approche collaboratrice pour tous les secteurs d'activités qui affectent la zone côtière[7]. La planification de la GIZC comporte cinq étapes : la définition d'un lieu de gestion, l'engagement des parties affectées, le développement d'un plan de gestion intégrée, la mise en œuvre du plan et l'évaluation du processus et du

---

[2] Kalaora, B. et Charles, L., « Intervention sociologique et développement durable : le cas de la gestion intégrée des zones côtières », *Nature, Science et Société*, 8(2), 2000, p. 31-38.

[3] Sorensen, J., *Baseline 2000 Background Report : The Status of Integrated Coastal Management as in International Practice*, Boston, Harbour and Coastal Center, Urban Harbours Institute, University of Massachusetts, 2000.

[4] Lawrence, P.L., « Integrated costal zone management and the Great Lakes », *Land Use Policy*, 14(2), 1997, p. 119-136.

[5] Bennett, R.G., *Future Perspectives on Integrated Coastal Zone Management* (Arbeider fra Geografi institute-Bergen, paper Nr. 243). Paper presented at EU Life Algae Programme Conference, Göteborg, Sweden, 2001.

[6] *Ibid.*

[7] Lawrence, P.L., *op. cit.*

plan[8]. Elle doit considérer trois principes ou objectifs : le maintien de la gestion par secteurs, le maintien de la production et de la biodiversité des systèmes côtiers et la promotion du développement viable ou durable des ressources de la zone côtière[9].

Pour la majorité des auteurs, la GIZC doit être bâtie sur l'intégration verticale et horizontale[10] et à différents niveaux : entre les secteurs économiques régionaux comme les pêches et l'aquaculture, entre des disciplines de gestion comme les sciences, l'économie et le droit et parmi les agences responsables de la GIZC[11]. Le manque habituel d'intégration est un des défis de la mise en œuvre de la GIZC[12].

La responsabilité de la GIZC réside de plus en plus dans le chef des communautés côtières et des gouvernements locaux[13]. La participation du public et des communautés est certainement un des rôles les plus importants dans la GIZC. Une participation réduite du premier peut très bien être un obstacle au processus puisqu'il empêche l'échange des points de vue qui est un élément très important. Son inclusion pour participer à la GIZC peut se faire par des rencontres ouvertes à tous. Il est important que cette participation se fasse aussitôt que possible dans le processus. Elle permet une meilleure conscientisation des problèmes environnementaux par les intéressés, elle modifie leur attitude face à l'environnement et, ainsi, ils prennent conscience de leurs responsabilités face à leurs problèmes environnementaux[14]. L'implication des communautés dans le processus accroît la participation du public en plus d'augmenter les chances de succès dans la mise en œuvre du programme et de ses objectifs[15].

La GIZC implique la création d'un nouveau palier de gouvernance au cœur duquel se trouve la participation de la société civile. Ce palier de gouvernance peut soit prendre des décisions soit recommander une décision à une instance ayant juridiction sur la zone considérée. Les décisions prises ont un impact direct sur l'utilisation qui peut être faite

---

8 Eddy, S., Fast, E. et Henley, T., « Integrated management planning in Canada's Northern marine environment : Engaging coastal communities », *Artic*, 55(3), 291-301, 2002.

9 Lawrence, P.L., *op. cit.*

10 Bennett, R.G., *op. cit.* ; Meltzer, E., *International Review of Integrated Coastal Zone Management : Potential Application to the East and West Coast of Canada*, Ocean conservation report series, Ottawa, Dept. of fisheries and oceans, 1998.

11 Meltzer, E., 1998, *op. cit.*

12 Bennett, R.G., 2001, *op. cit.*

13 Meltzer, E., 1998.

14 Shi, C. *et al.*, 2001.

15 Meltzer, E., 1998, *op. cit.*

du milieu et donc sur la structure des droits de propriété. Dans plusieurs pays, comme au Canada, la zone côtière est prise en main par différentes autorités à différents paliers du gouvernement. Ce phénomène s'appelle la gestion sectorielle et amène chacune des parties à travailler avec un seul secteur du littoral[16].

Bien qu'il n'y ait pas de définition universellement acceptée de la GIZC et qu'elle fasse référence à de nombreux débats et discussions, les auteurs s'entendent sur certains points centraux. Comme exemple, voici quelques-unes des définitions les plus courantes :

> A multidisciplinary process that unites levels of governments and the community, science and management, sectoral and public interests in preparing and implementing a program for the protection and the sustainable development of coastal resources and environments[17 18].

Une autre définition de la GIZC se lit comme suit :

> The aim of integrated coastal zone management is to promote the sustainable use of the coastal zone by balancing demands on its natural resources with the economic, cultural and social needs of the area and by seeking to resolve conflicts of use, having regard to the needs of present and future generations[19].

Lawrence[20] définit la gestion intégrée des zones côtières de la façon suivante :

> Integrated coastal zone management is defined as a governmuental process and consists of the legal and institutional framework necessary to ensure that development and management plans for coastal areas are integrated

16 *Ibid.*

17 Un processus multidisciplinaire qui réunit des paliers de gouvernements et les communautés, les sciences et la gestion, les intérêts publics et sectoriels, en préparant et en mettant en application un programme pour la protection et le développement durable des ressources côtières et de l'environnement.

18 Sorensen, J., *op. cit.*, p. 1-3.

19 Le but de la gestion intégrée des zones côtières est de promouvoir une utilisation durable de la zone côtière en équilibrant les demandes sur ses ressources naturelles avec les besoins sociaux, économiques et culturels de la région, et en tentant de résoudre les conflits résultant de l'usage tout en prenant en considération les besoins des générations présentes et futures ; Shi, C., Hutchinson, S.M., Yu, L. et Xu, S., « Towards a sustainable coast : an integrated coastal zone management framework for Shanghai », People's Republic of China. *Ocean and Coastal Management*, 44(5-6), 2001, p. 418.

20 Lawrence, P.L., « Integrated costal zone management and the Great Lakes », *Land Use Policy*, 14(2), 1997, p. 119-136.

> with environmental and social goals and are made with the participation of those affected[21]. (p. 121)

L'accent est mis sur la concertation entre toutes les parties intéressées et sur l'importance d'inclure les secteurs économiques, environnementaux et sociaux. La GIZC n'est pas vue comme un projet se réalisant dans un temps limité mais plutôt comme un processus. Il peut prendre un certain temps avant que les changements aient lieu. Par contre, la GIZC va permettre le développement de la zone côtière d'une façon plus durable et va mener à un développement intégré dans le respect tant du social que du naturel.

III. La « loi sur les océans, » la « Stratégie sur les océans » et le « Cadre stratégique et opérationnel pour la gestion intégrée »

C'est dans ce contexte porteur pour le concept de gestion intégrée qu'en 1997 était adoptée par le gouvernement fédéral la loi sur les océans. Certains passages du préambule de cette loi méritent d'être soulignés :

> le Canada estime que la conservation, selon la méthode des écosystèmes, présente une importance fondamentale pour la sauvegarde de la diversité biologique et de la productivité du milieu marin ;
>
> le Canada reconnaît que les océans et les ressources marines offrent des possibilités importantes de diversification et de croissance économiques au profit de tous les Canadiens et, en particulier, des collectivités côtières ;
>
> le Canada est déterminé à promouvoir la gestion intégrée des océans et des ressources marines ;
>
> le ministre des Pêches et des Océans, en collaboration avec d'autres ministres et organismes fédéraux, les gouvernements provinciaux et territoriaux et les organisations autochtones, les collectivités côtières et les autres personnes de droit public et de droit privé intéressées, y compris celles constituées dans le cadre d'accords sur des revendications territoriales, encouragent l'élaboration et la mise en œuvre d'une stratégie nationale de gestion des écosystèmes estuariens, côtiers et marins.

Ces attendus confirment l'importance de la gestion intégrée pour la loi. La mise en œuvre de la loi a mené à la production par le gouvernement canadien de deux outils : la « Stratégie sur les océans du

[21] La gestion intégrée des zones côtières est définie comme un processus gouvernemental qui consiste en un cadre légal et institutionnel nécessaire pour assurer que le développement et la gestion des plans pour la zone côtière soient intégrés avec les buts environnementaux et sociaux et qu'ils incluent la participation des gens concernés.

Canada[22] » et le « Cadre stratégique et opérationnel pour la gestion intégrée des environnements estuariens, côtiers et marins au Canada[23] ».

Nous nous limiterons à présenter une synthèse des résultats de l'analyse thématique effectuée sur ces deux documents dans les tableaux 1 et 2.

Tableau 1. Synthèse des résultats d'une analyse thématique de la Stratégie sur les océans du Canada (MPO2002a)

Thèmes dominants rencontrés	*Extrait représentatif ayant été lié au thème dominant rencontré*
Affirmation de la juridiction canadienne sur ses océans	« Les océans du Canada représentent également une part substantielle de la souveraineté nationale et un élément critique de notre sécurité nationale. »
Développement durable	« La richesse et la biodiversité des océans du Canada sont porteuses d'un énorme potentiel pour les générations actuelles et futures. »
Dynamique de collaboration entre paliers de gouvernement	« Le gouvernement fédéral est chargé de responsabilités étendues en matière d'intendance et de gestion des océans du Canada et de leurs ressources, mais les gouvernements provinciaux, territoriaux et locaux sont investis de responsabilités et de rôles tout aussi importants. » « Les plans de gestion intégrée peuvent inclure plusieurs provinces ou territoires ou chevaucher des frontières internationales. »
Dynamique de collaboration intersectorielle	« Alors que, dans le passé, les industries traditionnelles de la pêche et du transport étaient pratiquement les seules, elles doivent aujourd'hui partager les océans avec une multitude d'autres. »
Prise en compte de l'avis du public dans les processus de prise de décision	« Les Canadiens ont exprimé leur intérêt à participer plus activement à la gestion des océans. La Stratégie leur offre la possibilité de participer davantage et plus directement aux décisions stratégiques et de gestion qui ont un impact sur leur vie. »
Principe de précaution	« Le gouvernement du Canada réaffirme son engagement à promouvoir l'application à grande échelle de l'approche de précaution à la conservation. »

---

[22] Ministère des Pêches et des Océans (MPO), *La stratégie sur les océans du Canada*, Ottawa, MPO, 2002.

[23] Ministère des Pêches et des Océans (MPO), *Cadre stratégique et opérationnel pour la gestion intégrée des environnements estuariens, côtiers et marins au Canada*, Ottawa, MPO, 2002.

Tableau 2. Synthèse des résultats d'une analyse thématique du Cadre stratégique et opérationnel pour la gestion intégrée des environnements estuariens, côtiers et marins au Canada (MPO 2002b)

Thèmes dominants rencontrés	*Extrait représentatif ayant été lié au thème dominant rencontré*
Affirmation de la juridiction canadienne sur ses océans	« Les estuaires, les côtes et les océans sont au cœur d'une importante activité économique et font partie intégrante de la culture et de l'identité du pays. »
Développement durable	« La gestion intégrée appuiera le développement économique équilibré et diversifié de nos océans et de nos eaux côtières en protégeant leur santé, en préservant leur biodiversité et en maintenant leur productivité. »
Dynamique de collaboration entre paliers de gouvernement	« La création d'un processus destiné à rassembler les parties touchées et intéressées, (autorités fédérales et provinciales, territoriales, régionales ou autochtones, industries, communautés côtières, groupes environnementaux et citoyens). »
Dynamique de collaboration intersectorielle	« Le cadre propose la création d'un organisme responsable de la gestion intégrée qui sera composé de représentants gouvernementaux et non gouvernementaux ayant des intérêts dans un espace marin donné. »
Prise en compte de l'avis du public dans les processus de prise de décision	« Il [le mode de gouvernance] implique que les décisions en matière de gestion des océans soient basées sur le partage de l'information, sur la consultation auprès des parties intéressées et sur leur participation consultative et gestionnelle au processus de planification. »

L'analyse thématique permet l'identification des trois niveaux de défis que la mise en œuvre de la gestion intégrée va générer au sein du ministère des Pêches et des Océans. Le premier niveau est lié à la maîtrise du contexte de mise en œuvre, faisant appel à de nouveaux concepts découlant de la loi tels le principe de précaution, l'approche écosystémique et le développement durable. Un second niveau est lié à l'affirmation de la nécessité d'une intégration horizontale. Les secteurs de l'économie non traditionnellement liés au MPO deviennent « clients » du MPO, la participation du public au sens large (par opposition à la participation des associations de pêcheurs uniquement par exemple) est considérée comme fondamentale, l'intégration des différentes sections du ministère devient critique. Un dernier défi est lié à l'intégration verticale, pour la collaboration avec les différents paliers de gouvernement. L'objet de la recherche a été d'analyser combien ces défis pouvaient être importants pour un des bureaux régionaux du ministère des Pêches et des Océans, le bureau régional du Golfe.

IV. Le bureau régional du Golfe

Le bureau régional du Golfe est l'un des six bureaux régionaux du ministère des Pêches et des Océans. Il est dirigé par un directeur général régional travaillant directement sous l'autorité du sous-ministre du ministère des Pêches et des Océans (au sein de la fonction publique canadienne, le rang de sous-ministre est le plus élevé qui soit). L'extrait qui suit présente brièvement ce bureau :

> La région du Golfe se distingue par le fait qu'elle est la seule région bilingue du ministère des Pêches et des Océans du Canada. Environ la moitié des membres de son personnel est bilingue, afin de desservir ses clientèles anglophone et francophone.
>
> Le MPO, région du Golfe, regroupe 6 directions : gestion des pêches, océans et sciences, politiques et services économiques, services intégrés et ressources humaines, communications et ports pour petits bateaux. [...] Au total, plus de 400 personnes travaillent au service des Canadiens et des Canadiennes pour le MPO dans la région du Golfe.
>
> Le MPO gère les pêches à l'intérieur de sa zone de responsabilités par la répartition des ressources, la surveillance et la mise en application des règlements ainsi que par une recherche intégrée sur les pêches.
>
> Ses activités sont également définies par les particularités locales de l'industrie de la pêche dans la région. Ainsi, chacun des trois secteurs de la région du Golfe (Est du Nouveau-Brunswick, Île-du-Prince Édouard et golfe de la Nouvelle-Écosse) fait l'objet d'une gestion locale, appuyée par l'administration centrale de Moncton[24].

V. Méthode

Des entrevues semi-dirigées ont été conduites auprès de quinze fonctionnaires employés par le bureau régional du Golfe. L'échantillonnage utilisé est un échantillonnage non probabiliste par quota, les quotas ayant été déterminés de façon à rencontrer au moins deux personnes travaillant dans chacune des directions du bureau régional.

Le cadre d'entrevue comprenait trois sections : les questions générales destinées à préciser le degré de maîtrise que les personnes rencontrées avaient du contexte de la loi sur les océans, de la Stratégie sur les océans du Canada et du Cadre stratégique et opérationnel, la nature des relations entretenues avec les différents acteurs au sein du ministère et en dehors du ministère, et des informations générales sur les person-

---

[24] Ministère des Pêches et des Océans (MPO) (2001), *Le ministère des Pêches et des Océans dans la région du Golfe*, http://www.glf.dfo-mpo.gc.ca/who-qui/part-part-2/pres-pres-f.html, visité janvier 2005.

nes. Les entrevues conduites durant l'été 2002 ont été transcrites sur support informatique ; une analyse thématique a été effectuée[25].

VI. Résultats et discussions

Concernant la maîtrise du contexte et des concepts liés à la loi sur les océans comme fondement de la mise en œuvre de la gestion intégrée, deux tendances se dégagent. Certains sujets n'ont aucune idée des finalités de la loi sur les océans, de ce qu'elle implique comme redéfinition de leur responsabilité. À titre d'exemple de ce premier groupe, deux réponses à la question « pour vous quels sont les objectifs de la loi sur les océans » sont présentées ici :

> Je ne connais pas cette loi-là. (sujet B)
>
> Ouf je n'ai aucune idée, je n'ai jamais lu la loi sur les océans, j'en ai entendu parler pas trop souvent, mais j'imagine que c'est une loi qui est là pour protéger les océans, les poissons qui vivent dans les océans, [pour] protéger les eaux contre la pollution. Pour dire la franche vérité, je ne connais pas grand-chose sur la loi sur les océans.

Un second groupe de répondants donne des réponses un peu plus précises, démontrant une meilleure maîtrise du contexte.

> C'est la protection des océans. (sujet D)
>
> Pour moi c'est que finalement c'est que c'est sûr qu'avant, on avait le mandat de gérer les pêches, et dans nos eaux pour que ça soit viable puis tout ça. Mais avec la loi sur les océans s'ajoute le fait qu'on veut protéger l'intégrité de nos écosystèmes marins. Et en plus c'est sûr qu'on a l'avantage de le faire pour la viabilité de nos pêches. Puis ça responsabilise plus au niveau de l'intégrité de l'écosystème lui-même. (sujet L)

Ce résultat est confirmé notamment par l'analyse de la question touchant le principe de précaution. Les extraits ci-dessous sont représentatifs des extrêmes du spectre des réponses reçues à la question « D'après vous que signifie le principe de précaution ? ».

> Eh ! Le principe de précaution est un mécanisme préventif c'est-à-dire, lorsqu'on n'a pas tous les réponses à des questions d'ordre socio-écologique, biologique qu'on prend une approche de précaution et pas de prévention et qui fait en sorte qu'on ne s'avance pas trop et qu'on ne met pas à risque si on veut de la stabilité du milieu. (sujet L)
>
> … (aucune réponse). (sujet F)

---

[25] Paillé, P., « De l'analyse qualitative en général et de l'analyse thématique en particulier », *Revue de l'association pour la recherche qualitative*, 15, 1996, p. 179-174.

L'ensemble de l'analyse indique que les fonctionnaires rencontrés sont soit légèrement familiers avec la loi sur les océans soit pas du tout. Les résultats relatifs à la Stratégie sur les océans du Canada et relatifs au Cadre stratégique et opérationnel pour la gestion intégrée montrent une tendance similaire.

Ceci nous amène à une première conclusion. Non seulement les résultats de l'analyse thématique présentée aux tableaux 1 et 2 nous indiquent qu'il est question ici de réaffirmer la souveraineté du Canada sur ses océans, mais qu'il est question d'affirmer cette souveraineté à travers une série d'approches permettant un développement plus viable. Néanmoins, les fonctionnaires au sein de l'agence gouvernementale chargée d'affirmer cette souveraineté, souveraineté que nous qualifierons de « responsable », semblent peu ou pas informés de la nature des changements qu'implique la loi sur les océans. Ils sont donc dans l'impossibilité de passer aux actes, car ils ne sont pas conscients de la parole exprimée dans la loi et des outils qui en ont découlé. Il semble donc fondamental ici que, si le souhait du législateur doit être exaucé, les différents employés du MPO soient formés et informés quant aux impacts possibles de la loi sur leurs fonctions et leur mode de fonctionnement.

Concernant les liens que peuvent entretenir différents fonctionnaires avec leurs collègues de différentes divisions (intégration horizontale interne), il se dégage que pour la majorité des personnes rencontrées ces liens se font en suivant une trajectoire hiérarchique. Les fonctionnaires interrogés ne communiquent que très rarement avec leurs collègues d'autres divisions ; l'information relative aux autres divisions, ils l'obtiennent en parlant à la personne qui dans leur hiérarchie est suffisamment haut placée pour se trouver simultanément dans la hiérarchie de la division de laquelle l'information souhaite être obtenue. S'il s'agit là d'une tendance dominante, il est important de souligner qu'il existe quelques exceptions. De façon intéressante, ces exceptions touchent des fonctionnaires qui ont dans leurs attributions une thématique transversale (protection de l'habitat du poisson par exemple) ou qui ont connu des changements d'attributions ayant impliqué une mobilité d'une division à une autre. Il semble donc que l'intégration horizontale au sein du ministère soit possible sinon pratique actuelle courante. En outre, les observations faites semblent proposer des pistes pour une meilleure intégration horizontale (mobilité et accent sur les thématiques transversales).

Pour ce qui à trait aux liens entretenus avec des groupes extérieurs au ministère et aux autres instances gouvernementales, un petit nombre de personnes dit avoir interagi avec des intervenants de l'extérieur du bureau régional. Si certains l'ont fait, c'est dans la mesure où soit ils ont des contacts réguliers avec une clientèle privilégiée (en général des associations professionnelles de pêcheurs) soit il leur a été spécifiquement demandé d'entrer en contact avec un groupe lors de circonstances ponctuelles. À nouveau, l'intégration horizontale ne semble pas être pratique courante. Il est intéressant de constater en outre que souvent c'est le manque de temps, de ressource ou d'occasion qui a été avancé par les sujets pour expliquer leurs faibles interactions avec le monde extérieur. Ici commence à se dégager un des éléments clés de nos résultats à savoir que la transition vers une nouvelle forme de pratique, la gestion intégrée, demande une réaffectation des ressources, non pas tant en termes d'expertise qu'en termes de temps et de description de tâches.

Finalement, les résultats liés à l'intégration horizontale se retrouvent lorsqu'est analysé le potentiel de dynamique d'intégration verticale. Le seul répondant ayant des échanges significatifs avec ses homologues provinciaux se trouve très haut dans la hiérarchie et c'est cette position hiérarchique qui justifie ces échanges.

Les résultats présentés ci-dessus génèrent une série de réflexions. Un premier sujet de réflexion est le lien qui existe entre ces résultats et la littérature existante telle que présentée dans la première partie du présent article. Un second sujet de réflexion tient aux liens entre ces résultats et la loi sur les océans et les documents qui en ont découlé. Finalement, un troisième sujet de réflexion tient à la définition des possibilités pour le MPO de corriger le tir.

Pour ce qui a trait à la littérature existante, nous dégagerons trois points. Le premier, tiré de la définition de Lawrence (1997, voir ci-dessus), tient à l'importance du rôle des gouvernements dans la mise en œuvre de la gestion intégrée et dans la création d'un contexte porteur de la gestion intégrée. À ce titre, la loi sur les océans est un pas de géant dans la bonne direction. Néanmoins, nos résultats montrent que la structure régionale ne semble pas, au moment où le travail de terrain a été mené, avoir « intégré » cette nouvelle loi. Un second point tient à l'accent mis par les auteurs sur l'importance de l'intégration horizontale et verticale. Ici, nos résultats montrent clairement que le bât blesse. Tant à l'intérieur du bureau régional qu'entre le bureau régional et le monde extérieur, l'intégration horizontale et l'intégration verticale font défaut. Finalement, et c'est sans doute un point qui permet un certain optimisme, à l'exception de Lawrence (1997), exception qui peut d'ailleurs être fortement nuancée, les auteurs s'accordent pour considérer la gestion intégrée comme une forme d'application du principe de subsidiarité. Il est possible alors que l'accent mis dans la présente analyse sur le MPO uniquement soit mal placé et que nos résultats ne soient que le reflet du fait que la gestion intégrée doive se passer à un autre niveau de gouvernance.

Pour ce qui a trait à l'interprétation de nos résultats à la lumière de la loi sur les océans, il semble que, si la loi est en soi un outil fondamental pour la mise en œuvre de la gestion intégrée, les moyens de sa mise en œuvre régionalement ne semblent pas soit avoir été rendus disponibles soit avoir été utilisés de façon à faire progresser les intentions exprimées dans les différents textes. Néanmoins, la loi sur les océans, la Stratégie sur les océans du Canada et le Cadre stratégique et opérationnel pour la gestion intégrée impliquent tous un changement de paradigme pour le MPO. Il est possible, de nouveau sur une note plus optimiste, que ce changement de paradigme demande du temps et qu'au moment où les entrevues se sont déroulées les moyens mis en œuvre pour le permettre n'aient pas encore eu le temps d'avoir l'impact nécessaire. Néanmoins, force est de constater que nos résultats montrent que les six années d'existence de la loi n'ont pas suffi pour permettre ce changement.

Finalement, quelles sont les pistes souhaitables pour que la mise en œuvre de la gestion intégrée puisse voir le jour de façon cohérente au sein du MPO ? D'abord, et ceci semble être incontournable, il faudra s'assurer que les fonctionnaires touchés par la loi sur les océans, c'est-à-dire quasiment l'ensemble des fonctionnaires travaillant pour le MPO, soient informés de la nature de la loi et du changement de paradigme qu'elle implique. Ensuite, il sera nécessaire de mettre en place un design institutionnel permettant, ou facilitant, l'intégration verticale et horizontale. La voie que semble avoir choisi le MPO est celle de la création d'une division dont le mandat spécifique est de veiller à la mise en œuvre de la loi. Il appartiendra alors aux membres de cette division de s'assurer qu'ils gèrent les communications entre divisions et entre les différentes divisions et le monde extérieur, jouant ainsi un rôle facilitateur des intégrations verticale et horizontale. Cette approche ne peut, à notre avis, qu'être partie d'une approche par étapes plus complète. En effet, il nous semble qu'à moyen ou long terme un changement de culture et de fonctionnement du MPO devra voir le jour si la loi sur les océans doit prendre toute sa signification. Une autre approche, complémentaire de la première, peut être liée au principe de subsidiarité qui sous-tend la gestion intégrée. Rappelons ici que la zone d'intervention du bureau régional du Golfe est elle-même divisée en trois secteurs, une organisation travaillant localement avec l'appui de l'échelon régional. Ces bureaux régionaux pourraient avoir la direction des initiatives de gestion intégrée, les changements de culture organisationnelle ayant alors lieu prioritairement en leur sein. Cette voie semble être celle choisie par le MPO à l'heure actuelle. À moyen et long terme, il nous semble important que ces bureaux locaux soient, pour le MPO, ceux où la gestion intégrée se passe vraiment.

Conclusion

Les résultats d'une analyse des défis posés par la mise en œuvre de la gestion intégrée au sein du bureau régional du Golfe du ministère des Pêches et des Océans montrent que les défis sont sérieux tant au niveau des intégrations verticale et horizontale liées à la gestion intégrée qu'au niveau de la maîtrise du changement de paradigme que cela implique. Deux pistes s'offrent pour la mise en œuvre de cette loi.

La première consiste en l'adoption d'une approche par étapes dont l'une consisterait en la création d'une division du ministère avec pour mandat spécifique la mise en œuvre de la loi sur les océans en général et de la gestion intégrée en particulier. Cette approche semble être celle privilégiée par le ministère à l'heure actuelle. Une mise en garde s'impose néanmoins : le risque que s'installe un *statu quo* nous semble élevé. Or l'existence d'une telle division, si elle peut faciliter une transition, ne peut devenir permanente. En effet la loi sur les océans et la mise en œuvre de la gestion intégrée impliquent nécessairement un changement de paradigme en matière de gestion des océans. Ce changement de paradigme devra se faire à l'échelle du ministère dans sa totalité si l'on souhaite que ce changement soit significatif.

Une seconde piste, complémentaire de la première, peut consister en l'application à l'intérieur du ministère du principe de subsidiarité. L'unité pertinente pour la mise en œuvre de la loi sur les océans et de la gestion intégrée serait non le bureau régional mais bien les bureaux de secteur dépendant du bureau régional. Cette approche semble aussi être celle privilégiée par le ministère à l'heure actuelle.

Les nouvelles modalités d'inscription territoriale de l'Acadie

Conséquences sur la vitalité communautaire

André LANGLOIS et Anne GILBERT[1]

Université d'Ottawa, Canada

I. Introduction

Les modalités d'inscription territoriale des communautés acadiennes ont beaucoup changé au cours des cinquante dernières années. En effet, comme l'ont déjà fait remarquer plusieurs chercheurs, les migrations récentes des populations acadiennes montrent une préférence de plus en plus marquée vers les villes, toujours majoritairement anglophones, au détriment souvent des régions acadiennes plus traditionnelles[2]. Toutefois, on connaît toujours mal les conséquences de ces transformations de l'espace acadien sur la vitalité communautaire. Cette méconnaissance persiste en partie parce que cet espace, vu comme l'ensemble de la

---

1 Ce texte émane des travaux d'une équipe plus large, à laquelle participent Rodrigue Landry (Université de Moncton), Edmund Aunger (University of Alberta) et Rolande Faucher. Nous les remercions pour leurs conseils judicieux pour l'élaboration de cette typologie. Nous tenons aussi à souligner l'aide apportée par les membres étudiants de notre équipe de recherche, soit Laurie Guimond, Simon Ouellet et Philippe Lebrun, à la préparation et à la manipulation des bases de données utilisées dans ce texte.

Nous remercions le Conseil de recherches en sciences humaines pour son appui financier à ce projet, ainsi que l'Association française d'études canadiennes qui a rendu possible notre participation à son 32e colloque.

2 Arsenault, S.P., « Aires géographiques en Acadie », in Thériault, J.-Y. (dir.), *Francophonies minoritaires au Canada. L'état des lieux*, Moncton, Éditions d'Acadie, 1999, p. 41-54 ; Roy, M.K., « Démographie et démolinguistique en Acadie, 1871-1991 », in Daigle, J. (dir.), *L'Acadie des Maritimes*, Moncton, Chaire d'études acadiennes, Université de Moncton, 1993, p. 141-206 ; Leblanc, R., « Les migrations acadiennes », *Les Cahiers de géographie du Québec*, 23(58), 1979, p. 99-124.

mosaïque acadienne, reste mal caractérisé du point de vue de la présence acadienne et, donc, de son inscription territoriale. Cette caractérisation, en effet, privilégie tantôt les nombres[3] tantôt les pourcentages[4], comme si l'usage de l'un excluait nécessairement l'usage de l'autre. Elle reste donc partielle car elle ne réussit pas à tenir compte à la fois des avantages de la taille et de ceux de la concentration comme support à la vitalité communautaire. Cette caractérisation souffre également d'un manque de portée géographique dans la mesure où cette présence acadienne, nécessairement située, ne se limite souvent qu'à l'espace local, comme s'il s'agissait d'un espace clos sans relation avec ce qui l'entoure. Or, cette présence acadienne, caractérisant un lieu donné, profite également d'un contexte plus large dont les ressources ne peuvent faire autrement que de rejaillir sur la communauté locale. À l'idée de *présence localisée*, il faut donc ajouter l'idée de *présence contextualisée* pour mieux faire le lien entre présence et vitalité communautaire. Enfin, la reconnaissance d'une *Acadie multiple*, comme l'a fait remarquer entre autres Trépanier (1996), milite en faveur d'une approche de nature plus fine et, surtout, mieux adaptée à la diversité des milieux dans lesquels la présence acadienne s'insère.

Les remarques précédentes fondent l'approche qui sera présentée ici, dont le but recherché est de rendre plus utile à l'analyse de la vitalité communautaire celle de la présence acadienne. Pour ce faire, nous présentons d'abord un modèle liant présence et vitalité communautaire. Ensuite, une approche est proposée pour opérationnaliser un des aspects du modèle, celui se rapportant à la présence communautaire, intégrant à la fois présence absolue et relative d'une part et, d'autre part, présence localisée et contextualisée. Cette approche, on le verra, fournit un nouvel éclairage sur la situation des populations acadiennes des Maritimes susceptible d'ouvrir la voie à une meilleure appréhension de leur vitalité communautaire.

---

3 Arsenault, S.P., *op. cit.*

4 Beaudin, M. et Leclerc, A., « Économie acadienne contemporaine », in Daigle, J. (dir.), *L'Acadie des Maritimes*, *op. cit.*, p. 207-249 ; Péronnet, L., « La situation du français en Acadie ; l'éclairage de la linguistique », in Daigle, J. (dir.), *L'Acadie des Maritimes*, Moncton, Chaire d'études acadiennes, Université de Moncton, 1993, p. 467-503 ; Landry, R. et Allard, R., « The Acadians of New Brunswick : demolinguistic realities and the vitality of the French language », *International Journal of the Sociology of Language*, 105/106, 1994, p. 181-215 ; Roy, M.K., *op. cit.*

II. Un modèle environnemental de la vitalité communautaire

L'approche que nous avons élaborée s'appuie sur une problématique de la vitalité communautaire dont la référence est double. D'abord, pour l'aspect spécifiquement individuel, notre problématique s'est amplement inspirée du modèle macroscopique du développement bilingue tel qu'élaboré par Landry et Allard[5]. D'autre part, pour ce qui est de l'aspect plus environnemental, elle s'est aussi nourrie des apports de Langlois et Anderson[6], de Gilbert et Langlois[7] et de Langlois et Gilbert[8] sur la géographie du bien-être où l'environnement, vu comme un réservoir de potentialités, est actualisé ou non par l'individu. Cette problématique nous a conduits à l'élaboration d'un modèle environnemental sur la vitalité communautaire que nous avons exposé en détail ailleurs[9]. Nous nous contenterons ici d'en exposer seulement les principaux aspects jugés utiles à la compréhension de l'analyse des communautés acadiennes proposée ici.

---

5 Landry, R. et Allard, R., « Contact des langues et développement bilingue : un modèle macroscopique », *Revue canadienne des langues vivantes*, 46, 1990, p. 527-553 ; Landry, R. et Allard, R., « Vitalité ethnolinguistique et l'étude la francophonie canadienne », in Erfurt, J. (dir.), *De la polyphonie à la symphonie. Méthodes, théories et faits de la recherche pluridisciplinaire sur le français au Canada*. Leipzig, Leipziger Universitätsverlag, 1996, p. 61-87.

6 Langlois A. et Anderson, D., « Resolving the quality of life/well-being puzzle : Toward a new model », *La Revue canadienne des sciences régionales*, 25(3), 2002, p. 501-512.

7 Gilbert, A. et Langlois, A., « La mesure des variations territoriales du bien-être de la population vieillissante de l'Outaouais, entre caractères objectifs et évaluations subjectives », *Le Géographe canadien*, 48(3), 2004.

8 Langlois, A. et Gilbert, A., « L'effet de milieu sur la qualité de vie et le bien-être : vers une intégration des points de vue objectif et subjectif », in Baudot, P. *et al.* (dir.), *La qualité de vie au quotidien : cadre de vie et travail*, Marseille, La Société d'écologie humaine, 2005.

9 Gilbert, A., Langlois, A., Landry, R. et Aunger, E., « L'environnement et la vitalité communautaire des minorités francophones : vers un modèle conceptuel », *Francophonies d'Amérique*, n° 20, 2005, p. 51-61.

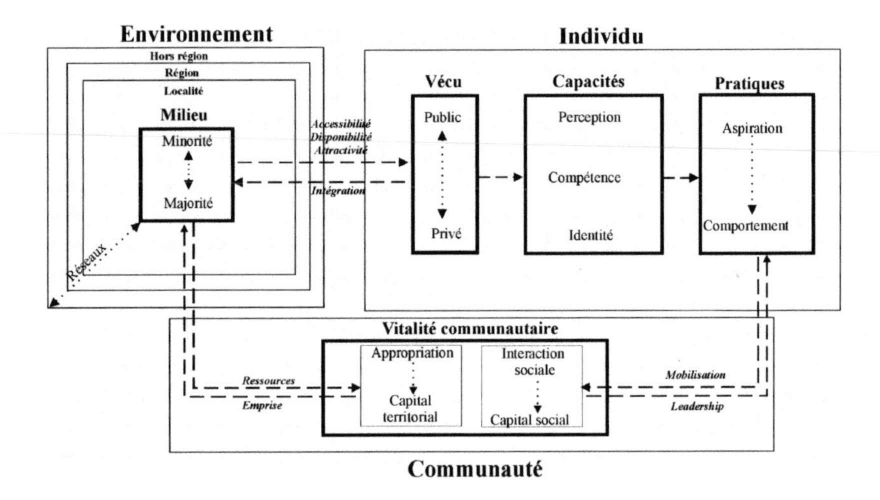

Figure 1. Un modèle environnemental de la vitalité communautaire

Tel qu'illustré à la figure 1, notre modèle comporte trois grandes composantes : l'individu, la communauté et l'environnement. La première se rapporte à l'univers des pratiques des membres de la communauté minoritaire, telles qu'elles s'élaborent à travers un processus complexe mis en lumière dans les études du comportement linguistique (expériences vécues, dispositions cognitives, compétences linguistiques, etc.). La seconde concerne la communauté née de la solidarité. Elle réfère aux liens qui unissent les francophones d'un milieu donné, à travers la défense de leurs intérêts communs. Notre modèle souligne le rôle des interactions par lesquelles se construit la communauté et le capital social qu'elles contribuent à créer. La communauté s'appuyant sur des lieux et des espaces qu'elle investit et contrôle, cette deuxième composante concerne aussi les modalités de son appropriation des ressources que lui offre son environnement (capital « territorial »). Enfin, la troisième réfère au milieu et aux réseaux dans lesquels s'élaborent les comportements individuels et les interactions sociales et spatiales fondatrices de la communauté. Il s'agit de cet ensemble d'éléments du milieu, mieux décrits à la figure 2, qui encadrent les pratiques individuelles et collectives et qui les rendent possibles : la population, son poids démographique, et son profil démographique et socio-économique ; les institutions mises en place dans les divers champs de la vie collective et les entreprises, les services qu'elles offrent aux francophones et leur engagement envers le fait français et l'épanouissement des communautés francophones ; le statut du français et de la communauté qui le parle, tel qu'il se traduit formellement dans le droit et les lois, plus informellement dans le prestige attaché à la langue et les représentations qu'on se fait, tant au sein de la minorité que de la majorité, de son utilité ; enfin l'enracinement de la population francophone et de ses organisations, et l'appartenance qui en découle, éléments de durée qui caractérisent aussi le milieu des individus et de la communauté à laquelle ils appartiennent. Font aussi partie de leur environnement les réseaux qui leur permettent de profiter d'autres lieux et espaces, à différentes échelles spatiales – localité, région, province, pays, francophonie mondiale. Au sein de l'environnement se profile le rapport minorité/majorité, structure fondamentale autour de laquelle s'organisent les relations et les communications entre les individus et les groupes qui cohabitent dans les espaces de la francophonie canadienne. On remarquera que ces trois composantes du modèle sont étroitement inter-reliées. Ainsi, le modèle vise à souligner la relation entre l'environnement et la vitalité communautaire telle qu'elle se construit à travers les pratiques individuelles.

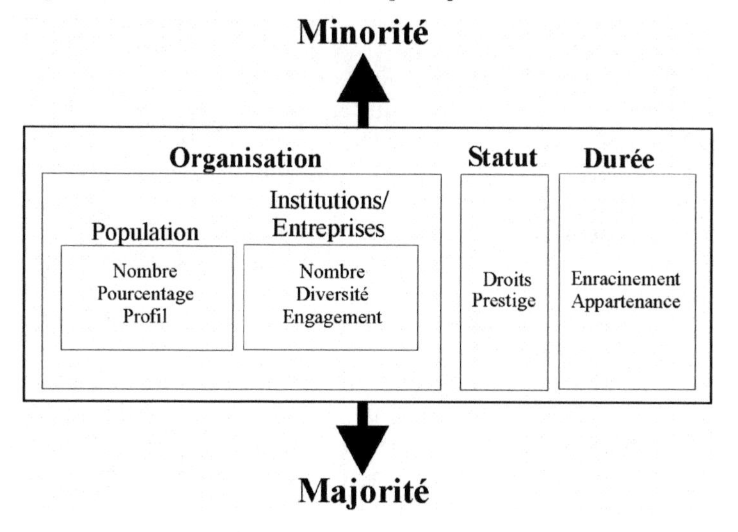

Figure 2. La composante *milieu*

Dans ce qui va suivre, nous proposons une tentative d'opérationnalisation de la partie du modèle touchant aux rapports minorité/majorité, à partir de caractéristiques démographiques localisées des populations acadiennes.

III. Une typologie des communautés francophones et acadiennes

L'évaluation de la taille des communautés minoritaires au Canada pose depuis toujours un problème non négligeable. Plusieurs indicateurs ont été utilisés qui, chacun à leur façon, évaluent cette taille. Parmi ceux-ci, la langue maternelle, la langue principale parlée à la maison et la première langue officielle parlée ont été de loin les plus fréquemment utilisées. Les deux premiers indicateurs sont les indicateurs traditionnellement employés par les chercheurs s'intéressant aux communautés linguistiques alors que le troisième, beaucoup plus récent, est de plus en plus présent dans les analyses linguistiques de la population canadienne. De plus, depuis le dernier recensement canadien, la langue parlée s'est enrichie de deux nouveaux sous-indicateurs, celui de la langue parlée régulièrement à la maison et celui de langue parlée au travail, ce qui accroît considérablement la richesse de la notion de langue parlée.

Toutefois, selon nous, malgré leurs qualités intrinsèques, tous ces indicateurs, pris individuellement, ne réussissent pas à rendre compte de la totalité de ces communautés dans le contexte actuel de la réalité canadienne. Prenons comme exemple la langue maternelle et la première langue officielle parlée, deux indicateurs qui, dans les recherches les plus récentes, semblent faire l'unanimité comme les indicateurs les plus justes. Le premier a la fâcheuse propriété d'éliminer une composante de plus en plus importante des minorités francophones hors Québec, celle de la population immigrante pour qui le français, s'il n'est pas la langue maternelle, reste quand même la première langue de communication au Canada. D'autre part, le second qui, de par sa construction combinant connaissance des langues, langue maternelle et langue parlée, soustrait de la population francophone celle qui, parmi les personnes ayant le français et l'anglais comme langues maternelles, n'utilisent pas le français comme première langue parlée à la maison. Or, l'urbanisation de plus en plus poussée des minorités francophones, donc dans un contexte favorisant un comportement linguistique multiple, fait augmenter l'importance de ce groupe. Cependant, cette cohabitation du français et de l'anglais, même si ce dernier prime, ne veut pas dire nécessairement que le français est éliminé. Il peut être très présent et même autoriser une vie active dans la communauté francophone.

Pour les raisons qui viennent d'être données, nous avons ressenti le besoin de proposer un nouvel indicateur pour l'évaluation de la taille des communautés francophones hors Québec appelé *l'indice de la présence francophone* (IPF). Cet indicateur est à la base de la typologie présentée un peu plus loin. Nous ne ferons pas ici une présentation détaillée de l'IPF, qu'il suffise de dire que l'IPF permet de résoudre les deux problèmes précédemment mentionnés. Toutefois, l'IPF exclut toujours les personnes de langue maternelle française qui disent ne plus connaître le français. À titre indicatif, notons que l'estimation des communautés francophones par l'IPF dans chacune des provinces canadiennes est passablement différente de celles données par la langue maternelle ou la première langue officielle parlée. En gros, l'IPF apporte une correction nettement positive de la taille des communautés francophones hors Québec, soit une estimation de 1 074 285 personnes comparée à 1 020 545 personnes pour la langue maternelle et 1 038 950 pour la première langue officielle parlée. Cependant, cette augmentation ne se répartit pas uniformément selon les provinces. On constate que c'est dans les provinces à forte immigration (Ontario, Alberta et Colombie britannique) que l'augmentation apportée par l'IPF se fait sentir le plus. Dans les provinces maritimes, notamment au Nouveau-Brunswick, l'IPF reste inférieur à la langue maternelle de quelques centaines de personnes mais est toujours supérieur à la première langue officielle parlée. Cette situation s'explique par le fait que les Maritimes constituent jusqu'à ce jour un très faible pôle d'immigration pour les personnes dont le français est la principale langue parlée.

En nous servant de l'IPF comme mesure de base pour l'évaluation de la taille des communautés francophones minoritaires, nous avons construit la typologie représentée à la figure 3. Cette typologie s'appuie sur un certain nombre d'idées dont les principales se basent sur les concepts d'espace vécu et de capital démographique. En effet, dans la mesure où l'espace vécu d'un individu déborde largement sa localité, nous considérons non seulement cette localité mais aussi la région plus vaste qui l'entoure. Cette combinaison de deux échelles, l'échelle locale et l'échelle régionale, se justifie d'autant plus que nous avons affaire à des minorités pour qui les services essentiels à la communauté échappent la plupart du temps à l'espace local. Ensuite, compte tenu du fait que le capital démographique d'une minorité s'appuie non seulement sur l'importance relative (à la population totale) de la communauté mais aussi sur son poids absolu, ce capital démographique doit être évalué, à l'intérieur de chacune des échelles, en tenant compte simultanément des nombres et des pourcentages. Enfin, ce croisement nombre/pourcentage peut se faire en retenant certains seuils qui s'avèrent significatifs pour l'émergence de formes d'organisation supérieure soutenues par la présence d'institutions appropriées. Au Canada, cette justification prend une allure formelle dans la mesure où le gouvernement canadien impose lui-même certains seuils pour l'offre de services en français. Naturellement, ces seuils ne seront pas les mêmes selon que l'on se situe à une échelle ou à une autre. À l'échelle locale, des tailles de 200 et 500 personnes francophones nous semblent être des seuils déterminant des communautés francophones de nature différente à l'échelle des localités. De même, des pourcentages de 5 et 30 % ont été retenus pour la même raison. Le croisement nombre/pourcentage détermine donc une échelle de neuf types de communautés dont le caractère ira du moins francophone (type 1) au plus francophone (type 9). La même logique a été appliquée à l'échelle de la région, avec cependant une seule valeur seuil pour le nombre (5 000) et le pourcentage (5 %) générant une échelle à quatre types. Enfin, le croisement des échelles produit une typologie composée de trente-six types possibles de milieu caractérisant les communautés francophones minoritaires au Canada.

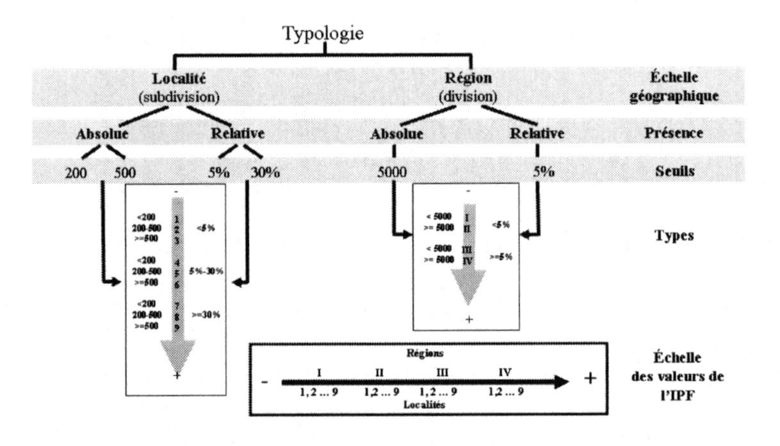

Figure 3. Une typologie des communautés acadiennes

L'application de la typologie qui vient d'être décrite au cas acadien donne les résultats contenus dans les tableaux 1 et 2. Le tableau 1 montre la répartition des localités acadiennes sur l'échelle des types de milieu. Ce tableau indique que, pour l'ensemble des Maritimes, les types de milieu les plus fréquents se retrouvent aux extrémités de l'échelle, ce qui indique une certaine polarisation de l'espace. En effet, le type 1-I se rapportant aux localités les moins francophones dans les régions les moins francophones compte à lui seul pour 42 % de l'ensemble des localités des Maritimes. Par contre, à l'opposé, c'est-à-dire dans les milieux les plus francophones (type 9-IV), on retrouve 18 % des localités. Entre ces deux extrêmes, les milieux les plus fréquents se retrouvent dans les types 1-III et 1-IV, c'est-à-dire dans les localités très peu francophones à l'intérieur de régions qui, elles, le sont beaucoup plus. Toutefois, comme on peut le voir, ce portrait global change passablement d'une province à l'autre, le Nouveau-Brunswick affichant une distribution de ces localités qui privilégie beaucoup plus les types de milieu plus francophones que les deux autres provinces. Pour sa part, la Nouvelle-Écosse, malgré un caractère nettement moins francophone que le Nouveau-Brunswick, montre cependant une belle diversité de milieux de ces communautés francophones. L'Île-du-Prince-Édouard, elle, est pour l'essentiel à forte dominante très faiblement francophone.

D'autre part, la répartition de la population dans la même typologie (tableau 2) indique une forte concentration de la population francophone dans les milieux les plus francophones. En effet, près de 80 % de la population francophone se localise dans le type 9-IV pour l'ensemble des Maritimes, laissant peu de place aux autres types sinon à certains types se situant au centre de l'échelle comme les types 6-III (2,9 %) et 6-IV (3,5 %). Cependant, à l'échelle des provinces, on voit encore une fois que le Nouveau-Brunswick se différencie nettement des deux autres provinces avec près de 88 % de sa population francophone vivant dans le type de milieu le plus francophone. L'Île-du-Prince-Édouard démontre à cet égard un visage beaucoup plus équilibré dans lequel plusieurs types de milieu ont à peu près la même importance, avec un pourcentage tournant autour de 12 à 13 %, dans un ensemble de localités au caractère francophone très différent quoique toujours situées dans des régions moyennement francophones. La Nouvelle-Écosse quant à elle affiche un caractère bipolaire où deux milieux dominent nettement sur les autres soit les types 3-II et 9-IV distinguant probablement pour le premier un milieu urbain et pour le deuxième un milieu plus rural.

Maritimes (N=464)				
	Régions			
Localités	I	II	III	IV
1	41,8%		10,6%	9,9%
2	0,4%			0,4%
3	1,1%	0,2%		
4	1,7%		2,2%	3,4%
5	0,2%		1,1%	1,5%
6			1,3%	1,5%
7				0,4%
8			0,4%	2,8%
9			0,6%	18,3%

Nouvelle-Écosse (N=87)				
	Régions			
Localités	I	II	III	IV
1	7,3,6%		4,6%	3,4%
2	2,3%			1,1%
3	2,3%	1,1%		
4				
5	1,1%		2,3%	
6			1,1%	2,3%
7				
8				
9			2,3%	2,3%

Nouveau-Brunswick (N=266)				
	Régions			
Localités	I	II	III	IV
1	24,1%		6,4%	16,2%
2				0,4%
3	0,8%			
4	1,9%		1,1%	6,0%
5			0,4%	2,6%
6			1,5%	1,9%
7				0,8%
8				4,9%
9				31,2%

Île-du-Prince-Édouard (N=111)				
	Régions			
Localités	I	II	III	IV
1	59,5%		25,2%	
2				
3	0,9%			
4	2,7%		6,3%	
5			1,8%	
6			0.9%	
7				
8			1,8%	
9			0,9%	

Tableau 1. La répartition des localités acadiennes selon la typologie

Maritimes (N=282 580)				
	Régions			
Localités	I	II	III	IV
1	2,0%		0,4%	0,4%
2	0,2%			0,2%
3	1,3%	4,0%		
4	0,2%		0,3%	0,4%
5	0,4%		0,5%	0,7%
6			2,9%	3,5%
7				0,1%
8			0,2%	1,8%
9			1,9%	78,7%

Nouvelle-Écosse (N=35 865)				
	Régions			
Localités	I	II	III	IV
1	8,6%		0,3%	0,2%
2	1,6%			0,9%
3	5,3%	31,3%		
4				
5	1,2%		1,5%	
6			1,9%	4,0%
7				
8				
9			12,8%	30,3%

Nouveau-Brunswick (N=241 225)					**Île-du-Prince-Édouard (N=5 490)**				
	Régions					**Régions**			
Localités	**I**	**II**	**III**	**IV**	**Localités**	**I**	**II**	**III**	**IV**
1	0,7%		0,3%	0,4%	**1**	14,0%		7,0%	
2				0,1%	**2**				
3	0,5%				**3**	13,4%			
4	0,2%		0,1%	0,5%	**4**	4,4%		10,3%	
5	0,2%		0,1%	0,8%	**5**			11,2%	
6			2,7%	3,6%	**6**			16,4%	
7				0,1%	**7**				
8				2,1%	**8**			9,4%	
9				87,7%	**9**			13,9%	

Tableau 2. La répartition de la population acadienne selon la typologie

IV. Les communautés acadiennes dans l'espace : la configuration spatiale de la typologie

La cartographie de la typologie permet de mettre en lumière certains faits de répartition (figure 4). Sur cette carte, l'interpénétration des deux échelles a été réalisée par une superposition cartographique où le type de région est indiqué par un pourtour bleu plus où moins fort alors que le type de localité y est représenté par une plage plus ou moins foncée. Une observation attentive de cette carte nous permet de faire apparaître un espace francophone polarisé par cinq noyaux dans les Maritimes. Ceux-ci se localisent bien sûr d'abord et avant tout au Nouveau-Brunswick, soit dans le Madawaska (zone frontalière avec le Québec), la péninsule acadienne (la pointe nord-est de la province) et la zone côtière entre Miramichi et Moncton. S'ajoutent à ces noyaux francophones néo-brunswickois deux autres noyaux se situant en Nouvelle-Écosse, soit les zones de la baie Sainte-Marie (au sud de la province) et de Chéticamp/Île-Madame sur l'île du Cap-Breton. Tous ces noyaux peuvent être considérés comme des milieux où s'affirme le fait français tant au niveau local, rassemblant les lieux immédiats de l'espace vécu, que régional, regroupant les lieux institutionnels pour la communauté.

À côté des noyaux, un certain nombre de régions au caractère francophone plus ou moins affirmé apparaissent. Celles-ci peuvent se rapporter à deux types de région : soit à des régions où la représentation relative reste assez forte même si les effectifs, eux, restent faibles ou à des régions aux effectifs élevés mais aux pourcentages faibles. Parmi les premières, on notera le cas du comté de Prince (Île-du-Prince-Édouard) ou, encore celui de la partie est de l'île du Cap-Breton, donc pour l'essentiel des zones rurales relativement éloignées et faiblement peuplées où certaines communautés francophones persistent encore. Parmi les deuxièmes, on notera les régions correspondant à des zones urbaines importantes comme Edmunston et Saint-John au Nouveau-Brunswick et Halifax en Nouvelle-Écosse. Dans ces zones d'implantation relativement récente des francophones, ceux-ci peuvent constituer des effectifs importants mais dans un contexte où la forte minorisation reste la règle générale.

V. Milieux et comportements linguistiques

Comme illustré à la figure 4, toutes ces régions qui viennent d'être nommées peuvent être situées sur l'échelle de l'indicateur IPF avec des traits plus ou moins longs indiquant leur diversité interne. On y voit que ces régions couvrent bien l'éventail des valeurs possibles de l'indicateur indiquant des types de milieu passablement différents pour les communautés francophones qui y vivent. Mais cette diversité de milieux sous-tend-elle nécessairement un comportement linguistique différent ? C'est un peu à cette question que veut répondre le tableau 3. Ce tableau présente pour les mêmes régions deux indicateurs du comportement linguistique : la langue parlée à la maison et celle parlée au travail. Les régions ont été placées dans le tableau selon leur rang par rapport à la typologie des milieux, de la moins francophone à la plus francophone. Par rapport à ce rang, on remarque que la corrélation avec les deux indicateurs linguistiques est très forte, le comportement linguistique étant de plus en plus favorable au français au fur et à mesure qu'on avance dans la typologie. Seule la région de Saint-John fait exception à la règle avec un comportement plus favorable au français que ne le laisse supposer sa position dans la typologie.

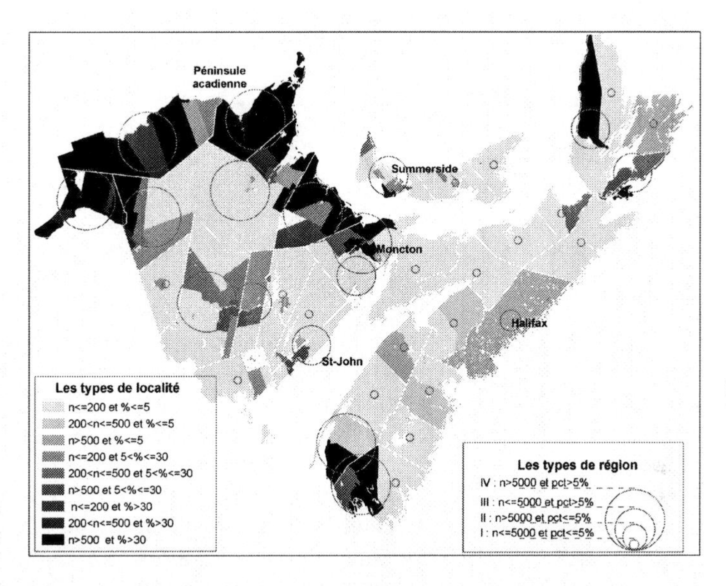

Figure 4. Les configurations spatiales de la typologie : le cas des Maritimes

À première vue, donc, il semble bien que l'indicateur IPF tel que proposé, ainsi que la typologie qu'il sous-tend, discrimine bien les situations dénotant des écarts importants quant au comportement linguistique des membres des communautés francophones en Acadie. Cette brève analyse, quoique embryonnaire et encore à l'état exploratoire, laisse supposer que la typologie que nous avons élaborée pourrait devenir un outil utile pour mieux évaluer la vitalité objective de ces communautés.

	Population	IPF			Localités (types)			Français parlé	
Comtés	**totale**	**N**	**%**	**Régions**	**1 à 3**	**4 à 6**	**7à 9**	**maison**	**travail**
Kings (périphérie St. John)	63.890	2.390	3,7%	I	x	x		57%	57%
St. John	75.195	4.135	5,5%	I	x	x		57%	47%
Halifax	355.940	11.975	3,4%	II	na	na	na	60%	51%
Prince (Summerside)	43.955	4.115	9,4%	III	x	x	x	68%	57%
Westmorland (Moncton)	122.405	52.840	43,2%	IV	x	x	x	82%	89%
Gloucester (pén. acadienne)	81.760	69.285	85,0%	IV			x	98%	97%

Tableau 3. Le comportement linguistique de la population acadienne dans des régions typiques

Conclusion

Nos résultats montrent donc, pour l'Acadie, une inscription territoriale diversifiée des populations acadiennes s'exprimant par des milieux dont les caractéristiques démographiques sont souvent très différentes. Ces résultats ne sont pas surprenants dans la mesure où d'autres chercheurs avaient déjà remarqué le caractère pluriel de l'Acadie, du point de vue de l'espace vécu, qui s'oppose à la conception d'une Acadie[10]. En effet, aux zones fortes de cette population se juxtapose tout un ensemble de zones où le rapport minorité/majorité est loin d'être aussi favorable. Si le constat de l'inscription territoriale actuelle fait en sorte que près de 80 % de la population acadienne vit encore dans le type de milieu le plus francophone selon notre typologie, il n'en reste pas moins que ces milieux correspondent aussi à des zones où l'économie traditionnelle basée sur la pêche, l'agriculture et la forêt ont de la peine à retenir sur place la population acadienne qui y vit. En fait, comme l'ont montré habilement Cao et Chouinard[11], le déplacement de la population acadienne vers les villes importantes (Moncton, Saint-John, Fredericton, Halifax) est une tendance qui s'affirme de plus en plus. Or, comme on l'a montré ici, les centres urbains se caractérisent aussi par un milieu plutôt faible dans notre typologie. Ce déplacement progressif de la population acadienne aura-t-il des conséquences sur son comportement linguistique à venir ? À la lumière du lien de forte dépendance qui nous avons établi entre la typologie proposée et le comportement linguistique de la population acadienne, il est permis de croire que, dans les circonstances actuelles, si rien n'est changé pour s'adapter à ces changements, cela aura des conséquences plutôt nocives sur la vitalité communautaire des Acadiens.

---

[10] Trépanier, C., « Le mythe de "l'Acadie des Maritimes" », *Géographie et cultures*, 17, 1996, p. 55-74.

[11] Cao, H., Chouinard, O., Dehoorne, O. « De la périphérie vers le centre : l'évolution de l'espace francophone du Nouveau-Brunswick au Canada », Annales de Géographie, n° 642, 2005, p. 115-140.

Quand les femmes s'intéressent à l'économie sociale

Femmes et économie sociale en émergence au Nouveau-Brunswick, quelle trajectoire ?

Marie-Thérèse SEGUIN, Guylaine POISSANT, Éric FORGUES et Guy ROBINSON[1]

Université de Moncton, Canada

I. Introduction

Notre titre l'indique, nous allons parler d'une économie sociale en émergence en Acadie. Contrairement à ce que nous observons en France ou au Québec, il semble en effet qu'au Nouveau-Brunswick on ne puisse actuellement parler d'une économie sociale véritablement structurée. Encore moins d'un modèle défini, officialisé, reconnu et légitimé par les pouvoirs publics. Nous considérons donc que les expériences que nous repérons dans le domaine de la santé et du bien-être, et que nous incluons dans le champ de l'économie sociale, méritent d'être considérées comme des initiatives locales d'une économie sociale en émergence. Ainsi que nous le verrons, ces initiatives locales sont de type coopératif et communautaire, mais aussi de type privé. En effet, malgré les critères qui définissent généralement l'entreprise d'économie sociale, nous considérons que des initiatives de type privé pourraient, selon certaines conditions objectives tels le soutien des pouvoirs publics ou l'adoption d'un style de gestion approprié, évoluer vers un statut d'entreprise relevant de l'économie sociale. Au moins pour ce qui est des entreprises que nous avons étudiées.

---

[1] Les auteurs sont membres du Groupe de recherche en économie sociale, santé et bien-être au Nouveau-Brunswick (GRESSBE-NB).

Si l'expérience d'économie sociale au Nouveau-Brunswick est encore jeune, notre groupe de recherche ne l'est pas moins. L'investigation scientifique dans ce domaine reste d'ailleurs à ce jour limitée bien que nous ayons publié[2] quelques réflexions sur la question après étude de la documentation provinciale sur les réformes des politiques sociales et sur leurs conséquences dans la structuration d'un champ possible de l'économie sociale. C'est pourquoi notre réflexion d'aujourd'hui, qui portera sur les observations empiriques effectuées au sein des comtés de Westmorland et Kent situés dans le sud-est de la province, nous conduira à formuler des interrogations plutôt que des certitudes. Telle une Mafalda[3] qui regarde, voit et se demande « quel est ce monde qui se dessine sous nos yeux ? », nous allons nous demander : « Qui sont ces femmes qui s'activent, aujourd'hui, au Nouveau-Brunswick, au sein de ces formes d'entreprises qui prennent en charge certains besoins en santé et en bien-être ? Dans quelles conditions travaillent-elles ? Quel sens donnent-elles à leur travail ? ».

II. Réflexion sur le concept d'économie sociale en émergence en Acadie, dans le domaine de la santé et du bien-être

Comme cela s'est produit ailleurs, la province du Nouveau-Brunswick n'échappe pas à la recomposition de la prise en charge des besoins en santé et bien-être. À l'instar de ce que nous pouvons observer dans le reste du Canada et dans l'ensemble des pays de l'OCDE, des transformations structurelles sont en cours au Nouveau-Brunswick qui modifient en profondeur la manière dont l'État-Providence concevait et organisait la prise en charge des besoins et des demandes liés à ce secteur. Ces transformations s'organisent autour de deux modèles et d'un scénario. Soit : a) un modèle « néolibéral » où la restructuration de

---

2 Forgues, É., Chouinard, O., Peter, T., Poissant, G., Robinson, G. et Seguin, M.-T., « Présence de l'économie sociale au Nouveau-Brunswick : études de cas d'entreprises communautaires dans la région de Kent », *Revue de l'Université de Moncton*, vol. 33, n° 1-2, 2002, p. 101-134 ; Forgues, É., Chouinard, O., Poissant, G., Robinson, G. et Seguin, M.-T., « The Social Economy in New Brunswick. Between the Old and the New », in Thériault, L. (ed.), *Community-Based Organizations and Human Services*, Regina, University of Regina, 2002, p. 47-55. [Proceedings from a Conference on the New Social Economy] ; Forgues, É., Seguin, M.-T., Chouinard, O., Poissant, G. et Robinson, G., « La difficile gestation d'une économie sociale au Nouveau-Brunswick », in Vaillancourt, Y. et Tremblay, L. (dir.), *L'économie sociale dans le domaine de la santé et du bien-être au Canada : une perspective interprovinciale*, Montréal, UQAM, LAREPPS, 2001, p. 67-100.

3 Personnage de bandes dessinées de l'auteur Quino, pseudonyme de Joaquin Salvador Lavado, Buenos-Aires, 1960-1970.

l'offre des services en santé et bien-être s'inspire essentiellement d'une logique de marché, avec la rentabilité à la clé ; b) un modèle « solidaire » qui repose sur un partenariat entre l'État et les groupes communautaires (coopérative, association et organisation à but non lucratif) ; c) un scénario hybride, sans statut bien défini, où l'État reste le régulateur des services en imposant des normes gouvernementales tout en faisant intervenir dans leur conception des logiques du modèle solidaire et de l'initiative privée.

Il semble, à la lumière de nos travaux d'investigation, que le Nouveau-Brunswick organise actuellement son secteur santé/bien-être selon la cohérence de ce scénario hybride. Nous remarquons en effet une très forte dissymétrie entre l'initiative privée et l'initiative de type communautaire, la première prévalant nettement sur la deuxième. Les transformations du domaine étudié, actuellement en cours dans notre province, ne se situent pas, ou très timidement, dans le mouvement de ce qu'il est convenu d'appeler la nouvelle économie sociale. C'est le scénario hybride qui pour nous caractérise les expériences que nous observons dans notre province. Présentons brièvement ce que recouvre le concept de la nouvelle économie sociale pour ensuite mieux caractériser les initiatives provinciales.

A. Le concept de la nouvelle économie sociale (NES)

Ce courant de pensée fait essentiellement reposer ses postulats sur des valeurs de solidarité et de justice dont les principes relèvent de l'intérêt général. Bien entendu, de tels principes et valeurs ne peuvent se réaliser en dehors d'un contexte démocratique, élément qui façonne fondamentalement l'expérience de la nouvelle économie sociale laquelle est l'expression d'un *contrat*, négocié entre l'État et les citoyens, porteur d'un projet de société. En conséquence, comme nous le mentionnions dans un article :

> La NES se développe dans un espace public où les acteurs sociaux entrent en relation pour définir un projet de société en revendiquant ainsi une place dans l'historicité de leur société. Le projet de solidarité qui sous-tend ainsi les mouvements et groupes sociaux qui composent la constellation de l'économie sociale prendrait la forme d'une intégration citoyenne des individus qui sont exclus du marché du travail, des victimes d'abus dans l'espace privé et des groupes minoritaires. Bref, cette économie sociale s'inscrit dans le projet de la modernité lorsqu'elle tente de redéfinir les bases de la

citoyenneté et de renouveler les modalités de la solidarité qui assurent l'intégration des citoyens[4].

Dans cette nouvelle économie sociale, le lien qui s'établit entre l'État et les entités de type communautaire est l'objet d'un contrat lequel, par définition, exige de la part des partenaires une réciprocité d'engagements et de responsabilités. Autant dire que les groupes concernés qui passent contrat avec l'État acceptent de prendre en charge une responsabilité économique tandis que l'État reconnaît officiellement et juridiquement, tout en le partageant, le projet de l'économie sociale.

B. L'économie sociale néo-brunswickoise

Dans nos publications antérieures, nous avons eu l'occasion de présenter une spécificité de l'économie sociale néo-brunswickoise telle qu'elle nous est apparue lors de nos recherches. Nous reprendrons ici les grands éléments de cette présentation afin de préciser si les expériences en cours dans la province se rapprochent du concept de la nouvelle économie sociale.

L'étude des transformations des politiques publiques provinciales a montré que le gouvernement désirait partager la responsabilité de la prise en charge des besoins en santé et bien-être avec les individus et la communauté. Volonté qui pouvait être prometteuse de négociation d'un nouveau contrat au sens où nous l'exposions ci-dessus. Or, si le gouvernement a bel et bien fait appel aux initiatives locales dans le partage de cette responsabilité, cet appel a été conçu, ou entendu, essentiellement en terme de contrats individualisés. Ceux-ci engageaient des acteurs du milieu communautaire, bien ciblés et susceptibles en retour d'être éligibles à une éventuelle aide financière ou matérielle. Ce qui nous faisait dire que :

> L'accent mis sur l'autonomie et la responsabilité des individus constitue une stratégie de réduction des coûts de service et vise à décharger le gouvernement de certaines responsabilités en renvoyant le plus rapidement possible les bénéficiaires de services dans leurs milieux naturels respectifs. Un tel modèle, plutôt qualifié de « néolibéral[5] » ne s'appuie pas sur une forme de solidarité citoyenne, mais bien sur une forme de solidarité traditionnelle qui

[4] Forgues, É., Chouinard, O., Poissant, G., Robinson, G. et Seguin, M.-T., 2002, *op. cit.* Cet article expose de façon détaillée nos réflexions sur le concept d'économie sociale en vigueur dans notre province.

[5] Lévesque, B., « Le modèle québécois : un horizon théorique pour la recherche, une porte d'entrée pour un projet de société ? », *Cahiers du CRISES*, Working Papers Collection, n° 0105.

vient pallier aux ratés du marché sans proposer un modèle de développement socio-économique plus solidaire[6].

Les entreprises d'économie sociale en santé et bien-être que nous observons porteraient-elles d'abord l'empreinte de cette solidarité de type traditionnel bien connue dans l'histoire de cette province ? C'est ce que, de manière générale, nos recherches révèlent. C'est aussi ce que montre notre étude spécifique sur la question des femmes.

III. Réflexion sur les conditions qui caractérisent la participation des femmes actrices au sein de ces entreprises émergentes

En tout premier lieu, lorsque nous questionnons la place que les femmes occupent dans les entreprises d'économie sociale au Nouveau-Brunswick, nous observons que leur contribution est essentielle : en raison de leur présence très majoritaire par rapport à celle des hommes, mais aussi en raison de leur style de gestion, souvent caractérisé par une très grande disponibilité de temps. L'investissement affectif est aussi l'une des caractéristiques de la gestion qu'elles assurent en tant que directrices. Nous dirons donc qu'elles occupent une place centrale dans la trajectoire actuelle des entreprises d'économie sociale au Nouveau-Brunswick, une trajectoire qui se dessine selon le scénario hybride dont nous avons parlé précédemment. Place centrale car ce sont elles qui initient ces formes et ces types d'entreprises, qui les dirigent et qui y travaillent. À tous les postes requis par l'entreprise, nous y retrouvons les femmes : créatrices d'entreprises, gestionnaires, directrices, animatrices, employées. Un monde au féminin, pourrions-nous dire, s'activant sans cesse pour pouvoir offrir les services au mieux de leurs possibilités et de leurs moyens. La place des femmes y est telle que l'observation de celle-ci et la réflexion qu'elle suscite deviennent incontournables si nous voulons comprendre les méandres du développement actuel de l'économie sociale et du sens qu'il recouvre. Un sens qui se situe au confluent de la tradition et de la modernité. Alors que le gouvernement semble vouloir faire reposer davantage sur les communautés et les familles la responsabilité de la prise en charge d'un certain nombre de besoins en santé et bien-être, les femmes seraient-elles les principales actrices, sollicitées de nouveau, pour assurer aujourd'hui au sein d'entreprises dites « d'économie sociale » ce qu'elles garantissaient hier au sein de la famille ? Nous y reviendrons en conclusion.

---

6 *Idem*, p. 16.

A. Méthodologie

Notre réflexion est basée sur une étude de cas effectuée au cours de l'été 2001 dans le comté de Kent. Comté où la population francophone est majoritaire à 75,7 %. Caractérisé par un taux de chômage élevé et où la part des transferts gouvernementaux reste toujours très importante, le comté présente cependant un certain dynamisme dans la création de petites entreprises. En effet, au moment de notre enquête, nous n'y dénombrions pas moins de 1 400 entreprises (incluant celles dites d'économie sociale) dont 374 sont dirigées par des femmes. Une présence féminine qui, dans les postes de direction, a augmenté au rythme de 18,4 % depuis 1995.

Notre échantillon portait sur vingt-deux entreprises d'économie sociale dirigées par des femmes alors que la population féminine du personnel employé atteignait 95 %. Ces vingt-deux entreprises représentaient la quasi-totalité des initiatives locales de prise en charge des besoins en santé et bien-être dans la région de Kent. Elles sont donc très majoritairement animées par des femmes. Une première observation qui vient contrer l'hypothèse que nous formulions en 2000, alors que nous réalisions une étude empirique des entreprises d'économie sociale situées dans la région du Grand Moncton. Une hypothèse qui exprimait la crainte de voir se perpétuer, dans le tiers secteur, une structure d'emploi qui favoriserait les acteurs masculins au détriment de leurs collègues de sexe féminin, en pourvoyant les premiers des postes de choix et les secondes des emplois subalternes. Nous avons voulu vérifier cette hypothèse en posant une question relative à la composition du personnel en fonction du sexe et du rang hiérarchique (cadre *versus* personnel non-cadre). Les résultats que nous avons obtenus à cet effet, tant dans la région du Grand Moncton que dans le comté de Kent, reflètent une forte participation féminine dans toutes ces entreprises en même temps qu'une présence numérique très importante des femmes dans les postes de direction. Bien que ces résultats ne soient pas surprenants compte tenu du fait que de tels domaines d'activité ont été traditionnellement des secteurs dévolus aux femmes, nous ne pouvons cependant pas extrapoler ces résultats régionaux à l'ensemble du tiers secteur néo-brunswickois.

B. La typologie de ces entreprises

Le statut juridique des vingt-deux entreprises étudiées est majoritairement celui de l'entreprise privée, puisque notre étude révèle qu'il caractérise 72,7 % des entreprises étudiées, celui de l'OSBL 22,7 % et celui de la coopérative 4,5 %. Le statut de l'entreprise privée est donc très nettement majoritaire. Parmi ces entreprises, nous retrouvons par ordre d'importance : les garderies, les foyers de soins et les entreprises d'aide morale et matérielle.

C. Les raisons pour lesquelles des femmes ont voulu créer ces entreprises

La décision de se lancer en affaire, y compris dans le secteur de l'économie sociale, peut dépendre de divers facteurs. Il a semblé important de savoir pourquoi ces femmes, le plus souvent, décident de construire une entreprise propre à offrir des services dans les domaines indiqués ci-dessus. Aussi, dans le cadre de cette étude, nous avions retenu trois catégories de facteurs susceptibles d'avoir incité les femmes interrogées à initier un tel projet. La première catégorie incluait des facteurs de motivation personnelle tels que le défi personnel de lancer une entreprise, le désir d'être sa propre patronne et la satisfaction escomptée de ce statut, comme une plus grande autonomie. La deuxième catégorie regroupait des motivations d'ordre financier, notamment le fait de pouvoir s'assurer un supplément de revenu par la création de son propre emploi. Enfin, une troisième catégorie incluait des facteurs d'ordre « supérieur » comme le désir de contribuer au développement de sa propre communauté.

Les résultats obtenus diffèrent selon le statut de l'entreprise. En effet, pour ce qui est des entreprises privées, statut majoritaire dans notre échantillon, les dirigeantes répondent à 69 % qu'elles ont d'abord voulu lancer une entreprise pour se créer un emploi et à 31 % pour résoudre des problèmes sociaux et prendre en charge des besoins de la communauté. De leur côté, les dirigeantes des entreprises associatives et coopératives (27 %) disent avoir créé une entreprise d'abord pour offrir un service de qualité à la communauté mais aussi pour créer des emplois.

Ces résultats obtenus dans le comté de Kent rejoignent sensiblement ceux qui ont été obtenus auprès des responsables d'entreprises dans la région du Grand Moncton. Car si les dirigeantes des organismes à but non lucratif ont d'abord indiqué qu'elles avaient créé leur entreprise avec le désir de développer la communauté et de répondre à un besoin exprimé au sein de la collectivité, les femmes dirigeantes des entreprises privées se disent davantage animées du désir de se créer un emploi tout en jouissant d'un statut autonome (« être sa propre patronne »). Le désir de développer la communauté ne vient qu'ensuite.

De l'analyse des motivations à se lancer en affaire, il ressort que les femmes qui travaillent au sein des entreprises à statut privé ont d'abord été motivées par des mobiles économiques, le besoin de devenir financièrement autonomes en se créant un emploi, plutôt que par engagement envers la communauté. Cependant, quand nous leur demandons explicitement pourquoi elles ont choisi de lancer une entreprise dans l'un des domaines visés comme les garderies, les foyers de soins ou encore les services d'aide matérielle et morale, leurs réponses sont presque unanimes. Dans le cas des garderies, la première raison invoquée par les propriétaires et les dirigeantes est « l'amour des enfants ». Pour bon nombre d'entre elles, pouvoir gérer une garderie présente non seulement l'avantage d'améliorer leur propre situation financière mais également d'accomplir un travail satisfaisant. En effet, la prise de responsabilité, le sentiment d'être utile à la communauté et l'affection prodiguée par les enfants et leurs parents à l'égard des dirigeantes sont autant de facteurs qui sont intervenus dans le choix d'une entreprise de ce genre. Une seconde catégorie de motivations que nous avons décelée tient à ce qu'Éric Gagnon[7] nomme le « contre-don ». Pour cet auteur, en effet, l'engagement de certaines femmes s'expliquerait par leur sentiment de vouloir donner en retour ce qu'elles ont autrefois reçu ou encore ce qu'elles pourraient recevoir demain... Cet élément pourrait se retrouver au sein des motivations des femmes qui travaillent dans les foyers de soins pour personnes âgées mais aussi des motivations de celles qui ont choisi de travailler dans les refuges pour femmes en détresse.

D. Quelle aide matérielle (subvention gouvernementale ou autre) ces entreprises ont-elles reçue ?

L'étude de la provenance des fonds destinés au lancement des entreprises concernées nous paraît importante car elle permet de mieux connaître les acteurs du point de vue de leur dynamisme, de leur initiative et de leur inventivité dans la recherche du financement nécessaire à la mise en place de leurs projets. Elle nous permet aussi de mieux saisir la nature du soutien public que ces entreprises ont pu recevoir et, donc, du type d'engagement de l'État à l'égard des entreprises d'économie sociale.

Dans les coopératives et organismes à but non lucratif du comté de Kent que nous avons étudiés, les dirigeantes disent avoir pu bénéficier d'une aide de type gouvernemental ou communautaire. Par contre, pour les entreprises de type privé, si les dirigeantes disent n'avoir reçu *aucune aide* des pouvoirs publics, la moitié d'entre elles indiquent avoir pu bénéficier d'une *aide informelle de la part de la communauté.*

Il est intéressant de noter que ces proportions se retrouvaient quasiment à l'identique dans notre étude effectuée dans la région de Moncton. En effet, qu'il s'agisse d'entreprises à but lucratif ou non, notre étude a

---

7 Gagnon, É., « Engagement social, engagement identitaire, parcours de femmes », *Service social*, vol. 44, n° 1, p. 55.

révélé une très faible participation gouvernementale dans la création des projets du tiers secteur. Dans le cas des projets privés, les initiateurs ont dû recourir à leur épargne personnelle et à des emprunts bancaires pour constituer le capital initial nécessaire au lancement de l'entreprise. Aucune aide gouvernementale sous forme de prêt ou de subvention ne leur a été accordée. Cette absence de soutien conduit les dirigeantes des projets privés d'économie sociale à percevoir leur relation au gouvernement comme étant non de type partenarial mais plutôt autoritaire et très contraignant, notamment pour ce qui est de « l'application des normes ». Les dirigeantes des entreprises privées nous ont souvent affirmé qu'assurer leur propre survie par la réalisation d'un profit était leur plus grande préoccupation. Quant aux responsables des organismes à but non lucratif, si elles déclarent avoir reçu des pouvoirs publics une aide modeste dans la phase de démarrage de leur projet, elles soulignent aussi qu'elles ont pu bénéficier de la contribution des communautés locales.

E. Salaire des dirigeantes et des employées, nombre d'heures hebdomadaires prestées, autres conditions de travail

Nous nous sommes aussi intéressés à la rémunération des emplois. Nous avons voulu savoir dans quelle mesure les entreprises étudiées créaient des emplois rémunérés alors que le travail bénévole y est très important. S'il est vrai que ces entreprises engagent des salariés, de nombreuses propriétaires ont aussi indiqué que, faute de moyens financiers suffisants, elles allongent souvent leur propre journée de travail pour pallier au manque de personnel rémunéré. Plusieurs propriétaires et directrices de garderies, par exemple, exercent aussi les tâches d'éducatrice, celles qui dirigent des foyers de soins exercent en surplus les travaux ménagers. La précarité de l'emploi (temps partiel, horaire flexible, faible rémunération, etc.) entraîne bien souvent un roulement élevé du personnel. D'où le recours à une main-d'œuvre étudiante, souvent moins exigeante sur les conditions de travail. Pour les dirigeantes de ces entreprises, la rétention d'un personnel compétent est l'un des défis majeurs auxquels elles doivent faire face.

Au chapitre des salaires, tandis que les femmes dirigeantes des entreprises privées disent gagner, au moment de l'enquête, un salaire qui se situe au-dessous de 30 000 dollars, celles des entreprises associatives et coopératives percevaient un salaire supérieur, valant sur une base annuelle à temps plein de 30 à 40 000 dollars. Ces différences salariales semblent se répercuter au niveau des employées pour qui les coopératives et les associations apparaissent plus « généreuses » que l'entreprise privée. En effet, tandis que le taux horaire dans l'entreprise privée oscillait alors entre 5,75 et 7,75 dollars, les organismes à but non lucratif et les coopératives offriraient des taux horaires allant de 6,75 à 8,75 dollars.

Quant à la durée hebdomadaire de leur travail, si les femmes dirigeantes des coopératives et des organismes à but non lucratif disent travailler en moyenne quarante heures par semaine, celles des entreprises privées indiquent qu'elles travaillent plus de quarante heures hebdomadaires, dont 35 % de cinquante à quatre-vingts heures. Cette même caractéristique se retrouve au niveau des employées qui, dans le privé, travaillent de quarante à quarante-neuf heures par semaine alors que dans les réseaux associatifs elles mentionnent que leur travail les occupe pendant moins de trente-neuf heures. Quant aux entreprises coopératives, la durée du travail hebdomadaire serait de quarante à quarante-quatre heures. La flexibilité du travail, nous l'avons déjà dit, est l'une des caractéristiques importantes de l'organisation du travail des employées[8]. C'est surtout dans l'entreprise coopérative que nous la retrouvons de manière plus accentuée. En effet, la totalité du personnel des coopératives voit cette condition inscrite dans le statut du travail, tandis que dans l'entreprise privée 82,1 % du personnel serait concerné. Selon notre étude, ce serait les organismes à but non lucratif qui appliqueraient le moins la flexibilité du travail puisque seulement la moitié des employées devrait répondre à cette exigence. Notons enfin que, au chapitre des conditions de travail, la syndicalisation est totalement absente de l'entreprise privée. Tandis que, dans les entreprises associatives, une seule personne mentionne l'existence d'une « convention maison ».

F. *Niveau de formation et types d'expérience des dirigeantes et des employées*

En interrogeant les dirigeantes de ces entreprises sur leur profil de carrière, nous voulions recueillir des informations sur leur niveau de scolarisation et sur leur passé professionnel. En d'autres termes, nous voulions savoir si leur expérience de travail se limitait uniquement au champ du tiers secteur ou si elles avaient aussi accumulé un savoir-faire dans d'autres pans d'activités professionnelles comme la fonction publique, les entreprises parapubliques ou privées. Les résultats obtenus nous permettent de constater que, dans les entreprises du comté de Kent, les dirigeantes disent très majoritairement avoir eu des expériences de

[8] Plusieurs études ont largement prouvé que, pour nombre de petites entreprises, la « flexibilité » du travail nécessaire à leur survie est assurée en grande partie par les femmes (Barnes, S. et Wheelock, J., « Reinventing Traditional Solutions : Job Creation, Gender and The micro-Business Household », *Work, Employment and Society*, 12(4), 1998, Lem, 2001).

travail dans le champ de l'entreprise qu'elles dirigent : 85,7 % pour ce qui est du travail dans les garderies, 77,7 % pour les foyers de soins et 100 % dans les entreprises de « support matériel et moral ».

Quant à leur niveau de scolarisation, nous avons relevé que, du côté de l'entreprise de type privé, les dirigeantes disent avoir effectué des études universitaires dans 45,5 % des cas et des études collégiales pour 27,2 % d'entre elles. Les autres, soit les 27,3 % restant, disent avoir terminé ou non la douzième année de scolarisation. Les dirigeantes des entreprises d'économie sociale de type associatif disent avoir un niveau d'instruction supérieure, puisque toutes auraient fait des études universitaires. Quant à l'entreprise à but non lucratif, c'est le niveau des études collégiales qui a été complété.

Le niveau de scolarité des employées semble se hiérarchiser selon le champ d'activité de l'entreprise, indépendamment du statut juridique de celle-ci. En effet, dans les entreprises qui offrent un « support moral et matériel », 71,4 % des employées disent avoir effectué des études universitaires. Dans les foyers de soins, par contre, ce sont 42,8 % des employées qui mentionnent avoir terminé la douzième année de scolarisation. Quant aux garderies, la proportion des employées disant avoir terminé des études universitaires ne représente que 5,2 % et collégiales 36,8 %.

G. En synthèse, quel est le profil type de la personne qui occupe un poste de direction de ces entreprises ?

C'est une femme, préoccupée d'abord par le souci de créer des emplois mais aussi par le désir d'offrir des services de qualité à la population. Avec un salaire qui, en l'an 2000, se situait le plus souvent au-dessous de 30 000 dollars pour un nombre d'heures travaillées qui varie selon le statut juridique de l'entreprise. Ce sont des femmes qui, dans une proportion de 78 %, disent avoir une expérience professionnelle significative dans leur champ d'expertise et dont les niveaux universitaire et collégial caractérisent le plus souvent leur formation. Ce sont des dirigeantes qui, surtout dans l'entreprise privée, fournissent un très grand nombre d'heures de travail hebdomadaire.

IV. La problématique

De nos observations empiriques actuellement en cours, quelle problématique pouvons-nous déjà dégager ? Deux lignes de fond en tracent le contour.

L'une concerne la forme des entreprises qui naissent et se développent dans le créneau de l'offre des services aux personnes. Ce sont pour la plupart des initiatives à caractère privé. Il est donc important de se poser la question suivante : comment expliquer que ce secteur socio-économique ne soit pas investi davantage par des entreprises à caractère coopératif ou associatif ? L'une des causes que notre groupe a identifiées serait due au déficit de reconnaissance politique de l'économie sociale dans les communautés où elle se développe. Absence de reconnaissance et de soutien de la part des pouvoirs publics. D'où l'importante proportion des initiatives privées dans ce secteur d'activité.

À leur tour, ces initiatives de type privé joueraient-elles un rôle dans la non-reconnaissance officielle de l'économie sociale et freineraient-elles le développement objectif de celle-ci ? À défaut de pouvoir y répondre dans le présent texte, la question mérite d'être posée. Car il est vrai que, contrairement à ce que recouvre le concept de la nouvelle économie sociale, les acteurs des entreprises que nous avons observées n'intègrent pas, ou peu, la préoccupation de la participation citoyenne de la communauté. Bien qu'elles aient pour mission de fournir des services de qualité aux personnes de la communauté, ces entreprises n'inscrivent pas pour autant de façon explicite leur action dans une perspective qui relève de l'intérêt général et d'un projet de société. En d'autres termes, comme nous l'avons constaté antérieurement[9], le développement de l'économie sociale dans la région de Kent semble suivre majoritairement la voie d'une organisation privée et marchande, susceptible d'accorder la priorité à la logique du marché plutôt qu'à la complexité des besoins de la communauté. Ainsi, laissé au libre cours des initiatives privées, le développement de l'économie sociale pourrait revêtir un caractère inégal selon les ressources des initiateurs des entreprises ou encore des régions. Bien que théoriquement ces entreprises, hormis celles qui sont de type coopératif et associatif, s'inscrivent dans une logique marchande, force est de constater que dans la plupart des cas les profits réalisés par l'entreprise sont, selon les dirigeantes, extrêmement restreints. Ce sont aussi des entreprises qui le plus souvent ne reçoivent pas ou très peu de soutien financier de la part des pouvoirs publics. Ce qui, au niveau de la direction, engendre une tension permanente pour parvenir à assumer les coûts de l'entreprise et des charges salariales.

L'autre ligne de fond renvoie aux personnes qui lancent ces entreprises. Comme nous l'avons vu, ce sont des femmes. Elles sont donc non seulement des « entrepreneures en puissance »[10] mais encore de réelles actrices dans la naissance et le développement de ces entreprises.

---

9 « Présence de l'économie au Nouveau-Brunswick : études de cas d'entreprises communautaires dans le comté de Kent », *op. cit.*

10 De Soto, H., *L'autre sentier : la révolution informelle dans le tiers-monde*, Paris, Édition La Découverte, 1994.

Nous ne pouvons donc passer sous silence que, comme dans l'ancienne économie domestique fondée sur des rapports de réciprocité traditionnels, les femmes demeurent les principales actrices de ce type d'aide. Aujourd'hui encore, nous les voyons jouer le même rôle auprès des petits et des vieillards, mais leurs activités se sont déplacées de la maison à l'entreprise. Domaine qu'elles connaissent bien, pourrions-nous dire. Serait-ce la raison principale pour laquelle elles continuent à investir cette sphère de travail ? Peut-être bien. Et, pas plus qu'hier au sein de la famille, aujourd'hui les dirigeantes ne comptent leurs heures de travail. Le décompte dont nous avons fait état correspondrait davantage à la formalisation obligée de la durée du temps qu'elles consacrent au sein de l'entreprise. D'ailleurs, ne les avons-nous pas entendues nous dire, maintes et maintes fois, qu'elles dirigent leur entreprise comme si elles conduisaient leur propre maison ? Bien difficile de ne pas y voir un type d'investissement qui dépasse celui requis par la marche normale d'une entreprise. Il faut aussi rappeler que les gains en terme de création d'emplois peuvent aussi cacher une réalité moins reluisante. Certaines observations nous ont montré un roulement important du personnel d'encadrement en raison de la précarité des conditions d'emploi et d'une surcharge de travail. Dans certains cas, la présence de ces femmes pouvait laisser supposer qu'elles agissaient au sein d'une économie néodomestique.

En conséquence, force est de constater que ces secteurs de production de services dits d'utilité collective ou encore socialement utiles semblent constituer un attrait particulier pour les femmes. En effet, dans la conjoncture actuelle de notre province où il serait sans doute illusoire de penser à une possible prise en charge plus importante de ces besoins par le secteur public, nous observons que ce sont les femmes qui reprennent en mains ces services en créant et en gérant des entreprises à cette fin. De par les soins prodigués aux enfants, aux personnes âgées et aux malades, les femmes ont de tout temps acquis une solide expérience dans ces domaines et, par là même, contribué à la construction de la société et à la solidification du lien social. Aussi, malgré les changements majeurs introduits dans la vie des femmes au cours de la dernière génération, force est encore de constater que veiller à l'éducation des enfants, prendre soin des personnes âgées et des malades, maintenir des réseaux d'entraide restent encore des activités essentiellement féminines. Il n'est donc pas surprenant de voir les femmes investir en si grand nombre des entreprises qui s'inscrivent dans des bastions traditionnels du travail féminin. D'autant plus qu'en raison de leur finalité sociale et des valeurs qu'elles véhiculent, ces entreprises dites du tiers secteur peuvent exercer un très grand attrait pour des femmes désireuses de conduire un projet professionnel.

Conclusion

Quelle serait la perspective qui, selon nous, pourrait assurer un réel développement de ces entreprises et, par ricochet, l'épanouissement des actrices ?

Dans ce contexte, compte tenu du savoir-faire des femmes dans la prise en charge de ces services, il serait très fortement souhaitable que la province du Nouveau-Brunswick permette le développement d'une véritable économie sociale. Une économie sociale de type solidaire qui, comme le dit si bien Isabelle Guérin[11], désigne l'ensemble des initiatives économiques privées qui misent sur l'intérêt collectif et la solidarité plutôt que sur la seule recherche du profit. Ce qui pourrait se produire dans la mesure où les pouvoirs publics accorderont une reconnaissance au concept de la nouvelle économie sociale. C'est alors que de nouvelles entreprises d'utilité collective, développées selon les critères que nous avons exposés et traduisant les principes démocratiques et éthiques d'une nouvelle économie sociale, pourraient être un champ de très grande créativité pour les femmes. Car, partant de préoccupations qui traditionnellement ont toujours été les leurs, compte tenu de leur fonction assumée historiquement au sein de la famille, et étant déjà massivement présentes dans les entreprises que nous avons étudiées, l'évolution du statut de leur entreprise vers des règles d'organisation propres à la nouvelle économie sociale constituerait une avancée réelle de leur statut de travail et de leur forme d'investissement. Ainsi, tout en continuant à investir cette sphère de service avec laquelle elles sont familières, il se pourrait bien que, tout en visant la plus haute qualité des services offerts, les femmes dirigeantes de ces nouvelles entreprises voient, par celles-ci et par le mode de livraison des services, une activité propre à recomposer le lien social des communautés concernées. Des communautés où, pour paraphraser Jacques Robin[12], l'imagination et l'innovation seraient sollicitées pour transformer les modalités de la distribution des services. En d'autres termes, à la faveur du développement de la nouvelle économie sociale, soucieuse « d'inter-relier le social et l'économique[13] », non seulement les femmes auraient tout à y gagner, d'un point de vue individuel, mais pourraient aussi développer un projet de

---

[11] Guérin, I., *Femmes et économie solidaire*, Éditions La Découverte, coll. « Recherches », Paris, 2003.

[12] Robin, J., « Quelles perspectives pour le tiers secteur, chantiers de l'économie sociale », *Le Monde diplomatique*, Paris, avril 2000.

[13] Joyal, A., *L'économie sociale et les attentes du Mouvement des femmes au Québec*, Horizon local, Université de Trois-Rivières, 1997.

société où l'offre des services essentiels pourrait être porteuse d'un autre sens que celui de la seule rationalité économique.

Et c'est peut-être dans cette perspective que deux récentes initiatives, fédérale et régionale, s'inscrivent : l'une émanant du gouvernement fédéral du Canada ; l'autre suscitée par un groupe de citoyennes et de citoyens du Nord-Est de la province du Nouveau-Brunswick. Voyons brièvement ce que l'une et l'autre recouvrent.

La première[14]. En 2004, lors de son discours du Trône, le gouvernement du Canada rappelait que « L'économie sociale, entendue comme l'ensemble des activités qui se fondent sur des valeurs démocratiques, serait une priorité ». Du même souffle, le gouvernement fédéral définissait l'économie sociale comme un champ qui recouvre « des activités qui ont comme objectif directeur de servir les besoins de la collectivité et qui se distinguent des activités du secteur public et des entreprises commerciales ». C'est ainsi que le budget fédéral devait, dès la même année, mettre particulièrement l'accent sur les entreprises d'économie sociale car, outre le fait qu'elles « [...] aident souvent les membres de groupes marginalisés sur le plan socio-économique à développer leurs capacités économiques, [...] elles répondent aussi aux demandes non satisfaites de biens et de services abordables exprimées par les collectivités moins fortunées ou les groupes communautaires. ». Par ses récentes déclarations, le discours gouvernemental s'engageait à reconnaître que « L'économie sociale peut accroître la richesse collective grâce à la production de biens et de services ainsi qu'à la création d'emplois, et renforcer le tissu social par le biais de l'engagement communautaire. » (cf. *ibid.*, p. 3).

Il nous faut noter que cette déclaration était assortie d'un budget avoisinant les 3,7 millions de dollars pour les provinces de l'Atlantique et c'est l'Agence de promotion économique pour le Canada atlantique qui aura la responsabilité de répartir ces sommes, au cours des deux et cinq prochaines années, afin d'apporter une contribution financière en vue du développement des capacités des entreprises d'économie sociale.

La deuxième initiative récente que nous voulons inscrire dans une perspective favorable aux femmes est cette fois régionale[15]. Il s'agit de la mise sur pied de la première clinique coopérative au Nouveau-

---

[14] Voir *Économie sociale et entreprises de l'économie sociale*, Document de référence servant à la consultation de groupes communautaires et d'intervenants de l'économie sociale. Consultation devant se tenir le 7 février 2005 au siège social de l'APECA – Croix-Bleue, 644, rue Main – 3e étage, Moncton, Nouveau-Brunswick.

[15] Sur ce projet, voir « La première clinique coopérative du Nouveau-Brunswick ouvrira ses portes à l'automne 2005 », Communiqué de Presse, Radio-Canada Atlantique, le 20 juillet 2005.

Brunswick qui, selon le groupe fondateur, devrait voir le jour au cours de l'automne prochain dans la municipalité de Saint-Isidore. C'est ainsi que, répondant à un besoin réel de prise en charge des problèmes en matière de santé, les membres fondateurs ont souhaité doter cette nouvelle entreprise d'économie sociale d'une structure coopérative. Les individus désireux de devenir membre devront donc, dans un premier temps, verser la somme de cent dollars au titre d'une part sociale. Par la suite, la cotisation annuelle sera de cinquante dollars.

De cette priorité accordée par le gouvernement fédéral canadien au développement de ces entreprises, nous voyons, sans excès d'optimisme, que les femmes devraient être les premières bénéficiaires. En effet, comme nous l'avons démontré dans cet article, le champ de l'économie sociale est très majoritairement investi par les femmes. Ce coup de pouce gouvernemental devrait donc leur être particulièrement destiné.

Ici aussi, les femmes devraient être les grandes bénéficiaires puisqu'elles seront concernées à plus d'un titre : comme membres fondatrices, elles sont présentes dans le groupe qui a suscité l'éclosion de cette entreprise ; comme membres employées de cette nouvelle entreprise sociale de santé ; et, bien sûr, comme membres usagères.

Cette récente initiative fut très certainement suscitée par la mise sur pied, le 25 octobre 2004, de la Coopérative de développement régional Acadie limitée[16]. Et, si nous la mentionnons dans ce texte consacré à l'économie sociale, c'est parce que de tels développements sont attribuables à la Table de concertation sur l'économie sociale de la péninsule acadienne organisée au cours de ces récentes années afin de faire face au déclin économique et démographique des régions concernées, à l'exception de Wesmorland.

En conséquence, à la faveur de ces toutes récentes initiatives, nous pensons que l'économie sociale néo-brunswickoise se trouve peut-être à la croisée des chemins où le soutien gouvernemental pourrait en effet être le garant du développement d'une nouvelle économie sociale laquelle, à son tour, pourrait permettre aux femmes d'être de réelles actrices d'un projet de société qui saurait conjuguer l'économique et le social.

---

[16] Selon les propos de son président provisoire, M. Melvin Doiron : « Une coopérative de développement régional consiste en un mécanisme autonome de concertation et d'échange entre diverses associations coopératives d'une région, et vise le développement de tout genre de coopératives ». Le territoire visé par cette coopérative comprend les régions de Madawaska-Victoria, Restigouche, Chaleur, Péninsule acadienne, Northerberland, Kent et Westmorland. Cf. Communiqué de Presse, 25 octobre 2004. Voir http://www.capacadie.com/communiques/detail.

« On est supposé être comme un *luxury chain* »

Négociations langagières du virtuel et de la distance dans un centre d'appels en Acadie

Normand LABRIE

University of Toronto, Canada

Le Nouveau-Brunswick a misé sur les nouvelles technologies et sur le bilinguisme pour transformer son économie au cours des années 1990, avec pour résultat que plusieurs milliers d'Acadiens et Acadiennes travaillent aujourd'hui dans des centres d'appels. Nous avons ici des ouvriers et des ouvrières de la communication bilingue, qui interagissent au quotidien à partir de l'Acadie avec des interlocuteurs de partout au Canada, en Amérique ou ailleurs dans le monde. Quel est l'impact des nouvelles pratiques de travail que cela suppose sur les dynamiques langagières dans l'Acadie d'aujourd'hui, que ce soit par rapport à l'usage de l'anglais, du français standard ou des formes régionales de français acadien, voire du chiac ?

Nous basant sur une étude sur le bilinguisme et la nouvelle économie au Canada, nous proposerons une analyse de données ethnographiques, sociolinguistiques et discursives recueillies dans un centre d'appels en Acadie, en vue d'expliquer quelle est l'incidence de la mondialisation et de la nouvelle économie sur les pratiques langagières par le biais des pratiques de travail. Nous examinerons ces phénomènes en nous concentrant sur le travail langagier effectué par des employé(e)s de ce centre d'appels, afin d'assurer un équilibre entre le réel et le virtuel, d'une part, et la distance et la proximité, d'autre part. Nous verrons comment ces employé(e)s se servent de leurs ressources langagières afin de réaliser ce travail de négociation nécessaire à la réussite de leurs interactions, devant mener à la réalisation de profits pour l'entreprise.

La rareté voire l'absence de programmes de formation bilingue et d'outils de travail en français, nous amène à croire que le bilinguisme est conçu par l'employeur comme une qualité innée et non pas comme une expertise professionnelle. Le travail de façade mené par les employées bilingues auprès des clients se fait en anglais et en français standard, de façon monolingue, ceci afin de faire montre de professionnalisme, ce qui devrait contribuer à garantir la rentabilité de l'entreprise. Par contre, le travail de coulisses au sein de l'entreprise se fait plus souvent au moyen du français acadien, du chiac et du bilinguisme. Le vernaculaire sert à des fins d'efficacité entre employés, mais aussi de solidarité afin de compenser l'écart social qui les sépare de leurs clients. Par ailleurs, les employés sont laissés à eux-mêmes au moment de compenser pour les contradictions découlant de la création de l'illusion de proximité géographique comme façon d'offrir un service personnalisé aux clients, et puisent à nouveau dans leurs ressources langagières pour compenser ces écarts.

I. La mondialisation et de nouvelles pratiques langagières

Plusieurs chroniqueurs intéressés par l'avenir des langues prédisent que la mondialisation mène tout droit à la disparition des langues autres que l'anglais. Or, l'analyse que nous proposons dans les pages qui suivent laisse entrevoir que la question est beaucoup plus complexe qu'il n'y paraît à première vue. La mondialisation suscite un nouvel équilibre entre les variétés linguistiques allant aussi bien dans le sens du renforcement des variétés minorées que dans celui d'une certaine hégémonie de l'anglais.

Qu'entendons-nous par mondialisation ? En fait, la mondialisation s'inscrit pour nous dans un écheveau de transformations sociopolitiques, économiques et technologiques marquant les économies occidentales développées au tournant des années 2000. La mondialisation sous-tend une circulation accrue et accélérée des biens, des personnes, des capitaux et des idées par-delà les marchés nationaux, autrefois sites d'un contrôle exercé quasi exclusivement par les États-nations. Cette circulation accrue et accélérée des biens, des personnes, des capitaux et des idées se réalise simultanément au développement de la nouvelle économie, c'est-à-dire à la prédominance du secteur tertiaire de l'économie sur les secteurs primaires et secondaires, mais aussi à la tertiarisation des activités économiques des secteurs primaires et secondaires (par exemple l'utilisation de la haute technologie dans l'artisanat de la pêche ou encore de l'ordinateur sur la chaîne de montage industrielle). La nouvelle économie se traduit aussi par ce que Castells[1] appelle l'informationalisation, c'est-à-dire par l'importance de l'information et des

[1] Castells, M., *The Rise of the Network Society*, Oxford, Blackwell, 1996.

technologies d'échange d'informations dans les rapports humains, et par l'organisation de ces échanges au moyen de réseaux dont la configuration est variable et non plus limitée à la proximité géographique. Enfin, la mondialisation coïncide aussi avec un renouveau du néolibéralisme propre au stage du capitalisme avancé. Le néolibéralisme fait référence aux transformations politiques au sein des États voulant que le politique cède la place à l'économique et que les conditions de travail soient transformées en conséquence, avec une plus grande flexibilité mais aussi avec une plus grande précarité du travail[2]. On ne sait pas encore très bien comment ces phénomènes se traduiront sur le plan des pratiques langagières, mais de premières études laissent entrevoir que l'ensemble de ces phénomènes de changement social donne lieu présentement à une atomisation et à une standardisation de la communication et des pratiques langagières[3].

S'il y a impact de la nouvelle économie sur les pratiques de travail, quel est donc son impact sur les pratiques langagières ? Dans un projet de recherche intitulé « Prise de parole II : la francophonie canadienne et la nouvelle économie mondialisée », une équipe dirigée par Monica Heller a mené une étude ethnographique alliant sociolinguistique et analyse du discours afin d'examiner une variété de secteurs économiques importants pour des communautés francophones du Canada au sein desquelles l'impact de la nouvelle économie sur les pratiques de travail et les pratiques langagières se prête à l'étude[4]. Six secteurs ont fait l'objet d'une étude ethnographique, à savoir le tourisme patrimonial, une fête annuelle de village, l'artisanat local, une ONG écologiste, une entreprise de multimédia, un centre d'appels et une entreprise pharmaceutique à rayonnement mondial. Pour cet article, nous nous concentrerons sur l'analyse des pratiques de travail et des pratiques langagières

2 Bourdieu, P., *Acts of resistance : Against the New Myths of our Time*, Cambridge, UK, Polity Press, 1998 ; Gadrey, J., *Nouvelle économie, nouveau mythe ?*, Paris, Flammarion, 2000.

3 Gee, J., Hull, G. et Lankshear, C., *The New Work Order. Behind the Language of the New Capitalism*, Boulder, Colorado, Westview Press, 1996 ; Cameron, D., *Good to Talk ? Living and Working in a Communication Culture*, Londres, Sage Publications, 2000 ; Labrie, N., « Stratégies politiques de reproduction sociale pour les communautés de langues minoritaires », *Sociolinguistica*, 16, 2002, p. 14-22 ; Heller, M. et Labrie, N., (dir.), *Discours et identités : la francité canadienne entre modernité et mondialisation*, Cortil-Wodon, Éditions modulaires européennes, 2003.

4 Heller, M., Boudreau, A., Dubois, L., Labrie, N., Lamarre, P., Meintel, D., Moïse, C. et Roy, S., « Prise de parole II : la francophonie canadienne et la nouvelle économie mondialisée », Conseil de recherches en sciences humaines du Canada, 2001-2004. Je remercie Annette Boudreau et Lise Dubois de leur critique de ce manuscrit, tout en assumant la responsabilité de lacunes qui pourraient subsister.

dans un centre d'appels situé à Moncton en Acadie, effectuant les réservations pour une chaîne internationale d'hôtels de luxe.

Dans ce centre d'appels, nous avons suivi les activités d'embauche et de formation offertes par l'entreprise aux employés. Nous avons fait de l'observation ou « *shadowing* » d'employés, menant à la rédaction de rapports d'observation (six chercheurs pendant cinq jours d'affilée du samedi au mercredi). Nous avons recueilli les enregistrements des appels correspondant aux séances d'observation. Nous avons mené des entrevues auprès des employés des diverses catégories d'emplois. Puis nous avons recueilli de la documentation papier et électronique.

La plus grande partie de nos données consiste en du discours que nous concevons à la fois, tant dans son contenu que dans sa forme, comme action sociale, moyen de construction des réalités sociales et expression du positionnement des acteurs sociaux. Le discours est créateur et constitutif de la réalité. Tout en exprimant des contenus, le discours est matérialisé, c'est-à-dire que ces contenus sont mis en forme par les acteurs sociaux au moyen des ressources langagières à leur disposition, des ressources qui sont elles-mêmes tributaires de leur positionnement social. Qui prend la parole, ce que l'on dit et la façon de le dire sont indicateurs des luttes sociales, d'enjeux et de processus sociaux ayant cours dans les groupes sociaux. En s'inspirant de Bourdieu[5], on peut considérer que ces luttes sociales consistent plus précisément, pour des individus et pour des groupes sociaux, à se servir de leur capital social, culturel et linguistique en vue d'avoir accès à la production et à la distribution des ressources matérielles et symboliques[6].

Pour cet article nous nous concentrerons principalement sur des données recueillies lors des séances de « *shadowing* » à partir de notes personnelles prises durant les observations en examinant des interactions des téléphonistes avec une variété d'interlocuteurs, à savoir des clients, des employés des établissements hôteliers, les chercheurs, des collègues du pont (plate-forme de supervision des appels et de dépannage des téléphonistes) et des collègues sur le plancher. Divers niveaux de formalité marquent ces interactions, les unes correspondant davantage à un travail de façade (interactions téléphonistes-clients), les autres à un travail de coulisses (entre téléphonistes, avec les employés du pont, avec les employés des établissements hôteliers, avec les agents de voyage, avec les chercheurs).

---

5 Bourdieu, P., *La distinction : Critique sociale du jugement*, Paris, Les Éditions de Minuit, 1979 ; Bourdieu, P., *Ce que parler veut dire*, Paris, Fayard, 1982.

6 Heller, M. et Labrie, N., (dir.), *Discours et identités : la francité canadienne entre modernité et mondialisation*, Cortil-Wodon, Éditions modulaires européennes, 2003.

II. Le centre d'appels des hôtels Zenith en Acadie

Selon le recensement canadien de 2001[7], l'agglomération de recensement de Moncton comptait une population de 117 727 personnes. Entre 1996 et 2001, la population s'y est accrue de 3,7 %, comparativement à un déclin de 1,2 % pour l'ensemble de la province. Ainsi, l'agglomération de Moncton connaît une croissance démographique, contrairement au Nouveau-Brunswick, ce qui s'explique par la transformation réussie de l'économie locale et par le phénomène d'urbanisation qui s'y rattache.

Les données linguistiques de ce recensement indiquent que la(es) première(s) langue(s) parlée(s) et encore comprise(s) est(sont) répartie(s) comme suit dans l'ensemble de la population de 115 815 personnes pour lesquelles des données sont fournies : anglais seulement 74 450 (64 %), français seulement 38 710 (33 %), anglais et français 1 205 (1 %), et autres langues 1 445 (1,2 %). La population dont la première langue parlée et encore comprise est le français, représente donc le tiers de la population, tandis que celle indiquant avoir les deux langues comme premières langues parlées et encore comprises, à savoir des personnes qui seraient bilingues depuis leur plus jeune âge, ne représente que 1 % de l'ensemble de la population.

Par contre, si l'on considère la langue utilisée au travail, alors que 60 % de la population de cette région a occupé un emploi entre 2000 et la date du recensement, 55 205 personnes actives ou 78 % utilisent surtout l'anglais au travail, tandis que seulement 11 085 personnes ou 15,8 % affirment utiliser surtout le français. Pour ce qui est des bilingues, trois fois plus de personnes indiquent qu'elles utilisent les deux langues au travail qu'il n'y en a considérant avoir les deux langues comme langues premières, à savoir 3 650 personnes, ce qui équivaut à 5 % de la force de travail.

Selon des données colligées par les collègues acadiennes de l'équipe de recherche, en 1994, 84 % des gens de la région de Moncton détenant un emploi travaillaient dans le secteur tertiaire. En 2002, il y avait trente-trois centres d'appels dans le Grand Moncton, représentant 5 197 emplois, et des annonces avaient été faites concernant la création de 500 nouveaux postes.

La chaîne d'hôtels Zenith comptait au moment de l'enquête trente-sept hôtels de luxe répartis au Canada, aux États-Unis, au Mexique, aux Bermudes, à la Barbade et ailleurs dans le monde. Cette chaîne d'hôtels vise une clientèle fortunée disposant de revenus annuels de plus de 150 000 US dollars. Le centre international de réservations de cette chaîne d'hôtels, qui se situe dans la périphérie de la ville de Moncton,

[7] www.statcan.ca.

compte 240 employés. Le taux de roulement du personnel dans ce centre d'appels se situe autour de 20 % sur une base annuelle, comparé à plus de 100 % dans plusieurs autres centres d'appels de la région[8].

La majorité des employés sont des téléphonistes, mais il y a aussi des « coachs » ou responsables d'équipe, des superviseurs, des concierges, des agents spécialisés et des managers. Le téléphoniste typique est une jeune femme de vingt-cinq ans ayant complété des études post-secondaires, gagnant un salaire approximatif de 10 dollars l'heure, auquel s'ajoute une prime au bilinguisme de 0,25 dollars de l'heure. Une téléphoniste à temps plein a donc un revenu au moins dix fois inférieur à celui du client typique.

Le centre d'appels est opérationnel 24 heures par jour, 365 jours par an avec des pointes d'activité plus intense correspondant aux heures d'affluence des cinq fuseaux horaires nord-américains, sans compter les appels internationaux. Il répond en moyenne à huit mille appels par jour, dont 10 % sont en français. Dans l'ensemble, ceux-ci sont d'une durée moyenne de 260 secondes. Il s'agit de trois millions d'appels par année, dont deux millions résultent en des réservations (une réservation signifiant un engagement financier de la part du client au moyen d'un numéro de carte de crédit, sauf annulation soumise à des règles prédéterminées par l'entreprise).

III. La négociation de contradictions liées au virtuel et à la distance

Pour les analyses qui suivent, nous nous concentrerons sur le travail langagier de négociation, effectué par des employé(e)s de ce centre d'appels, afin de combler l'écart entre le virtuel et le réel, d'une part, et la distance et la proximité, d'autre part. Nous verrons comment ces employé(e)s se servent, entre autres, de leurs ressources langagières afin de réaliser le travail de négociation nécessaire à la réussite de leurs interactions devant aboutir à la réalisation de profits par l'entreprise.

Plusieurs contraintes régissent ce travail langagier effectué par les téléphonistes, dont principalement des impératifs économiques de rentabilité et de standardisation. Le travail des téléphonistes est accompli dans un environnement virtuel au moyen de la technologie téléphonique

---

[8] La fidélité des employés s'explique par la qualité du produit à vendre, par les incitatifs offerts par la compagnie tels que des séjours à prix réduits dans les hôtels de la chaîne, ainsi que par la nature « inbound » des appels, comparée à celle « outbound » de plusieurs autres centres d'appels. Des appels « inbound » correspondent à des appels effectués par des clients pour se procurer des services, tandis que des appels « outbound » sont des appels placés par des téléphonistes, soit pour vendre un produit soit pour réclamer le paiement de produits ou services déjà fournis.

et informatique, et à distance géographique tant des clients que des établissements hôteliers. Qui plus est, la distance sociale les séparant de la clientèle est notable. Afin d'offrir un service personnalisé à des clients fortunés et exigeants, les téléphonistes doivent faire preuve de créativité pour créer une illusion de réel et de proximité géographique (et sociale jusqu'à un certain point).

Plusieurs stratégies sont mises en place, soit par l'entreprise soit par les téléphonistes elles-mêmes, visant à compenser l'écart entre le virtuel et le réel et à combler la distance géographique et sociale. Il s'agit de stratégies informatiques, informationnelles, mnémoniques, expérientielles (avec la possibilité pour les employés de visiter les hôtels), interactionnelles et langagières. Ces deux derniers types de stratégies nous intéressent particulièrement dans la suite de cet article.

Bien que chaque appel varie l'un de l'autre, les appels suivent généralement un script préétabli par l'entreprise. Un appel canonique débute par des préliminaires automatisés, où un écran informatique apparaît avec des informations pertinentes compte tenu de l'origine de l'appel, reconnue au moyen du code téléphonique régional, et compte tenu de l'hôtel de destination, identifié au moyen du numéro de téléphone signalé par le client. Selon l'origine de l'appel et l'hôtel de destination, l'ordinateur sélectionne une téléphoniste disponible et compétente et il lui propose sur son écran une formule monolingue ou bilingue de salutation mentionnant le nom de l'hôtel de destination et adaptée au fuseau horaire (« Bonjour », « Bonsoir », etc.). La formule de salutation est en anglais, sauf si l'appel provient d'un code régional identifié comme francophone, ou si l'hôtel de destination se situe au Québec, auquel cas la formule est bilingue (« Bonjour, hôtel Zenith Vieux Québec, mon nom est Jane, *how may I help you ?* »).

Vient ensuite l'interaction comme telle, devant permettre à la téléphoniste de procéder à diverses opérations comme l'obtention et la saisie de renseignements, la réservation et la vente de prestations additionnelles non requises à l'origine par le client, et enfin la correspondance par courrier électronique, soit avec le client soit avec l'hôtel de destination. Lors de l'interaction, la téléphoniste doit pouvoir parler de l'hôtel et des prestations offertes, mais aussi d'autres sujets comme la météo actuelle (fournie à l'écran de l'ordinateur), les activités culturelles présentées en ville, les modes de déplacement, etc. Le tout doit être fait avec professionnalisme et de façon personnalisée. La trame générale de l'interaction de façade principale entre la téléphoniste et le client est souvent intercalée d'interactions de coulisses secondaires entre la téléphoniste et ses collègues du centre d'appels ou des établissements de destination, afin de vérifier des informations ou de faire des arrangements (par exemple, réserver une table au restaurant de l'hôtel, commander des billets de théâtre, etc.).

Pour le travail de façade avec les clients, 90 % des appels sont conduits en anglais de façon monolingue, sauf si l'interaction est aussi intercalée d'un travail en coulisses. Par contre, les 10 % d'appels en français sont nécessairement conduits de façon bilingue, du moins pour la téléphoniste, qui doit s'engager dans une série d'opérations simultanées. Il s'agit pour elle de procéder à l'écoute du client en français, de la recherche et de la lecture d'informations qui apparaissent à l'écran principalement en anglais, de l'énonciation en français et de la rédaction d'informations et de courriers électroniques parfois en français à l'intention des clients, mais le plus souvent en anglais à des fins internes. Or, aucun programme de formation n'est offert pour remplir ce genre d'activité bilingue, et très peu d'outils de travail en français sont fournis. Il semble donc que le travail bilingue des téléphonistes n'est pas reconnu comme une expertise professionnelle, mais bien comme une qualité innée de la personne, celle-ci étant rémunérée en conséquence (*i.e.* un supplément de 25 cents l'heure).

Examinons une interaction de coulisses entre une téléphoniste (Gisèle) et le superviseur du pont (Jacques) où ce travail bilingue est apparent[9]. Cette interaction se trouve en aparté pendant qu'une cliente attend au bout du fil. Gisèle est censée se trouver au Zenith Mont-Tremblant et, par conséquent, savoir si oui ou non il y a une galerie d'art à l'hôtel :

---

[9] Conventions de transcription (tous les noms sont remplacés par des pseudonymes) :
– nous avons respecté plus ou moins l'orthographe, sauf tous les cas qui indiquent des traits diagnostiques, en particulier dans la morphologie. Exemple : j' va, i' sontaient,
– pas de ponctuation ; il n'y a donc pas de . , ; :
– l'allongement syllabique indiqué par :
– l'accentuation dans le discours – par des majuscules. Exemple : on a passé une BELLE soirée
– intonation ! ?
– les pauses : / – pause courte, // – pause légèrement plus longue, /// – pause plus longue, / [5sec.] – pause de 5 secondes
– commentaires métadiscursifs en [...]. Ex. : [surprise], [rire], [bruit de porte]
– séquences non compréhensibles : (X) – séquence courte, (XX) – séquence plus longue, (XXX) – séquence de plusieurs mots (X 4 sec.) – séquence de 4 secondes, (morX) – incertitude
– chevauchement (parlé simultané de deux ou de plusieurs personnes) – indiqué par _ …_.
Ex. : _je pense _
_ mais moi _

Gisèle : Jacques, le Mont-Tremblant, y a-t-i' une galerie d'art ?

Jacques : I' devrait oui. J'vas chercher. La réponse se trouve dans « *Guest Services – Shops* » sur l'écran.

On voit ici que l'interaction entre collègues se fait en français, mais que le support informatique étant en anglais ce sont les termes anglais qui sont employés pour ce travail de coulisse (soulignés dans le texte). Or, les téléphonistes tentent autant que possible d'éviter ce genre d'interaction bilingue dans leurs interactions de façade avec les clients, ce qui est difficile compte tenu de leur environnement de travail.

Selon le type d'interaction, et le degré de formalité qui s'y rattache, on observe divers types de pratiques langagières. Le travail de façade téléphoniste-client fait appel en général au monolinguisme, à l'usage de la langue standard et au recours à un registre formel (bien que parfois légèrement familier de façon à trouver un équilibre entre l'expression du professionnalisme et l'offre d'un service personnalisé). Le travail de coulisse entre les téléphonistes et les interlocuteurs externes (employés des établissements hôteliers, agents de voyage, chercheurs) fait appel au monolinguisme ou au bilinguisme, à l'usage de la langue standard et à un registre plus nettement familier. Enfin, le travail de coulisse entre les téléphonistes et les interlocuteurs internes (collègues sur le plancher, « coachs », superviseurs, management) est plutôt réalisé au moyen du bilinguisme, de l'usage du vernaculaire et du recours à un registre familier. Or, parmi toutes ces pratiques langagières, la plus grande difficulté réside dans l'emploi du français standard, ce qui amène les téléphonistes à développer des stratégies de compensation, comme nous le verrons dans la section qui suit. L'une de ces stratégies consiste à trouver des moyens d'ajouter le français standard à son répertoire linguistique.

IV. L'ajout du français standard à son répertoire

Pour plusieurs employées originaires d'Acadie, le français standard est une variété peu familière, qu'il faut s'approprier pour pouvoir mener des échanges réussis avec les clients de langue française. Non seulement la langue standard est-elle peu familière mais il n'y a pas d'identification à cette variété linguistique. Dans l'extrait qui suit, Fannie, que j'observais, s'adresse à moi à la conclusion d'un appel mené en français avec un client du Québec :

I' parlont vite les Français

Fannie, qui se sent nécessairement observée et peut-être même jugée par moi à titre de chercheur, indique de cette façon que si elle a des problèmes pour comprendre les francophones, c'est parce qu'ils parlent vite et, par conséquent, il se peut qu'elle ne performe pas aussi bien en français qu'en anglais. Elle indique aussi qu'elle ne se considère pas comme faisant partie des « Français », mais qu'elle est plutôt acadienne, ce qu'elle fait en créant la catégorie « les Français » dont elle se dissocie et en utilisant le marqueur morphologique typique du français acadien, à la troisième personne pluriel en « -ont », la rendant reconnaissable comme acadienne.

L'élargissement du répertoire des téléphonistes visant à y ajouter le français standard se produit en effet avec le temps au fur et à mesure que celles-ci acquièrent l'expérience des interactions en français. Une téléphoniste, Christine, explique en entrevue avec les collègues d'Acadie comment elle s'y est prise au début pour négocier l'emploi du français standard avec ses clients, alors qu'elle n'était pas confiante en ses compétences linguistiques :

> Christine : au début lorsque j'ai commencé quand même là / mon pre / pas / malgré que je suis française / ça faisait des années que j'avais pas parlé français / pis / couramment c'est / lorsque j'ai commencé c'était ah my god je paniquais hein je pensais je peux avoir une appel française pis là je vas pas pouvoir dire la / la la la le bon français steure
>
> Lise : oui
>
> Christine : ah pis ma petite histoire était [rires] / j'ai dit ça à tout le monde / touT les jeunes qui commençont / je disais / ah euh je suis anglaise / mais j'essaie de parler le français / si vous si je fais des erreurs s'il-vous-plaît corrigez-moi / ma / mes appels que j'avais ah après ils disaient ah vous parlez bien français donc vous avez pas fait d'erreurs / mais continuez / ils m'encou / ils m'encourageaient là / tout ce temps-là j'étais française
>
> Lise : oui oui
>
> Christine : mais j'avais trop peur de parler le français parce que mon français était /il était le chiac /

On voit dans cet extrait quelques traces (soulignées dans le texte) de l'identification au chiac. La stratégie adoptée par Christine consiste à se faire passer pour une anglophone locutrice du français langue seconde afin de s'attirer l'indulgence des clients francophones, pour progressivement devenir plus à l'aise en français standard.

Examinons un bref échange entre deux téléphonistes qui donne une bonne idée de ce que l'on entend par « chiac ». Très souvent, les téléphonistes des modules voisins n'ont que quelques secondes entre deux appels. Les interactions entre elles sont donc nécessairement très courtes, d'autant plus que la probabilité que toutes deux soient disponibles au même moment est plutôt rare. Pendant les cinq jours d'observation, le temps de répit entre deux appels variait généralement entre deux secondes et deux minutes. Ici, entre deux appels, Martina, que j'observais, et sa voisine parlent d'une partie de hockey à laquelle le conjoint de Martina a participé pendant le week-end :

Martina : I' dit : j'commençais juste à m'*warm*er *up*

Sa voisine : Quand est-ce que vous allez prendre un *drink* ?

Martina : Ben, pas c'te semaine, *next week maybe*

On voit dans cet extrait une trame discursive de langue française, intercalée d'emprunts et d'alternances de code (soulignés dans le texte), caractéristique de ce qu'on appelle le chiac (bien qu'il existe aussi d'autres traits typiques du chiac), qui représente la variété familière utilisée par plusieurs téléphonistes entre elles.

Nous venons de voir que les téléphonistes développent leur répertoire pour y ajouter le français standard et qu'elles peuvent avoir recours à des stratégies créatives pour y parvenir. Nous verrons dans les sections suivantes que peu importe la langue parlée, d'autres stratégies langagières subtiles permettent aux téléphonistes de composer avec les contradictions dans lesquelles elles effectuent leur travail.

V. La création de l'illusion de proximité géographique

Afin d'offrir un service personnalisé aux clients, les téléphonistes sont incitées à faire implicitement comme si elles se trouvaient à l'hôtel de destination et à ne dévoiler de façon explicite qu'elles se trouvent dans un centre d'appels uniquement que si cela est nécessaire. Ainsi, sans mentir, les téléphonistes ont recours à des procédés discursifs subtils, comme ici Martina dans un échange avec un client qui fait des réservations au Zenith Manhattan. Elle se sert dans cet extrait d'un déictique qu'elle laisse dans l'ambiguïté :

Are you *here* for business ?

On peut observer le même procédé dans l'extrait suivant, mais dans ce cas-ci en français, toujours utilisé par Martina qui a de la difficulté à trouver une chambre disponible au Zenith Montebello :

Ici au Zenith Montebello c'est très dur

Le déictique « *here* » ou « ici » donne à croire au client que la téléphoniste se trouve sur place à l'hôtel, tandis que pour la téléphoniste il réfère uniquement à son environnement informatique.

Or il arrive parfois que l'illusion de proximité géographique ne soit pas soutenable pour différentes raisons, d'où la nécessité pour la téléphoniste de contrer cette illusion, comme Alda qui, dans l'extrait suivant, s'adresse à un client qui a téléphoné au numéro sans frais 1-800 de la chaîne d'hôtels pensant qu'il appelait directement au Zenith Victoria pour vérifier sa réservation, et qui exprime son impatience vis-à-vis de Martina qui lui demande de préciser à quel hôtel il téléphone :

I represent 40 hotels *here*

Sans mentionner explicitement qu'elle se trouve dans un centre d'appels, Alda emploie le même déictique que Martina employait précédemment sans préciser à quoi ce déictique se réfère.

La négociation de l'illusion de proximité géographique est particulièrement difficile à conduire dans plusieurs interactions de façade, car elle demande plus que des habiletés langagières. Elle exige aussi d'utiliser subtilement le langage afin de combler les lacunes en matière d'information, comme Martina qui s'adresse ici au chercheur au sujet d'une cliente qui veut connaître la distance de marche entre un hôtel voisin du Zenith Montréal et une station de métro en particulier :

Faut touT qu'on save

Les téléphonistes sont laissées à elles-mêmes et ne peuvent compter que sur leur créativité et leur débrouillardise pour faire preuve du haut niveau de professionnalisme qui est attendu d'elles compte tenu de leur éloignement géographique et de leur environnement virtuel. Elles doivent faire de même en ce qui concerne la distance sociale qui les sépare de leurs clients à qui elles doivent offrir un service personnalisé.

VI. Un service personnalisé : entre distance sociale et solidarité

Offrir un service personnalisé suppose que, tout en employant une variété standard de langue, le recours à un registre légèrement familier puisse aussi être approprié. La distance sociale existant entre le client et la téléphoniste est ainsi légèrement réduite. Dans l'extrait qui suit, un client indécis entre une chambre avec vue sur le parlement ou sur un plan d'eau demande à Fannie ce qu'elle en pense. Ne faisant pas un secret du fait qu'elle ne se trouve pas sur les lieux, elle lui dit qu'elle recommande le côté parlement, puisque celui-ci est illuminé à cette période de l'année :

Client : What do you think ?

Fannie : I was there six weeks ago

On a l'impression dans cet échange d'un discours égalitaire entre deux individus qui ont en commun de fréquenter le même hôtel Zenith.

Mais il demeure qu'une distance sociale importante sépare les téléphonistes de leurs clients, et celle-ci fait surface régulièrement lors des interactions. Par exemple, dans l'extrait qui suit, une cliente britannique cherche à obtenir un surclassement pour une chambre de catégorie supérieure au Zenith Manhattan. Compte tenu des règles contractuelles du forfait de voyage qu'elle a déjà acheté, ce surclassement n'est uniquement possible que si elle consent à passer de la classe économique à la classe affaires pour la totalité du voyage, incluant son vol, ce qui est possible pour un supplément de 3 000 livres sterling. Dans son interaction avec la téléphoniste, la cliente répète :

It's a nightmare… Nightmare… What a nightmare !

En fait, la téléphoniste ne peut rien faire pour sortir la cliente de ce cauchemar. Elle ne peut que faire preuve d'empathie et l'écouter exprimer son désarroi. La distance sociale qui sépare les téléphonistes de leurs clients est apparente dans plusieurs interactions, comme dans l'extrait suivant dans lequel Martina s'adresse à moi au sujet d'un client qui vient de réserver une suite à 1 000 US dollars par jour pour cinq nuits au Zenith Manhattan :

On n'a pas le même boulot là

En fait, j'avais demandé auparavant à Martina ce que son mari faisait comme profession, et elle m'avait répondu :

'I' pêche du homard

Employée de centre d'appels, Martina partage donc sa journée entre sa vie domestique avec un conjoint occupant le métier traditionnel de la pêche et sa vie professionnelle qui l'amène à interagir avec des gens disposant de revenus nettement supérieurs.

Une façon de compenser pour cet écart social consiste à ce que je décrirais comme une antagonisation des clients par les téléphonistes dans leurs échanges entre elles. Par exemple, pendant les quelques secondes dont elle dispose entre deux appels, Martina passe un commentaire à une collègue au sujet de l'appel qu'elle vient de clore dans lequel un client a fait la réservation d'une suite de deux chambres au Zenith Manhattan à 945 US dollars, insistant pour que la suite dispose de deux salles de bain, ainsi qu'exigé par sa compagne de voyage :

I' amène sa girlfriend. I' a pris sa two bedroom suite. A' voulait sa own bathroom

Dans cet énoncé laconique, Martina exprime sa désapprobation envers les exigences posées par la compagne du client, et crée ainsi des liens de solidarité avec sa collègue de travail. Il est intéressant de remarquer par ailleurs qu'elle ne désapprouve pas tant le client de se soumettre à de telles exigences que sa compagne de les poser. L'emploi du chiac est ici particulièrement approprié pour manifester cette désolidarisation envers une femme de classe sociale élevée et sa solidarité envers une collègue qui partage sa propre condition sociale comme employée de centre d'appels.

Pour d'autres interactions de coulisses, avec des professionnels de l'industrie hôtelière et du tourisme, la solidarité est exprimée au moyen de variétés standards mais aussi par un registre familier. Dans l'extrait qui suit, Fannie s'adresse à un agent de voyage au sujet d'une cliente qui a besoin d'une chambre pour quelques heures au Zenith Vancouver avant de monter sur un bateau de croisière :

I wished we could get out too

Ici la solidarité est exprimée au moyen du pronom personnel « *we* », relativement inattendu puisqu'il s'agit de deux personnes, une femme et un homme, qui ne se connaissent pas et qui évoquent leur improbable départ en croisière, leur profession les retenant à terre afin de permettre aux gens fortunés de voyager.

Cette même expression de solidarité est exprimée par Alda qui s'adresse au concierge du Zenith Manhattan, qu'elle appelle pour effectuer une réservation au restaurant.

Hi Joe, are you feeling better today

Alda parle à cet employé du Zenith Manhattan sur une base quotidienne (elle me dit en aparté qu'il avait un « *hangover* » la veille), puisqu'elle se spécialise sur cet hôtel où elle a séjourné. Par conséquent, elle y connaît les gens personnellement. En fait, malgré qu'elle vive à Moncton, elle passe virtuellement la majorité de son temps de travail au Zenith Manhattan.

Dans les interactions de façade, le professionnalisme des prestations requiert l'usage de variétés standards, en même temps que l'offre d'un service personnalisé invite à faire appel à un registre légèrement familier. Mais l'écart social qui sépare les téléphonistes des clients refait souvent surface dans le cadre des interactions. Des stratégies de compensation sont à l'œuvre dans les interactions de coulisses pour combler cet écart social, d'une part avec les professionnels de l'industrie par l'usage d'un registre familier et surtout avec les pairs avec qui le chiac sert à exprimer une solidarité de classe sociale. Comme nous le verrons dans la dernière partie des analyses, le chiac sert aussi à réaliser le travail de coulisses avec efficacité.

VII. L'efficacité et la solidarité

Pour les interactions de coulisses, le vernaculaire sert aux employés à faire preuve d'une plus grande efficacité, lorsqu'ils collaborent afin de solutionner rapidement des problèmes. C'est le cas dans l'extrait suivant, dans lequel Alda s'adresse à un collègue du pont, car elle se trouve en désaccord avec une cliente au sujet de la grandeur des chambres en lien avec leur prix, du fait d'informations contradictoires fournies entre le site web accessible au public auquel la cliente fait référence et ses propres informations fournies par le site intranet de l'entreprise :

> I' ont pas changé le size des chambres, i' l'ont rebrandé

Le vernaculaire lui sert pour discuter rapidement de contradictions internes avec ses collègues du pont, pour pouvoir ensuite fournir des informations exactes à sa cliente, ce qu'elle fera en anglais.

Le vernaculaire peut aussi servir à établir la solidarité entre collègues, comme ici Alda qui s'en sert encore avec ses collègues du pont qu'elle informe d'un appel qui vient de se conclure sur un échec. En fait, la cliente a demandé deux chambres communicantes à l'hôtel Zenith Toronto, où Alda était censée se trouver, mais selon les informations dont Alda disposait sur le site intranet, l'hôtel ne disposait pas de chambres communicantes, ce que la cliente a contesté en indiquant qu'elle en était convaincue puisqu'elle fréquente régulièrement l'hôtel. Alda avait mis la cliente en attente pendant qu'elle cherchait des informations sur ordinateur. Lorsqu'elle a repris l'appel, la cliente avait raccroché :

> A cliente était kind of pissed off. Était gone

Dans cet extrait, Alda prévient le pont en cas de plainte, et c'est au moyen du vernaculaire qu'elle le fait, renforçant ainsi la solidarité entre employés.

Conclusion

On vient de le voir, pour effectuer leur travail de manière professionnelle, les téléphonistes doivent composer avec plusieurs contradictions internes liées au virtuel et à la distance, qu'elles négocient, en l'absence d'outils adéquats, de façon subtile au moyen des ressources langagières dont elles disposent. L'une des téléphonistes observées, Alda, a bien synthétisé la position difficile dans laquelle elle opérait alors qu'elle me dit :

> I' changent le site web, c'est pas juste, on est supposé être comme un luxury chain

Elle me signale ainsi qu'il y a des incohérences au sein même de cette chaîne d'hôtels de luxe. Les téléphonistes doivent faire preuve de professionnalisme malgré ces incohérences, sans toutefois disposer des outils adéquats.

Comme dans beaucoup de centres d'appels en Acadie et ailleurs dans le monde, le centre de réservations de la chaîne d'hôtels de luxe Zenith nécessite la collaboration d'employés qui sont habiles en communication et qui détiennent des compétences bilingues. Or, la rareté des outils en français mis à la disposition des employés et l'absence de programme de formation spécifique à la réalisation de leur travail en français ou de façon bilingue font croire que le bilinguisme est conçu par l'entreprise comme une qualité innée plutôt que comme une expertise professionnelle.

Afin d'assurer la rentabilité de l'entreprise, d'autant plus qu'il s'agit d'une chaîne d'hôtels de luxe où les clients n'hésitent pas à payer le prix, tant l'entreprise que ses employés sont forcés de faire preuve de professionnalisme. Une façon de manifester ce professionnalisme consiste à fournir des informations standardisées, à utiliser des variétés standards de l'anglais ou du français et à avoir recours à un registre relativement formel, tout en faisant bien attention d'offrir un service personnalisé, de façon à ce que le client sente toute l'attention et l'intérêt qu'on lui porte et qu'il sente que des liens personnels le rattachent à l'établissement où il choisit d'être hébergé.

Les employés doivent sans cesse composer avec des contradictions compte tenu de leur environnement de travail virtuel, de la distance géographique qui les sépare de leurs clients et des établissements hôteliers de destination et de la distance sociale qui les sépare des clients avec lesquels ils tentent d'établir une relation personnalisée. Pour combler ces contradictions, les téléphonistes ont recours à des stratégies interactionnelles et linguistiques, qu'elles prennent d'elles-mêmes l'initiative de mettre en œuvre, incluant la manipulation des registres et l'activation des diverses composantes de leur répertoire linguistique.

Dans les interactions de façade avec les clients, elles favorisent le monolinguisme, que ce soit avec l'anglais ou le français standard, ainsi que le recours à un registre relativement formel, tout en laissant de la place à une interaction personnalisée, donc parfois légèrement familière. Dans les interactions de coulisse avec des interlocuteurs extérieurs au centre d'appels, elles privilégient soit le monolinguisme ou le bilinguisme dépendamment des langues parlées par l'interlocuteur, la variété standard et un registre davantage familier. Lorsqu'il s'agit d'interlocuteurs internes au centre d'appels, leurs pratiques langagières donnent préséance au bilinguisme, au recours au français acadien ou au chiac, et à l'usage d'un registre familier.

Pour des raisons d'efficacité dans l'exercice du travail et de manifestation de solidarité entre employés, le bilinguisme fait néanmoins partie des pratiques langagières habituelles, ainsi que l'usage du vernaculaire et le recours à des registres plus familiers.

La complexité et la subtilité des pratiques langagières que ces téléphonistes acadiennes développent dans l'exercice de leur travail les amènent à élargir leur répertoire linguistique, y inclus le français standard, tout en maintenant leur usage intensif de l'anglais, car il ne faut pas oublier que 90 % de leurs appels sont produits dans cette langue. Mais leur travail les amène aussi à développer leur français standard à force de négocier avec des clients francophones, et il les incite à renforcer leur usage du vernaculaire que ce soit pour des raisons d'efficacité ou en guise d'expression de solidarité entre collègues de travail visant à compenser l'écart social qui les démarque de leur clientèle. Boudreau et Dubois[10] et Dubois et Leblanc-Côté[11] considèrent par contre que l'emploi du vernaculaire sert d'abord et avant tout à se démarquer des collègues de langue anglaise. En somme, dans le cas de ce centre d'appels en Acadie, la mondialisation se traduit non seulement par la prédominance de l'anglais mais aussi par l'addition du français standard et par la consolidation du vernaculaire dans le répertoire de ces ouvriers et ouvrières de la communication bilingue.

---

10 Boudreau, A. et Dubois, L., « Bilingualism and the new economy in Moncton, New Brunswick : Good morning Moncton bonjour », 5th International Symposium on Bilingualism, Barcelona, 20-23 mars 2005.

11 Dubois, L. et Côté-Leblanc, M., « The management of standard and non standard varieties in the new economy workplace », Sociolinguistics Symposium 15, Newcastle upon Tyne, 1-4 avril 2004.

Présentation des contributeurs

Greg Allain est professeur titulaire au Département de sociologie de l'Université de Moncton. Il détient un Ph.D. en sociologie de la University of California, Santa Barbara. Il s'intéresse à la société acadienne et à ses réseaux associatifs, de même qu'à la vitalité des communautés francophones minoritaires en milieu urbain. Il est l'auteur d'une trentaine d'articles scientifiques et de chapitres de livres, ainsi que de trois ouvrages, avec l'historien Maurice Basque, sur les communautés acadiennes à Saint-Jean, Fredericton et Miramichi, au Nouveau-Brunswick, parus en 2001, 2003 et 2005. Parmi ses textes récents, signalons « La 'nouvelle capitale acadienne' ? Les entrepreneurs acadiens et la croissance récente du Grand Moncton », *Francophonies d'Amérique*, n° 19, printemps 2005, 19-43 ; « Les sociologues et l'Acadie: l'évolution des regards sociologiques sur l'Acadie », dans Marie-Linda Lord (dir.), *L'émergence et la reconnaissance des études acadiennes: à la rencontre de Soi et de l'Autre*, Association internationale des études acadiennes, Moncton, 2005, 113-36 ; et « Les conditions de la vitalité socioculturelle chez les minorités francophones en milieu urbain : deux cas en Acadie du Nouveau-Brunswick », *Francophonies d'Amérique*, n° 20, automne 2005, 133-46.

Réal Allard a été professeur à l'Université de Moncton de 1969 à 1997 et directeur du Centre de recherche et de développement en éducation (CRDE) de 1991 à 2003. Il est depuis 1997 professeur associé à l'Université de Moncton. Chercheur associé au *CRDE* depuis 2003 et à l'Institut canadien de recherche sur les minorités linguistiques depuis 2005, il est actif en recherche avec le Groupe de recherche ViLeC (Vitalité de la langue et de la culture). Ses publications ont porté sur la vitalité ethnolinguistique subjective, le désir d'intégration, l'identité ethnolinguistique, le vécu ethnolangagier conscientisant et le comportement ethnolangagier engagé en milieu francophone minoritaire. En 2003, ont été publiées sous sa direction les *Actes du colloque pancanadien sur la recherche en éducation en milieu francophone minoritaire : Bilan et prospectives*.

Mathieu Audet est étudiant en économie locale et régionale à l'Université de Sherbrooke. Il s'intéresse particulièrement aux innovations et aux dynamiques territoriales tant dans territoires urbains que ruraux. Il a fait partie de l'équipe de la Chaire d'études K.-C. Irving en développement durable. Ses intérêts portent sur l'économie régionale et les programmes de développement.

Joel Belliveau est doctorant en histoire à l'Université de Montréal et enseigne l'histoire et la sociologie au campus d'Edmundston de l'Université de Moncton (Nouveau-Brunswick). Il s'intéresse aux minorités ethnoculturelles et aux petites sociétés, particulièrement aux rapports changeants que leurs composantes entretiennent avec la modernité et avec « l'Autre ». Ses articles tentent en général de favoriser des rapprochements entre les historiographies acadienne, québécoise et canadienne.

Herménégilde Chiasson, lieutenant-gouverneur du Nouveau-Brunswick depuis 2003, est poète mais aussi cinéaste, artiste visuel et dramaturge. Il a son actif plusieurs titres de poésie et plus d'une vingtaine de pièces de théâtre. Il a réalisé plus d'une quinzaine de films et a exposé ses œuvres dans de nombreuses galeries. Reconnu sur le plan international, considéré comme l'un des plus grands poètes du Canada français, il incarne la situation culturelle acadienne, prise entre traditions et modernité. Récipiendaire de plusieurs prix dont celui France-Acadie en 1991 pour *Vous* et le Prix du Gouverneur général du Canada pour *Conversations* en 1999, il a été nommé Chevalier des Arts et des Lettres par le gouvernement français et en 1993, il recevait l'Ordre des francophones d'Amérique. Quelques titres parus en poésie : *Actions* (2000), *Lieux provisoires* (1998) et *Climats* (1996).

Omer Chouinard est professeur de sociologie et directeur du programme de la Maîtrise en études de l'environnement (MÉE) à l'Université de Moncton. Il est cochercheur dans des réseaux de recherche pan canadien financés par le Conseil de recherches en sciences humaines du Canada (CRSH) sur les *initiatives de la Nouvelle économie rurale* et sur *l'Économie sociale et la durabilité*. Il est aussi cochercheur dans un projet international de renforcement institutionnel intitulé la *gestion des écosystèmes basés sur les communautés au Burkina Faso*. Ce projet est financé par l'Agence canadienne de développement international (ACDI).

Kénel Delusca est gradué de la Maîtrise en études de l'environnement à l'Université de Moncton. Il a enseigné quatre ans à l'Université Quesquéya en Haïti et travaillé deux ans à titre de professionnel de recherche à l'Université de Moncton sur les effets de l'augmentation du niveau de la mer dans le sud-est du Nouveau-Brunswick. Il complète actuellement un doctorat à l'Université de Montréal sur les effets des changements climatiques sur l'agriculture au Québec.

Kenneth Deveau est professeur adjoint au département des sciences de l'éducation de l'Université Sainte-Anne et chercheur associé à l'Institut canadien de recherche sur les minorités linguistiques. Il s'intéresse à la vitalité ethnolinguistique, à la motivation langagière, à la construction identitaire et à l'éducation en milieu minoritaire. Il est co-auteur de nombreux articles sur le développement ethnolangagier des francophones et Acadiens vivant en milieu minoritaire canadien.

Gilles Ferréol, agrégé de sciences sociales, est professeur de sociologie à l'Université de Poitiers où il dirige le LARESCO-ICOTEM. Il enseigne également dans diverses institutions tant en France qu'à l'étranger et a fait paraître, seul ou sous sa direction, plus d'une vingtaine d'ouvrages parmi lesquels : *Dictionnaire de l'altérité et des relations interculturelles*, Armand Colin, 2003 ; *Learning and Teaching in the Communication Society*, Conseil de l'Europe, 2004 ; *Décrochage scolaire et politiques éducatives. Évaluation d'une expérimentation: le « Lycée de toutes les chances »*, EME/Intercommunications, 2006. Ses recherches portent notamment sur la problématique de l'intégration et l'exclusion dans les sociétés occidentales contemporaines, ainsi que sur la socio-économie du travail et des organisations.

Catalina Ferrer est professeure associée à l'Université de Moncton, Canada. Son champ de recherche est celui de l'éducation à la citoyenneté démocratique dans une perspective planétaire (ÉCDPP). Responsable du Groupe de recherche en éducation planétaire, elle a développé un modèle destiné à la formation en ÉCDPP. Elle a été rédactrice du numéro thématique *L'éducation dans une perspective planétaire*, de la *Revue des sciences de l'éducation*, co-rédactrice du collectif *La pédagogie actualisante* et co-auteure de deux guides pédagogiques : *Les droits de la personne* et *Vers un nouveau paradigme*. Enfin, elle a été professeure à l'Université d'été en éducation aux droits, Strasbourg, responsable du *Projet d'éducation à la citoyenneté dans une perspective planétaire de l'Atlantique* et membre fondateur du *Projet d'éducation planétaire des universités de l'est du Canada.*

Éric Forgues est chercheur à l'Institut canadien de recherche sur les minorités linguistiques. Il s'intéresse au développement économique et communautaire, au capital social, à la gouvernance, à l'économie sociale, et aux communautés en situation minoritaire. Ses ouvrages principaux sont : B. Lévesque, G. L. Bourque et É. Forgues, *La nouvelle sociologie économique*, Paris, Desclée de Brouwer, 2001 ; E. Forgues *et al.* (2001), « La difficile gestation d'une économie sociale au Nouveau-Brunswick », dans Yves Vaillancourt (dir.), *L'Économie sociale dans le domaine de la santé et du bien-être au Canada : une perspective interprovinciale*, Montréal, LAREPPS (UQAM), p. 67-100.

Rachel Friolet est une diplômée du programme de maîtrise en études de l'environnement de l'Université de Moncton. Ses recherches ont porté sur la gestion intégrée. Elle est professionnelle de recherche pour la Coalition pour la viabilité du sud du golfe du St.-Laurent et aussi pour l'Institut pour la Gestion intégrée des zones côtières. Ces deux organismes sont localisés au Nouveau-Brunswick.

Anne Gilbert occupe un poste de professeur titulaire au département de géographie de l'Université d'Ottawa, tout en assumant la direction de la recherche du volet francophonies minoritaires au *Centre interdisciplinaire de recherche sur la citoyenneté et les minorités*. On lui doit l'ouvrage *Espaces franco-ontariens*, paru aux Éditions du Nordir en 1999, plusieurs articles et chapitres de livres sur le fait français au Canada ainsi que sur divers autres aspects de la géographie sociale du pays.

Normand Labrie est vice-doyen à la recherche et aux études supérieures à OISE/UT (Ontario Institute for Studies in Education of the University of Toronto). Sociolinguistique de formation, il s'intéresse à plusieurs aspects du bilinguisme et du plurilinguisme ayant trait plus particulièrement au contact des langues, aux politiques linguistiques et aux minorités linguistiques au Canada et en Europe. Parmi ses ouvrages les plus récents, il y a : Heller et Labrie (dir.), *Discours et identités : la francité canadienne entre modernité et mondialisation*, Cortil-Wodon, Éditions modulaires européennes, 2003, ainsi que Labrie et Lamoureux (dir.), *L'éducation de langue française en Ontario : enjeux et processus sociaux*, Sudbury, Prise de parole, 2003.

Rodrigue Landry, Ph.D. University of Wisconsin, est depuis 2002 le directeur général de l'Institut canadien de recherche sur les minorités linguistiques. Il a été, de 1975 à 2002, professeur à la Faculté des sciences de l'éducation à l'Université de Moncton et doyen de cette faculté de 1992 à 2002. Ses recherches, ses modèles théoriques et ses publications portent sur la vitalité ethnolinguistique, l'éducation en milieu minoritaire, la construction identitaire, le bilinguisme et l'apprentissage scolaire. Conférencier recherché, il a agi à titre de consultant auprès de nombreux organismes gouvernementaux et non-gouvernementaux et a servi à titre d'expert-conseil dans plusieurs causes ou procès liés à la revendication de la gestion scolaire par les francophones du Canada. Récemment, il publiait avec le juriste Serge Rousselle aux Éditions de la Francophonie le livre *Éducation et droits collectifs : au-delà de l'article 23 de la Charte* pour lequel ils recevaient le Prix France-Acadie (section « Sciences humaines ») en 2003.

André Langlois est professeur titulaire au département de géographie de l'Université d'Ottawa. Spécialiste reconnu de la géographie sociale et urbaine, il a fait de nombreux travaux sur les minorités ethniques et linguistiques. Il s'intéresse principalement à la dynamique des espaces francophones à la faveur de la migration, et à ses effets sur la vitalité des communautés minoritaires.

André Magord est maître de conférences en civilisation nord-américaine et directeur de l'Institut d'études acadiennes et québécoises, Université de Poitiers. Ses domaines de recherche dans le contexte canadien sont : l'ethnicité, les minorités, les relations entre anglophones et francophones, et la question autochtone. Autre : épistémologie et éthique scientifique. Dernier ouvrage (dir.) : *L'Acadie plurielle. Dynamiques identitaires collectives et développement au sein des réalités* acadiennes, Institut d'études acadiennes et québécoises, Université de Poitiers et Centre d'études acadiennes, Université de Moncton, 2003.

Guylaine Poissant est professeure titulaire au département de sociologie de l'Université de Moncton. Ses thèmes de recherche sont : milieux populaires, condition des femmes, culture minoritaire, santé, économie sociale. Sa dernière publication est : *Le rôle de la culture dans le maintien de la santé chez les femmes francophones de milieux populaires acadiens dans Penser la santé des femmes dans la diversité*, Édition Prise de Parole, Sudbury, 2006.

Guy Robinson est professeur titulaire au Département d'administration publique de l'Université de Moncton et Adjunct Professor (professeur associé) à la School of Public Administration, Dalhousie University. Spécialisations : administration publique, gestion et administration, changement organisationnel, éthique, technologies de l'information et des communications, méthodologie, mouvement coopératif, économie sociale, organisations internationales, et relations internationales

Marie-Thérèse Seguin, D. 3e cycle, est professeure titulaire au Département de science politique de l'Université de Moncton. Spécialisations : pensée politique, genres, éthique et pouvoir, méthodologie, économie sociale et institutions coopératives. Publications : (dir.), « Économie sociale et solidaire », *Revue de l'Université de Moncton*, vol. 33, n° 1-2, 2002 ; « Femmes et représentation politique », in *L'Acadie au féminin, un regard multidisciplinaire sur les Acadiennes et les Canadiennes*, Moncton, p. 293-314 ; (dir.), *Pratiques coopératives et mutations sociales*, L'Harmattan, Paris, 1995, 270 pages.

Joseph Yvon Thériault est professeur de sociologie à l'Université d'Ottawa, directeur du CIRCEM (Centre interdisciplinaire de recherche sur la citoyenneté et les minorités), et titulaire de la Chaire de recherche *Identité et francophonie*. Il travaille sur les rapports entre l'identité et la démocratie, notamment en regard de la société acadienne, du Québec et des francophonies minoritaires du Canada. Parmi ses nombreuses publications sur ces questions, retenons *L'identité à l'épreuve de la modernité, écrits politique sur l'Acadie et les francophonies canadiennes minoritaires*, livre pour lequel il a reçu le Prix France-Acadie 1996 et *Critique de l'américanité, mémoire et démocratie au Québec*, qui lui a valu le Prix Richard Arès 2002 et le Prix de la présidence de l'assemblée nationale 2003. Joseph Yvon Thériault a aussi dirigé le grand ouvrage synthèse sur les francophones canadiens : *Francophonies minoritaires au canada : l'état des lieux* (1999).

Murielle Tramblay est graduée de la Maîtrise en études de l'environnement à l'Université de Moncton. Son sujet portait sur la perception des acteurs dans l'utilisation du territoire de la baie de Shédiac au Nouveau-Brunswick. Elle a entrepris des études doctorales à la School of Resource Management à la Dalhousie University de Halifax dans la province de la Nouvelle-Écosse.

Jean-Paul Vanderlinden est professeur au programme de la maîtrise en études de l'environnement de l'Université de Moncton. Ses enseignements et ses recherches portent sur la mise en œuvre des concepts associés au développement durable dans un contexte de hautes incertitudes : gestion locale des ressources naturelles, gestion intégrée de la zone côtière et mise en œuvre de la recherche interdisciplinaire. Il est chercheur principal au CRSH et au Centre d'excellence AquaNet sur la contribution de l'interdisciplinarité aux études environnementales.

Études canadiennes : dans la collection

N° 1 – Serge Jaumain & Éric Remacle (dir.), *Mémoire de guerre et construction de la paix. Mentalités et choix politiques. Belgique – Europe – Canada*, 2006, ISBN 90-5201-266-0

N° 2 – Robert C. Thomsen and Nanette L. Hale (eds.), *Canadian Environments. Essays in Culture, Politics and History*, 2005, 316 p., ISBN 90-5201-295-4

N° 3 – André Magord (dir.), *Adaptation et innovation. Expériences acadiennes contemporaines*, 2006, ISBN 90-5201-072-2

N° 4 – Madeleine Frédéric, *Polyptyque québécois. Découvrir le roman contemporain (1945-2001)*, 2005, 176 p., ISBN 90-5201-096-X